# ASSOLEMENTS

# ET CULTURE DES PLANTES

# DE L'ALSACE.

## SOUS PRESSE.

---

Introduction à la connaissance de l'agriculture belge, par Schwerz ; traduite par Victor Rendu.

# ASSOLEMENTS
# ET CULTURE DES PLANTES
## DE L'ALSACE,

### PAR J.-N. SCHWERZ ;

OUVRAGE TRADUIT DE L'ALLEMAND ET ANNOTÉ

## PAR VICTOR RENDU,

avocat à la cour royale de Paris, ancien élève de l'Institut
agricole du Ménil-Saint-Firmin, correspondant
de la Société royale et centrale d'agriculture,
des Sociétés d'agriculture de Seine-et-
Oise et de Boulogne-sur-Mer.

### TRADUCTION

*couronnée par la Société royale et centrale d'agriculture.*

L'étude des faits n'est point trompeuse ; c'est la seule
base sur laquelle on puisse compter avec certitude en
agriculture.

A. YOUNG.

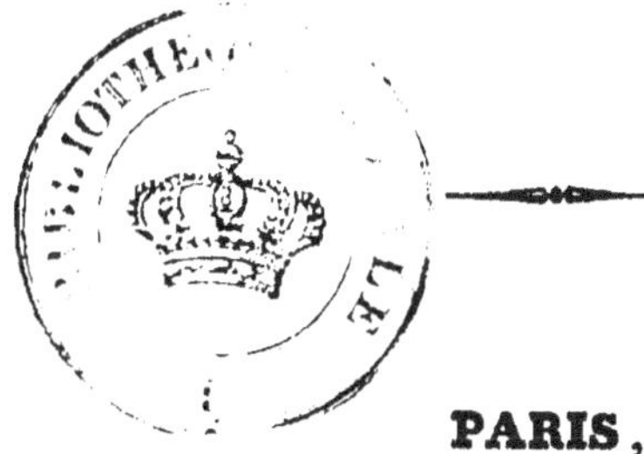

## PARIS,

### MADAME Vᵉ HUZARD, IMPRIMEUR-LIBRAIRE,

7, RUE DE L'ÉPERON.

—

## 1839.

A MONSIEUR

# G. DAILLY,

CHEVALIER DE LA LÉGION D'HONNEUR,
PROPRIÉTAIRE-CULTIVATEUR A TRAPPES,
MEMBRE DE LA SOCIÉTÉ ROYALE ET CENTRALE D'AGRICULTURE,

Souvenir affectueux de son élève,

VICTOR RENDU.

# PREFACE DE L'AUTEUR.

Décrire l'agriculture de l'Alsace, c'est entreprendre une tâche éminemment utile. J'ose donc espérer que le public accueillera cet ouvrage avec la même bienveillance que celui publié précédemment sur l'agriculture des Pays-Bas. Il me semble même que l'agriculture de l'Alsace est d'une utilité et d'une application plus générales que l'agriculture belge, dont la pratique se borne à des localités particulières et tout à fait exceptionnelles.

Comme il est moins question ici d'idées nouvelles que de faits, et comme il est bon de rendre justice à chacun, on me permettra de témoigner ma reconnaissance aux cultivateurs distingués de l'Alsace qui m'ont fourni, avec tant de complaisance, les renseignements dont j'avais besoin.

Je cite souvent, dans cet ouvrage, le nom de Schrœder, pasteur à Schillersdorf : c'est par l'effet du hasard que les notes qu'il avait prises sur l'agriculture de son pays sont tombées entre mes mains. Schrœder s'était occupé lui-même d'agriculture; il était bon observateur, et, comme ce mérite n'est pas très-commun, je me félicite d'avoir tiré son travail de l'oubli où il restait enseveli.

Cet ouvrage doit son origine à M. Lezay de Marnesia, préfet du Bas-Rhin, qui a rendu tant de services à l'agriculture : puisse ce traité être empreint du zèle qui animait cet homme de bien, puisse-t-il surtout durer comme un monument éternel de ma reconnaissance envers lui! De Marnesia était mon bienfaiteur, mon ami!

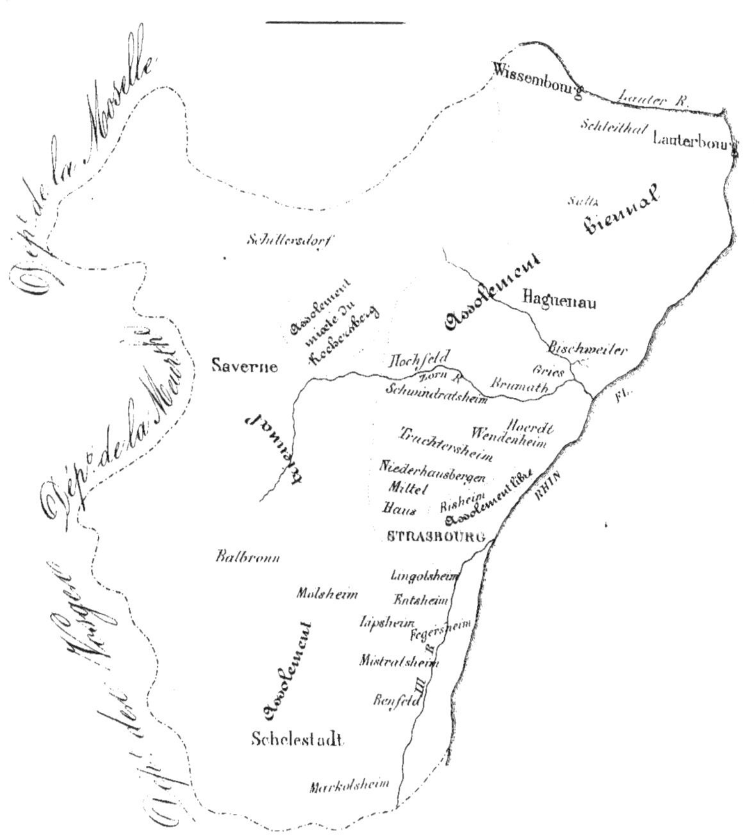


CARTE AGRICOLE
DU DEPt DU BAS-RHIN.

Dépt de la Moselle
Dépt de la Meurthe
Dépt des Vosges

Wissembourg
Lauter R.
Schleithal
Lauterbourg
Selta
Biennal
Schattersdorf
Assolement
Haguenau
Assolement triple du Kochersberg
Bischweiler
Saverne
Hochfeld
Gries
Zorn R.
Brumath
Schwindratsheim
Hoerdt
Wendenheim
Truchtersheim
Niederhausbergen
Mittel
Risheim
Assolement libre
Haus
RHIN
STRASBOURG
Lingolsheim
Balbronn
Molsheim
Entsheim
Lipsheim
Fegersheim
Mistralsheim
Benfeld
Schelestadt
Markolsheim
Fl.
Assolement



Lith. de Bontemps r. du Pass. Nº 3

di
d
cu
les

(
me.
qu
dep
non
sac
sex
toui
et q
tun

# ASSOLEMENTS

## ET

# CULTURE DES PLANTES

## DE L'ALSACE.

## CONSIDÉRATIONS PRÉLIMINAIRES (1).

### SITUATION GÉOGRAPHIQUE,
### CONSTITUTION PHYSIQUE DE L'ALSACE.

#### SITUATION.

Le Rhin, en sortant de Bâle ou de la Suisse, se dirige vers le nord et traverse une vallée étendue, d'une beauté et d'une richesse inimaginables. Du côté oriental ou allemand, cette vallée est bornée par les montagnes de la forêt Noire, et du côté occidental

(1) Cette traduction ayant pour objet de faire connaître les *assolements et la culture des plantes d'une partie de l'Alsace*, nous avons pensé qu'il serait bon d'indiquer les circonstances spéciales dans lesquelles le département du Bas-Rhin se trouve placé ; c'est pourquoi nous donnons ici la traduction des chapitres consacrés à la description de l'Alsace. Sans ces considérations préliminaires, il serait bien difficile de s'expliquer le système de culture des Alsaciens, système qui repose tout entier sur *la jouissance de pâturages communaux considérables*, et qui confirme le principe posé par M. Morel de Vindé : *Les circonstances font les assolements.*　　　　　( *Note du traducteur.* )

1

ou français par les Vosges. Le Jura et les Alpes la ferment en quelque sorte, bien que de loin, vers le sud ; au nord, au contraire, elle est ouverte et comprend encore le Palatinat jusqu'au-dessous de Mayence, là où la double chaîne de montagnes se rapproche du Rhin et resserre ce fleuve dans des rives plus étroites.

L'Alsace, occupant la partie sud-ouest de l'immense vallée du Rhin, est située entre le 47ᵉ et le 49ᵉ degré de latitude nord. Elle est bornée au midi par la Suisse, au nord par le Palatinat, à l'est par le Rhin, à l'ouest par la Lorraine et la Bourgogne ; on la divise en haute et basse Alsace ; la première comprend la partie méridionale, la seconde la partie septentrionale.

L'Alsace inférieure, ou le département du Bas-Rhin, dont il est exclusivement question dans cet ouvrage, contient environ 28 lieues de France dans la direction du sud au nord, le degré étant de 25 lieues, et 7 lieues dans la direction de l'est à l'ouest.

Sa superficie s'élève à 498,501 hectares ou 252 lieues carrées de France, y compris quelques petits États appartenant autrefois à l'Allemagne, mais qui, depuis la révolution, ont été réunis au département du Bas-Rhin ; dans ce calcul n'est pas compris l'espace occupé par les routes et les rivières, qu'on porte à 71,000 hectares : le nombre des rivières ou fleuves navigables qui traversent ce département est évalué à 34.

Les montagnes et les rivières exerçant une grande influence sur le climat et la nature des plaines d'un pays, et ces dernières leur devant souvent tout ou partie de leur origine, il est nécessaire de nous y arrêter quelques instants.

## MONTAGNES.

Les Vosges, surtout celles de l'Alsace inférieure, sont bien moins élevées que les Alpes ; elles en diffèrent aussi par leur constitution. En général, elles ne s'élèvent pas à plus de 6 à 800 mètres au-dessus du niveau de la mer ; ce n'est que dans l'Alsace supérieure qu'on en trouve quelques-unes qui atteignent 1,400 mètres d'élévation ; en revanche, elles ont beaucoup de rapports avec les montagnes de la forêt Noire, et, suivant toute probabilité, leur formation est la même et date de la même époque. Celles-ci ont leurs sommets arrondis, souvent déprimés et boisés ; leurs versants, au lieu d'être à pic, présentent une surface voûtée qui les rend accessibles, et la couche d'humus qui les revêt, en général, y détermine une brillante végétation. Outre le quartz, le feldspath et le mica, dont elles sont composées ainsi que toutes les montagnes granitiques, on y rencontre encore d'autres substances, telles que la hornblende et le schorl vert, dont le mélange avec les autres minéraux forme de véritables roches de porphyre.

Entre les montagnes proprement dites et les

plaines de l'Alsace, il est encore différents degrés d'élévation qu'on doit regarder comme les bases de ces masses imposantes : leur hauteur s'étend depuis 100 jusqu'à 200 mètres au-dessus du niveau de la mer. Elles sont entièrement composées d'un calcaire coquillier très-fertile, bien qu'un peu plus difficile à cultiver que la plaine. La marne existe en abondance dans ces coteaux qui s'étendent à gauche du canal de Holbsheim, au-dessus de Scheffolsheim, de Boldsheim et d'Hausbergen jusqu'à Haguenau, et même au delà. On en rencontre de fortes couches derrière Wasselingen, et sans doute on en trouverait dans tous les coteaux et les lieux élevés de l'Alsace. A partir de ces coteaux, le terrain baisse insensiblement vers le Rhin et forme cette plaine magnifique à laquelle je ne saurais rien comparer.

### FLEUVES.

Les Vosges ne forment pas une chaîne continue et sans vallées, comme les montagnes entre Bingen et Cologne ; mais, en général, elles sont coupées par de belles et grandes vallées que traversent des fleuves et des rivières peu considérables. La Bruche, l'Anlau, la Zorn, la Mossig, la Molser, et quantité d'autres rivières se jettent de là dans l'Ill ou dans le Rhin, après avoir fécondé les belles plaines de l'Alsace.

Le Rhin forme cette vaste barrière qui sépare l'Alsace du Brisgaw, et, en général, de l'Allemagne. Quelque grands que soient les avantages qu'il procure aux habitants des deux rives pour l'exploitation de leurs produits et pour la navigation, il leur est souvent nuisible par ses inondations, et les rives qu'il dégrade, ainsi que les terrains qu'il enlève, sont autant de causes de dépense et de travaux. C'est un ennemi contre lequel il faut toujours lutter. Son cours rapide et inconstant convertit tour à tour les hauteurs en abîmes, et les abîmes en lieux élevés; le banc de sable qu'il dépose aujourd'hui dans un endroit se trouve transporté le lendemain à une autre place. C'est ainsi qu'il fait disparaître des îles entières pour en créer de nouvelles. Sans cesse il mine et change son lit, et imprime de nouvelles directions à la vallée : voilà pourquoi de grands bateaux ne sauraient s'aventurer sans précautions sur ce fleuve. Les inondations du Rhin ayant lieu en été, alors que la neige fond dans les Alpes, couvrent rarement les rives voisines de sable ou de gravier, mais elles y apportent un excès d'humidité et y déterminent des marais permanents; c'est par cette raison que le pays situé entre l'Ill et le Rhin, et connu sous le nom de Rieth, ne passe pas pour aussi fertile que le reste de l'Alsace.

L'Ill est, après le Rhin, le plus grand fleuve de l'Alsace; il traverse ses plaines depuis les frontières de la Suisse jusqu'à quelques lieues au-dessous de Strasbourg; son cours s'étend, du sud au nord, dans une direction à peu près parallèle au Rhin, et, chemin faisant, il reçoit les fleuves et les rivières qui descendent des montagnes.

## SOL.

Le sol de la plaine doit en grande partie son existence aux alluvions du Rhin et de l'Ill, et aux substances limoneuses et calcaires que les pluies en-
trainent annuellement des Vosges et des collines
adjacentes. Ces circonstances ont produit un mélange
si heureux, qu'il est presque impossible de rencontrer un sol plus propre aux objets de culture les
plus variés. C'est généralement une argile plus ou
moins mêlée de sable et de parties calcaires et
marneuses.

En comparant les divers sols de l'Alsace entre eux,
on trouve certainement de grandes différences sous
le rapport de la qualité, puisque ce pays renferme
des sols précieux, bons, médiocres et mauvais; mais
en les comparant avec ceux d'autres pays, on peut
dire qu'il n'y a pas de mauvaises terres en Alsace;
que, sauf certaines vallées entre les Vosges, il n'y
en a pas d'absolument mauvaises, et que ce qu'on
appelle médiocre ici serait classé ailleurs dans la
bonne catégorie.

Sous la dénomination d'argile précieuse, il faut
entendre cette argile marneuse qui s'étend entre
l'Ill et les coteaux des Vosges, depuis Schelestadt
jusqu'à Strasbourg, et de là jusque près de Brumath. Il en existe sans doute aussi dans plusieurs
vallées plates de l'arrondissement de Saverne et de
Weissembourg. Ce sol, aux yeux des habitants du

Haut et du Bas-Rhin, passe pour le meilleur et le plus fertile; le sable quartzeux auquel cette argile est mêlée rend sa culture extrêmement facile; on peut le travailler en tout temps, et sans une grande force d'attelages. Rarement il a à souffrir de l'humidité ou de la sécheresse. Il suffit de quelques rayons de soleil, même après des pluies prolongées, pour que la charrue puisse y fonctionner et que la terre se réduise en poussière. Le sol granuleux, bien qu'un peu plus tenace et, partant, plus difficile à cultiver, qu'on trouve sur les coteaux, à gauche, au pied des Vosges, ne le cède guère à cette argile marneuse qui lui est peut-être supérieure pour la culture du blé. C'est encore dans cette classe qu'il faut ranger le sol du Kochersberg, aussi renommé par sa haute valeur que par sa culture; il consiste en une suite de coteaux fertiles qui avoisinent la plaine de Strasbourg, du côté de l'ouest et du nord-ouest.

Cette plaine est un vaste jardin. Rien de plus riche et de plus enchanteur que le coup d'œil qu'elle présente en approchant des hauteurs d'Oberhausbergen; mais à quelques lieues de Strasbourg, en tirant vers le nord, ce beau pays, qui produit sans efforts, disparaît et n'offre plus que des plaines de sable où l'homme doit manger son pain à la sueur de son front. A Hoerdt, Bischeweiler, Marienthal, Haguenau, et dans plusieurs autres localités, on rencontre un sable rouge, mêlé parfois de graviers blancs. Ce sol passe pour le plus mauvais de l'Alsace; mais j'ai remarqué que, dans beaucoup d'endroits, il possédait, même sur les hauteurs, un sous-sol humide, ou du moins assez ferme pour retenir l'eau et maintenir une certaine fraîcheur dans la couche de sable supérieure; aussi n'est-il pas rare de rencontrer, dans ces localités, du chanvre et plus souvent encore de la garance, tandis que, dans le Brabant, l'avoine et le sarrasin ne peuvent réussir. Nulle part, en Alsace, je n'ai rencontré un sol aussi ingrat que celui de la Campine; s'il en existait de tel, ce ne pourrait être que dans certaines petites vallées des Vosges que je n'ai pas visitées.

Dans le Rieth, c'est-à-dire dans le pays qui établit la limite entre l'Ill et le Rhin, le sol qui domine est un sol graveleux, rude et grossier, quelquefois revêtu d'une couche d'argile tenace et souvent aussi d'une légère couche d'humus. Là où le gravier perce jusqu'à la surface, le sol est nécessairement peu fertile, et les plantes sont exposées à souffrir dans les années de sécheresse. D'autres localités présentent un sol tenace, humide et d'une culture difficile. Cette contrée, du reste, ne manque pas de calcaire; aussi la luzerne et le sainfoin y viennent-ils parfaitement. L'ennemi le plus redoutable du Rieth est le Rhin; ce fleuve, dans ses débordements, encombre de graviers un grand nombre de prairies et forme des marais dans les bas-fonds; c'est ce qui explique comment on rencontre, en différents endroits, un terrain limoneux qui repose sur un sous-sol de gravier ou de sable.

## CLIMAT.

Le passage graduel de la chaleur au froid et du froid à la chaleur est un phénomène qu'on observe rarement en Alsace; aussi peut-on dire, jusqu'à un certain point, qu'il n'y existe ni printemps ni automne, et que l'hiver et l'été y règnent exclusivement. La neige, qui, dès le mois d'octobre, couronne le sommet des montagnes de la forêt Noire et ne disparaît souvent qu'au mois d'avril, refroidit l'atmosphère supérieure et réagit ainsi sur les couches d'air inférieures. Quel que soit alors le vent qui souffle, il amène le froid avec lui; le vent même du midi, traversant les Alpes chargées de frimas, n'apporte que peu de chaleur. Cette contrée est ouverte au vent du nord-est; de là vient que les hivers sont plus froids en Alsace que dans d'autres pays situés sous le même degré de latitude nord.

Les étés, en revanche, y sont plus chauds. Les Vosges d'un côté, les montagnes de la forêt Noire de l'autre, compriment la chaleur et la retiennent comme dans un réservoir. Dès le matin, le soleil brille sur les Vosges, et jusqu'à midi ses rayons retombent de ces hauteurs sur la plaine, en formant un angle plus ou moins obtus; dans l'après-midi, c'est la chaîne des montagnes de la forêt Noire qui, à son tour, est éclairée, et le soleil couchant dore encore ses cimes, que sa base est déjà plongée dans l'ombre. L'évaporation produite par les eaux, les forêts qui couvrent les hauteurs, une population considérable, le sol sans cesse remué par la charrue, contribuent encore à l'élévation de la température dans cette grande vallée du Rhin.

Le thermomètre de Réaumur indique, en moyenne, 15 à 16° de chaleur puor la plaine, et 6 à 8° de froid.

La hauteur moyenne du baromètre est de 744 millimètres. Il tombe, chaque année, 760 millimètres d'eau.

Les vents prédominants sont ceux du sud-ouest et du nord-ouest : le premier souffle principalement au printemps et à l'automne ; le second, sec et froid, se fait sentir l'hiver et l'été.

Les orages sont assez fréquents en Alsace, et la grêle nuit souvent aux récoltes. Leur direction est ordinairement du sud-ouest au nord-est. Chassées par le vent, les nuées orageuses viennent se heurter contre les sommets les plus élevés des Vosges ; elles se divisent alors, suivent la direction des vallées et vont se répandre sur la plaine ; mais là, le courant atmosphérique les reprend de nouveau et les pousse contre les montagnes de la forêt Noire. En général, les orages, en Alsace, causent plus de dégâts dans la plaine qu'au pied des montagnes ; ceux qui viennent de l'est ou du sud-est, bien que plus rares, durent plus longtemps et sont plus redoutables ; arrêtés à leur passage par les montagnes des Vosges, ils flottent quelquefois pendant plusieurs jours au-dessus de la plaine et la menacent de leurs ravages.

On a remarqué, en Alsace, que les orages postérieurs suivent, en général, la direction prise par les premiers orages. C'est un signe de pluie lorsqu'on voit des vapeurs au sommet des montagnes, quelque légéres que soient ces vapeurs : on dit alors, dans le langage du pays, que la montagne fume (1).

## CONSTITUTION PHYSIQUE ET MORALE DES HABITANTS DU BAS-RHIN.

Le Bas-Rhin est un des départements les plus peuplés de la France; ce serait même le plus peuplé, si l'on n'exceptait les deux départements de la Seine et de la Gironde, dont les chefs-lieux comptent une population si nombreuse. Les Pays-Bas seuls l'emportent sous ce rapport sur l'Alsace. D'après un relevé fait en 1807, la population du Bas-Rhin s'élevait à 514,096 âmes; sa superficie étant de 252 lieues carrées, il résulte que chaque lieue carrée nourrit 2,040 habitants, tandis que la moyenne de toute la France ne donne que 1,090 habitants. Le département du Nord seul présente 2,786 habitants par lieue carrée. On trouve donc partout la population la plus forte là où l'agriculture est la plus florissante. Or, soit que la prospérité de l'agriculture provienne de la population, ou que celle-ci n'en soit que la conséquence, toujours est-il vrai de dire que la force de l'État repose principalement sur l'agri-

(1) A Strasbourg, d'après une longue série d'observations, il tombe, chaque année, 709 millimètres d'eau.

( *Note communiquée par M. de Gasparin.* )

culture, et que toute espèce d'industrie doit lui être subordonnée.

La population de l'Alsace se trouve répartie entre 623 communes, dont les plus considérables sont :

Strasbourg. . . . . . . . . 54,820 habitants.
Schelestadt. . . . . . . . 8,160
Haguenau. . . . . . . . 7,634
Landau. . . . . . . . . 4,922
Obernheim. . . . . . . . 4,895
Weissembourg. . . . . . . 4,788
Saverne. . . . . . . . 4,148
Barr. . . . . . . . . 4,000

Partout les villages sont considérables ; il en est qui comptent plus de 2,000 âmes (1).

« L'homme, dit le docteur Reissessen, est tel-
« lement lié à la terre sur laquelle il est implanté
« et dont il tire sa nourriture, qu'à la longue, cette
« mère-nourrice doit nécessairement agir sur lui et
« apporter différentes modifications à ses habitudes.»

(1) D'après un relevé fait en 1837 et consigné dans l'*Annuaire du bureau des longitudes de* 1838, la population actuelle du Bas-Rhin est ainsi répartie :

| | POPULATIONS | | |
| --- | --- | --- | --- |
| CHEFS-LIEUX D'ARRONDISSEM<sup>t</sup>. | des com-<br>munes. | des arron-<br>dissements. | du département. |
| Strasbourg | 57,885 | 218,839 | |
| Saverne | 5,352 | 112,368 | 561,859 |
| Schelestadt | 9,700 | 134,887 | |
| Weissembourg | 5,575 | 95,873 | |

(*Note du traducteur.*)

Les propriétés physiques d'un pays, telles que sa situation, sa hauteur, sa forme, la nature du terrain, les forêts qui l'ombragent, les eaux qui le baignent, déterminent son climat et la variété de ses produits; elles déterminent encore la manière de vivre, les occupations, la santé, la force, la taille, et, en quelque sorte, les mœurs de ses habitants; aussi, que ces mêmes circonstances, toutes faibles qu'elles soient, viennent à changer dans le pays, et l'on verra souvent disparaître l'influence qu'elles exerçaient sur les habitants, et qui amène nécessairement diverses nuances dans la race humaine.

L'Alsacien habitant des montagnes diffère de son voisin habitant des vallées; il se distingue également du vigneron situé au pied des Vosges et de l'habitant des bords du Rhin. Mais il serait inutile de donner ici la description de toutes ces nuances.

Les Alsaciens, en général (nous ne parlons pas ici de la population dégénérée des villes), jouissent d'une constitution robuste; ils sont de taille médiocre, fortement musclés, et présentent une charpente osseuse solide. Leur visage est coloré et laisse voir des traits fortement dessinés. Leurs cheveux sont bruns, plus rarement blonds ou tirant sur le rouge; leurs yeux sont bruns ou bleus; il est rare d'en rencontrer dont les yeux et les cheveux soient complétement noirs. Leur tempérament, moitié sanguin, moitié bilieux, ne dégénère jamais en mélancolie, mais il tourne souvent au flegmatique; leurs mouvements, sans être vifs, sont décidés.

Leur force prodigieuse leur permet de supporter pendant longtemps les plus grandes fatigues ; enfin ils jouissent d'une santé robuste qui les conduit souvent à un âge avancé. Les hommes les plus vigoureux de l'Alsace viennent de la plaine.

Une température douce, un pays aéré, un sol fertile, un travail régulier, une nourriture abondante, telles sont les principales circonstances qui concourent au développement physique des Alsaciens. Grâce à d'excellent pain, à des légumes, à du fromage, à du salé, souvent aussi à de la viande fraîche, et, dans la plupart des localités, à du vin, l'habitant se maintient en santé. Le paysan alsacien, de même que le paysan allemand de la rive droite du Rhin et son voisin le Suisse, se nourrit aussi bien que l'habitant des villes de l'intérieur de la France et des provinces du Midi ; sa demeure est aérée et spacieuse, ses chambres et ses meubles sont tenus avec propreté.

Dans plusieurs pays, la fertilité du sol rend l'ouvrier paresseux ; la nature ayant fait beaucoup pour lui, il croit pouvoir se dispenser de faire quelque chose pour elle. Il n'en est pas ainsi chez l'Alsacien : actif et vigilant, celui ci ne perd pas un moment ; levé avec le soleil, il travaille tout le jour dans ses champs. La saison ou le temps ne lui permettent-ils pas de vaquer à ses travaux, il s'occupe dans la grange, répare les murs, regarnit les haies, charrie des pierres, de la terre, assainit les endroits humides et prend à peine quatre à cinq heures de repos.

« L'Allemagne, dit Arthur Young, commence en Alsace. » La chaîne des Vosges, qui la sépare de la France, la réunit avec l'Allemagne : cette limite naturelle entre les deux pays sépare les deux peuples et établit une différence bien tranchée entre leurs mœurs, leur langage et leur agriculture. Les Français aiment la mode ; les changements, l'inconstance les caractérise ; l'Alsacien, au contraire, est persévérant, et, une fois à l'œuvre, rien ne peut le détourner de ses occupations : comme l'Allemand et le Suisse, il tient à ses usages, à ses habitudes, à son costume. On le reconnaîtrait encore aujourd'hui à la description qu'en firent Fuchs et Agricola dans leurs ouvrages, qui datent du xvi<sup>e</sup> siècle.

L'Alsacien est resté fidèle à sa vieille réputation de probité. Les contestations, les procès relatifs au bornage lui sont inconnus, ou du moins n'arrivent que rarement. Il est hospitalier, complaisant, d'une humeur douce, d'un naturel souple et pacifique. La révolte et l'insubordination sont chez lui choses entièrement ignorées, et on l'a vu se soumettre aux mesures les plus rigoureuses plutôt que d'y avoir recours ; en un mot, le peuple alsacien est un bon peuple.

La nourriture principale des habitants consiste en pain et en pommes de terres. Le pain est bon, quoique mêlé de deux parties d'orge ; pendant la moisson, on augmente la proportion de l'orge, ou bien on ajoute des fèves ou des pois. On ne sert guère de viandes fraîches que le dimanche ; les jours ordinaires, on mange du salé trois ou quatre fois par semaine, suivant le degré d'aisance de la maison. Les légumes dont on fait usage sont : les choux blancs, les choux ordinaires, les navets, les haricots, les pois, les fèves et les lentilles; les épices consistent en sel, poivre et safran. Pendant l'automne et l'hiver, on fait trois repas; l'été, on en fait quatre. Le premier a lieu de 7 à 8 heures du matin, le second à midi, le troisième de 4 à 5 heures, le dernier à l'entrée de la nuit. Le repas principal est celui du matin; il se compose d'une soupe, de légumes et d'un plat de viande ou d'une omelette. A midi, on mange des mets froids, excepté pendant le temps de la moisson; le repas de quatre heures ne consiste qu'en un morceau de pain avec du vin ou du fromage blanc, du beurre ou des radis. Le soir, on sert des pommes de terre bouillies et du lait caillé; si le vin est cher, on n'en donne que lorsque l'ouvrage est rude et pendant la moisson; le matin, avant de partir, on prend la goutte.

## DISTRIBUTION NATURELLE DU SOL.

Ainsi que nous l'avons vu plus haut, la superficie du Bas-Rhin comprend 498,501 hectares, qu'il faut réduire à 275,646, si l'on retranche l'espace occupé par les forêts et les autres branches étrangères à l'agriculture. Cette partie du département est consacrée tant à l'agriculture proprement dite qu'à l'entretien du bétail et à la culture de la vigne. Je n'indique ici cette dernière branche que parce qu'elle relève encore de l'agriculture, en ce sens qu'elle reçoit du fumier dans certaines localités. D'après un relevé général, le nombre des terres en culture est établi ainsi qu'il suit :

178,000 hectares en terres arables,
14,804          en vignobles,
54,895          en prairies naturelles,
27,897          en pâturages et communaux.

La proportion des prairies et des pâturages, comparée à celle des terres arables, en y comprenant les vignes, est donc comme 100 est à 233, c'est-à-dire qu'il y a un hectare en prairies contre deux un tiers de terres labourées ; cette proportion, en général, n'est pas la plus avantageuse pour l'agriculture.

Plus on est réduit aux prés naturels pour maintenir une exploitation rurale, plus les bénéfices de cette dernière sont restreints, et partant, plus le système est défectueux, puisque le produit des terres labourables doit être réparti sur une étendue plus considérable. Le résultat contraire a lieu nécessairement là où l'on arrive au même but avec moins de prairies. Si le cultivateur belge n'a besoin que d'un seul hectare de prairie pour dix hectares de terres arables, il n'a à déduire de son produit brut que la rente et les contributions d'un hectare de prairie ; l'Alsacien, au contraire, ayant besoin de trois hectares de prairies pour sept hectares de terres arables, aurait à retrancher du bénéfice net de ses dix hectares de terres arables la rente et les contributions de quatre hectares deux septièmes de prairies, c'est-à-dire plus de quatre fois la valeur de ce que le cultivateur belge doit déduire, s'il n'appelait à son secours la jouissance gratuite des communaux ; mais il n'est pas moins vrai que la non-valeur de ces pâturages est une perte réelle pour l'agriculture.

Pour se convaincre de la différence qui existe sous ce rapport dans le même pays, on n'a qu'à jeter un coup d'œil sur les quatre arrondissements du département du Bas-Rhin. On trouve, dans l'arrondissement de Schelestadt, 28,672 hectares de prairies contre 36,483 hectares de terres arables et de vignes ; dans celui de Strasbourg, 25,315 hectares de prairies contre 59,230 hectares de terres arables et de vignes ; dans celui de Saverne, 14,493 hectares de prairies contre 43,939 hectares de terres arables et de vignes ; enfin, dans l'arrondissement de Wissembourg, 14,311 hectares de prairies contre 50,749 hectares de terres arables et de vignes, ce qui fait pour chaque mille arpents de terres arables et de vignes :

Arrondissements

de Schelestadt ,    786 arpents de prairies ou pâturages.
de Strasbourg,    427      »        »
de Saverne,    332      »        »
de Wissembourg, 282      »        »

La différence est encore plus sensible, si l'on songe que le sol de l'arrondissement de Schelestadt l'emporte, en général, sur celui de l'arrondissement de Wissembourg ; il y a donc prodigalité à consacrer 786 hectares aux prairies, tandis que 282 hectares suffisent ailleurs pour arriver au même résultat. Peut-être sera-t-on tenté de croire que le bénéfice résultant d'une augmentation de bétail remédiera à cet inconvénient, mais il arrive précisément le contraire ; le bétail est proportionnellement moins nombreux, vu l'étendue de terrain, dans l'arrondissement de Schelestadt que dans celui de Wissembourg ; dans ce dernier, les prairies artificielles, telles que le trèfle, la luzerne et les autres plantes à fourrage, suppléent largement à ce qui manque en prairies naturelles, sans qu'il y ait pour cela diminution dans la culture des céréales. Un bon système de culture, la nourriture à l'étable adoptée dans la plupart des exploitations, remplacent ici ce qui manque naturellement et maintiennent l'équilibre. L'axiome avancé par Arthur Young, « que l'agriculture d'un pays est d'autant plus arriérée que la valeur des prairies y est plus élevée, » pourrait donc recevoir ici son application, puisque j'ai trouvé au nord de Strasbourg une culture basée sur ce principe et parfaitement organisée, ce qu'on chercherait en vain dans l'un des arrondissements du sud.

## PROPRIÉTÉS.

La plupart des cultivateurs de l'Alsace, surtout dans les plaines, sont en même temps propriétaires de leurs exploitations : de là, cette division à l'infini du sol que l'on rencontre dans plusieurs cantons ; de là, l'impossibilité où se trouve le cultivateur

de vivre avec la culture ordinaire d e son champ ;
de là, enfin, la nécessité de cultiver des plantes commerciales qui exigent beaucoup de main-d'œuvre.
Ce que le cultivateur ne peut gagner comme produc-
teur, il cherche à l'obtenir comme fabricant, si
toutefois il est permis de donner ce nom à un simple
journalier agissant pour son compte, et sacrifiant
toutes ses heures de loisir pour se livrer à un travail extraordinaire. Il cherche à se procurer du
travail, parce qu'il lui faut vivre avec ce qu'il gagne
ainsi que sa famille. Chaque membre travaille et
gagne quelque chose, et tout va bien pour un temps.
Mais bientôt les enfants se partagent le patrimoine
de leur père, les familles augmentent, mais non les
champs; et si le terrible Mars ne venait de temps
en temps passer sa herse dans ces champs de navets, il y aurait à la fin plus de bouches que de pain
et plus de bras que d'ouvrage.

Par la vente des domaines, par l'abolition des baux
héréditaires et des emphytéoses, la division des
terres a, de nos jours, considérablement augmenté,
et avec elle la population, malgré les longues et san-
glantes guerres qui ont eu lieu depuis vingt ans (1).
Cette division, conséquence nécessaire d'une libre
propriété, a sans doute multiplié la production,
mais elle n'a pas contribué à l'abondance. Les tra-
vailleurs, en plus grand nombre, consomment
l'excédant de cette production, et personne n'ignore

_______________

(1) Ceci était écrit en 1813.　　　　(Note du traducteur.)

combien le prix des vivres s'est élevé depuis ce temps. Ceux qui n'envisagent que le présent verront dans cette division des propriétés une amélioration pour l'agriculture; et, en effet, l'amélioration actuelle est évidente, mais dans cinquante ou cent ans la plupart de ces faibles branches pourront bien être frappées d'épuisement, et ne plus présenter que l'aspect de la stérilité.

Si je me suis élevé, dans ma description de l'agriculture belge, contre les trop grandes exploitations rurales, et si j'ai pris la défense des petits établissements, c'est que j'entendais, sous cette dernière dénomination, des propriétés assez étendues pour nourrir une famille avec un valet et une servante, et pour occuper deux bons chevaux, mais non pas ces ménages en miniature comme on en trouve tant dans les plaines de l'Alsace où, sans le secours des communaux, le cultivateur se verrait obligé d'atteler sa femme et ses enfants à la charrue. Avec des propriétés aussi restreintes, il est impossible de songer à améliorer le système de culture. C'est à peine si l'exploitation peut se soutenir, à plus forte raison comment pourrait-elle faire des progrès ? Vient-elle à tomber en décadence, pour elle plus de salut; à l'exception des plantes commerciales, elle n'envoie rien au marché, puisqu'elle consomme plus qu'elle ne peut produire : bétail et train d'exploitation sont dans un triste état, ainsi que tout le reste.

Heureusement, il y a encore, en Alsace, plusieurs cultivateurs-propriétaires dont la famille ne s'est pas augmentée comme le sable sur les bords du Rhin. C'est cette portion de la population qui jouit du bien-être qu'on y remarque : les maraîchers de Strasbourg (*gartner*) en forment la plus grande partie ; rarement ils ont plus de deux enfants. Il est tels gros maraîchers qui cultivent 50, 100 arpents, et même davantage, qui portent encore le costume de leurs ancêtres et qui ont conservé le même genre de vie et de nourriture. Conrad Gessner, dont les ouvrages furent imprimés en 1540, en parlait déjà comme de gens qui tiraient, chaque année, trois récoltes de leurs champs.

### BAUX.

Les baux sont ordinairement de neuf ans, il est rare d'en trouver de plus longue durée. La rente se détermine le plus souvent en argent, rarement en nature ; lorsque ce dernier cas a lieu, elle est fixée partout à 3 setiers de blé, et à un setier de seigle par arpent ; quelquefois, cependant, elle s'élève jusqu'à 4 et 6 setiers. La rente en argent varie suivant la qualité du sol et sa situation : elle est évaluée depuis 4 fr. jusqu'à 40 fr.

On trouvait en Alsace, avant la suppression faite par la révolution, certains baux héréditaires, d'origine germanique, qui différaient de l'emphytéose en ce que dans celle-ci, on distingue un domaine direct et un domaine utile, *dominium directum* et *domi-*

*nium utile;* le premier est réservé au propriétaire primitif, le second est transporté sur le propriétaire emphytéotique; mais, dans les baux en question, il n'y avait aucune aliénation ou division des droits de propriété. Un bail semblable ne pouvait être rompu, ni la rente augmentée ou diminuée aussi longtemps qu'il existait un individu descendant de celui avec lequel le contrat était passé, que la rente était exactement payée et que les champs étaient entretenus en bon état. Si l'une de ces conditions venait à cesser, le vendeur, comme propriétaire perpétuel, était en droit de disposer de son bien comme bon lui semblait.

C'est aux baux de cette espèce que l'Alsace doit en grande partie l'état florissant de son agriculture, et l'introduction des diverses plantes commerciales telles que la garance, le tabac, etc. L'homme qui est sûr de garder pendant toute sa vie une propriété, et de la transmettre à ses descendants, s'il en paye exactement la rente, ne manquera pas de la cultiver avec soin. Il ne comptera pas avec le fumier comme celui qui n'a qu'un bail de trois ans, il se gardera bien surtout d'épuiser le sol comme ce dernier a coutume de le faire à l'expiration de son bail. Le fermier héréditaire, lui, soigne la terre dont il a la la jouissance, comme si c'était son propre héritage, et mieux pour ainsi dire, car il sait qu'il lui est imposé comme condition rigoureuse de la bien traiter, sous peine d'en être dépossédé; il peut, en outre, entreprendre toute espèce d'amélioration par cela même que sa jouissance n'est limitée par aucun terme.

Il serait impossible d'imaginer un meilleur mode d'affermer les propriétés dans l'intérêt de l'agriculture, si nos bons aïeux n'avaient oublié, la plupart du temps, d'insérer au contrat cette clause essentielle, que la terre ne pourrait jamais être divisée. Cette négligence a été cause du morcellement complet qu'ont subi les propriétés, sans compter que les fermiers eux-mêmes, liés par de telles défenses, ne recouraient que trop souvent à la fraude ; le fermier originaire ou son fils aîné venait ordinairement seul pour acquitter le prix du fermage, dès lors le propriétaire s'inquiétait peu de ce qui se passait dans sa famille.

Les difficultés qui s'élevaient entre le propriétaire et le fermier étaient soumises au tribunal particulier de l'emphytéose (*curia dominicalis*). Ce tribunal se réunissait tous les ans et était présidé par le propriétaire en personne ou par son homme d'affaires. Il est plusieurs de ces fermages héréditaires qui datent de quatre à cinq siècles, on en voit encore l'acte original ; d'autres se perdent dans la nuit des temps. Les Allemands d'autrefois n'aimaient pas les écritures, la parole d'un homme leur suffisait, ce qui ferait supposer qu'un grand nombre de ces baux héréditaires furent consentis verbalement.

La révolution française commit une grave erreur en abolissant la plupart de ces baux héréditaires dont on ignorait l'origine ; la confusion fut d'autant plus grande, que la loi supprimait toutes les rentes féodales, et déclarait rachetable toute rente relative à la propriété. Les fermiers regardèrent la rente qu'ils devaient à titre d'emphytéotes comme une rente provenant d'un bien héréditaire, et cherchèrent à s'en débarrasser conformément à la loi. D'un autre côté, les acquéreurs de biens nationaux, ne se croyant nullement liés par les baux héréditaires, cherchèrent à évincer les anciennes familles qui tenaient leurs propriétés à ce titre ; enfin, la loi du 20 février 1792, qui abolissait toute espèce de cautionnement en commun, déprécia complétement la valeur des rentes encore existantes. Ainsi tomba cet usage précieux des amodiations héréditaires. Leur abolition, jointe au morcellement de toutes les grandes propriétés qui furent vendues comme biens nationaux, fut un rude coup porté à l'agriculture de l'Alsace : c'est un malheur qui ira toujours croissant, et dont elle ne se relèvera jamais.

### COMMUNAUX.

La première fois que je vins en Alsace, la fertilité du sol, la richesse des moissons, le bien-être et l'industrie des habitants, me donnèrent une haute idée de l'agriculture de cette province ; quelle fut ma surprise, en voyant, dans la plus belle des plaines et parmi cette population laborieuse, des contrées entières ne former que de vastes solitudes, et condamnées à n'être habitées que par des vaches et des chevaux en pleine liberté! C'est ainsi, me dis-je, que les chevaux tartares et cosaques errent çà et là dans la fertile Ukraine et dans la Crimée; mais ces pays, du moins, manquent d'habitants, et les indigènes peuvent se livrer sans inconvénient à leur vie nomade. Mais dans un pays comme l'Alsace, dans cette belle plaine trop petite pour ses habitants, là où les enfants appelés à succéder à leurs pères se partagent sans cesse des parcelles de terrain, au point que les champs ne conservent plus assez de largeur pour qu'on puisse y tourner avec la charrue, dans un pays, dis-je, où l'argent est moins rare que la terre, n'est-il pas vraiment scandaleux de retrouver les coutumes des Cosaques et leurs mœurs nomades ! Je l'avoue, de tels usages confondirent toutes mes idées.

On compte dans le département du Bas-Rhin 119,000 arpents de 20 ares de déserts, car je ne saurais nommer autrement les biens communaux, pâtures vagues ou autres d'une contrée où, comme dans les arrondissements de Strasbourg et de Schelestadt, il n'y a guère plus de 400,000 arpents soumis à la charrue; c'est là un crime contre nature, c'est une perte pour l'État, et pour tout dire, en un mot, c'est une honte pour l'agriculture d'un pays civilisé. Quand bien même on admettrait que la moitié de ces communaux ne puisse être mieux utilisée, il resterait encore 59,000 arpents bénis du ciel et qui ne sont voués à l'improduction que par suite d'une coutume barbare : un Belge se mettrait à genoux devant un pareil sol, et ne croirait pouvoir trop remercier celui qui lui en ferait présent.

Il est difficile de croire, au premier coup d'œil, que ce qui présente une véritable ressource pour l'agriculture, dans beaucoup de pays où l'on suit l'assolement triennal, puisse être si nuisible aux intérêts de l'agriculture considérés sous un point de vue général ; mais il y a une aussi grande différence entre un bien communal qui, étant la propriété de tous, n'appartient pour ainsi dire à personne, et la propriété d'un simple particulier, qu'il existe de différence entre un arbre fruitier sauvage jeté sur une route éloignée, dont personne ne prend soin, attendu que tout passant s'en approprie les fruits, et un arbre planté et greffé avec soin, qui paye par des fruits abondants la peine qu'on prend de le cultiver.

Il est difficile de fixer d'une manière rigoureuse la valeur et le rapport de ces communaux ; ce rapport, du reste, ne peut être que fort mince, même sur un sol naturellement fertile. La Hardt de Molsheim, par exemple, à laquelle onze villages participent, contient 2,360 arpents propres en tous points au labour ; cependant tous les cultivateurs conviennent que, dans l'état actuel des choses, ils n'en tirent aucun parti ; que le pâturage y est tellement maigre, que les bêtes à laine seules y trouvent de quoi vivre, tandis que le gros bétail y meurt de faim ; aussi beaucoup de cultivateurs ne profitent-ils pas de leur droit, et préfèrent-ils nourrir leur bétail à l'étable, de peur de perdre encore leur fumier, s'ils envoyaient leurs troupeaux sur ces communaux. Je crois donc n'être point trop sévère à l'égard des communaux, en considérant en moyenne 7 arpents communaux, comme l'équivalent d'un arpent de bonnes prairies. Ce dernier pouvant donner 1,440 liv. de foin, et 7 arpents des communaux représentant un arpent de cette espèce, il s'ensuit que la récolte en foin des 59,000 arpents communaux du département équivaut à 127,123 quintaux de foin. Mais une vache exige pour sa nourriture journalière, indépendamment de la paille, 12 liv. de foin ou 4,380 liv. de foin par an; ces 59,000 arpents suffiraient donc pour nourrir 2,902 vaches pendant toute l'année, pourvu, toutefois, qu'on se procurât ailleurs la paille nécessaire. Si donc ces communaux étaient soumis à une culture régulière, et s'ils étaient traités d'après de sages principes, ils pourraient nourrir sur moitié de leur étendue de 11 à 12,000 têtes de gros bétail; le surplus serait alors consacré à la culture du grain.

Les inconvénients des communaux sont évidents. Ceux-ci sont-ils trop secs et par suite trop pauvres en herbe, le bétail est obligé de faire plusieurs lieues par jour pour chercher sa nourriture; aussi ne lui profite-t-elle guère, et revient-il souvent fatigué à l'étable; les communaux sont-ils humides, le bétail n'y trouve alors qu'une nourriture malsaine, une partie de l'herbe est foulée aux pieds; enfin, s'il éclate quelque épizootie contagieuse, les communaux la communiquent inévitablement à tout le troupeau.

La perte du fumier, qui constitue sinon la plus grande partie, du moins une partie considérable du profit que donne le bétail, est encore un autre dommage occasionné par les communaux. Une vache nourrie médiocrement à l'étable donnerait par ses seuls excréments, sans compter la paille, dans les cinq mois que dure ordinairement le parcours, 35 quintaux de fumier, tandis que la même vache, conduite au pâturage pendant le jour et rentrée seulement la nuit à l'étable, ne peut donner plus de 15 quintaux de fumier : ce sont donc 20 quintaux de fumier perdus pour l'agriculture, lorsqu'on adopte le système des communaux.

Quels que soient, du reste, les inconvénients des communaux, nul doute que leur suppression précipitée ne causât tout d'abord un mal réel. Tolérer certains défauts, dans un monde où tout est si imparfait, est souvent chose avantageuse, et il vaut mieux laisser le malade continuer de boiter plutôt que de lui couper tout d'un coup les deux jambes.

Il y a dans la partie la plus fertile de l'Alsace, notamment dans la plaine, un grand nombre de petites cultures tellement basées sur la ressource des communaux, qu'elles ne pourraient exister sans cet appui. Ceux qui n'ont pas assez de terres pour produire la quantité de fourrage nécessaire à l'entretien d'une vache, et qui, cependant, doivent consacrer le peu de terrain qu'ils possèdent à la culture du blé et aux plantes commerciales, tant pour avoir du pain et de la paille que pour utiliser leurs moments de loisir et augmenter leurs bénéfices par leur travail ; ceux-là, dis-je, grâce aux communaux, se trouvent à même de tenir autant de bétail qu'il leur en faut, non-seulement pour se procurer du fumier, mais encore pour en vendre à de plus forts cultivateurs. Dans ces circonstances, autant vaudrait ruiner de fond en comble les petits cultivateurs que de songer à leur enlever cette ressource indispensable. En vain leur dira-t-on : Cultivez du trèfle et des plantes à fourrage sur vos propriétés, vous vous passerez alors facilement de communaux, et vous obtiendrez plus de lait et de fumier de votre vache qu'en suivant l'usage actuel. — Très-bien, répondront ceux-ci, mais le trèfle et le bétail ne donnent pas autant d'argent comptant que le tabac, le chanvre et les choux ; ces plantes, sans doute, demandent plus de main-d'œuvre qu'un champ de trèfle, mais c'est précisément cette main-d'œuvre qui fait vivre la petite culture ; et, bien qu'une vache, pendant les cinq mois qu'elle erre dans les pâturages communaux, ne donne en lait et en fumier que moitié de ce que rend une vache bien nourrie à l'étable, il n'en est pas moins vrai que la première ne coûte rien, et qu'au lieu de n'en avoir qu'une, on en fait courir deux sur les communaux, ce qui comble le déficit.

La suppression complète des communaux pourrait donc être fatale à la petite culture, telle que celle-ci existe en Alsace, elle serait, de plus, fort injuste. Il y aurait bien, à la vérité, un moyen de concilier tous les intérêts, ce serait de partager les biens communaux entre les ayant-droit, mais ce mode a aussi ses avantages et ses inconvénients. En effet, si l'on abandonne aux habitants la jouissance des communaux pendant trois ou six ans, soit à titre gratuit, soit à titre de bail, ce sera peut-être le parti le plus détestable qu'on pourra prendre à l'égard du sol; chacun tâchera de tirer le plus de profit de la part qui lui est échue : c'est ainsi qu'il emploiera le fumier provenant de la paille et des fourrages des communaux à fertiliser les terres qui lui appartiennent en propre; il épuisera le sol de ces mêmes communaux, de telle sorte qu'il aura bien moins de valeur à l'expiration des six années qu'il n'en avait auparavant, et qu'il sera bien difficile d'en tirer ensuite le moindre parti.

Il n'en sera pas de même si l'on donne en propre à chaque individu la portion des communaux à laquelle il a droit; au lieu d'un mercenaire avide, c'est un père de famille qui cultive, l'amélioration du sol est donc assurée tant que la part qui lui sera échue restera intacte. Mais, si les 10 ou 20 arpents appartenant dans l'origine à un seul individu viennent à passer, après un certain laps de temps, entre les mains de dix ou vingt personnes, tous les maux résultant du morcellement de la propriété éclateront alors, et comme il n'y aura plus de communaux pour soutenir l'édifice en ruine, ce dernier état, toute proportion gardée, pourra bien être pire que le premier dans un pays aussi peuplé que l'Alsace, si l'on ne prend aucune mesure pour prévenir ce malheur.

### COMPOSITION DES EXPLOITATIONS RURALES.

Par exploitation rurale, il faut entendre ici toute ferme qui possède un attelage pour exécuter ses travaux. L'étendue des fermes de l'Alsace et leur assortiment en bêtes de travail et de rentes varient à l'infini. Sur quarante-huit exploitations dont j'ai pris note, il y en a

>onze de    6 à   25 arpents de 20 ares,
>onze de  25 à  50,
>huit de  50 à  75,
>cinq de  75 à 100,
>onze de 100 à 200,
>une  de 230,
>une  de 300.

D'après mes notes sur la quantité des animaux de trait et de rente, il résulte que le nombre moyen des animaux de trait est, à celui des arpents, comme 2 est à 31, et le nombre des animaux de rente, comme 2 est à 37 et demi. On y trouve, par conséquent, vingt-quatre chevaux et un bœuf contre vingt et une vaches. Ces proportions, il faut en convenir, sont presque incroyables et ne prouvent nullement en faveur de l'organisation des établissements ruraux de l'Alsace. Cet objet étant d'une haute importance, nous croyons devoir y consacrer quelques lignes.

L'attelage est un mal nécessaire, et il ne peut être considéré que comme nuisible, à moins qu'il ne paye son entretien par son travail, ce qu'il ne saurait faire qu'autant qu'on lui fournit constamment de l'ouvrage. Mais il est impossible que deux chevaux soient suffisamment occupés avec 6, 10, 12 et 15 arpents. Si les pièces ne sont pas trop éloignées, si elles ne sont qu'à la distance d'une lieue ou de trois quarts de lieue de l'exploitation, deux chevaux suffisent pour 50 arpents. Chez les Belges, un pareil attelage suffit pour 65 arpents; il est vrai que chez eux on cultive avec des chevaux, tandis qu'il n'y a que des rosses en Alsace. Deux chevaux pour 6 ou 10 arpents, c'est cinq fois ou même dix fois plus qu'il n'en faut : il y a donc un excédant de forces qui tombe inutilement à la charge de l'exploitation.

Mais, sans aller chez les Belges pour nous convaincre de la possibilité d'une meilleure organisation, nous en trouvons plusieurs exemples dans l'Alsace elle-même. A Schelestadt, on n'a que deux chevaux pour cultiver 50 arpents, le même nombre suffit à Candel pour 80 arpents; à Winden, on ne compte que deux bœufs pour 30 arpents; il en est de même à Truchtersheim et à Schwindratsheim : deux vaches exécutent tous les travaux dans les exploitations de 15 à 20 arpents.

Dans les grandes fermes de l'Alsace, parmi lesquelles je compte celles de 25 hectares et plus, la proportion des bêtes de trait avec l'étendue du ter-

rain est mieux observée. Il y a, en général, un attelage de deux chevaux pour 46 ou 47 arpents,
encore que cet attelage ne soit pas suffisamment
occupé; de même, on trouve, dans les grandes exploitations de Schelestadt et de Marlheim, sur la Queich,
un attelage de deux chevaux pour 60 arpents. A
Truchtersheim, où le terrain est moins égal et un
peu plus difficile à travailler, on a douze chevaux pour 300 arpents, c'est donc 50 arpents par
attelage.

Deux causes expliquent le chiffre excessif des
bêtes de trait qu'on trouve dans plusieurs localités
de l'Alsace, notamment dans la plaine entre Strasbourg et Schelestadt.

La première est la facilité avec laquelle s'entre-
tiennent les chevaux sur les communaux. Tant
qu'il y a un peu d'herbe, ces animaux ne font que
vaguer le jour et la nuit, sauf les heures où on les
emploie au travail; ils ne cessent ce genre de vie
que lorsque le froid ou la neige les chasse des communaux. En hiver, on se borne à les empêcher de
mourir de faim; les gros cultivateurs, cependant, en
prennent un peu plus de soin; aussi ont-ils de
meilleurs chevaux. Les meilleurs chevaux de l'Alsace
se rencontrent là où on les tient toute l'année à
l'écurie, où ils sont bien nourris, suffisamment
occupés, et, remarquons-le bien, là où l'on ne connaît pas les pâturages communaux.

La seconde cause qui oblige les grands cultivateurs eux-mêmes à tenir plus de chevaux que ne le
comporte l'étendue de leurs exploitations, c'est la

rareté des engrais, et par suite, la nécessité de s'en procurer au dehors. On conçoit sans peine que le transport du fumier, qu'on va chercher jusqu'à trois ou quatre lieues, n'est pas une petite besogne pour un attelage. Là où l'on ne tient même pas une vache par chaque cheval, et où ces animaux passent la moitié ou les trois quarts de leur vie hors de la ferme, le manque d'engrais doit nécessairement se faire sentir. Toutefois, les petits cultivateurs ont bien plus de fumier que les grands fermiers, il n'est même pas rare qu'ils puissent leur en vendre. Deux chevaux et une vache, qu'on nourrit au moyen des communaux, et un ou deux porcs, rendent aisément la quantité d'engrais nécessaire pour fumer, chaque année, de deux à quatre arpents et même davantage; c'est pour cela que la proportion entre le bétail de rente et l'étendue du terrain est plus mal observée dans les grandes exploitations que dans les petites : chez celles-ci, on trouve généralement une vache pour 12 arpents, tandis que chez les autres il n'y en a qu'une pour 22 arpents.

Quel contraste frappant sur ce point, si l'on compare l'agriculture de l'Alsace avec celle de la Belgique! Dans une grande partie de celle-ci, les exploitations rurales n'ont ordinairement ni prés à pâturer, ni communaux; on n'y trouve même que juste ce qu'il faut de prairies pour l'entretien des chevaux. Les bêtes à cornes restent toute l'année à l'étable. Entre autres exemples, nous citerons une ferme de onze *bonniers*, telle qu'on en trouve ordinairement entre Malines et Anvers. Dans ces onze bonniers, il y a soixante-cinq parties en terre labourable et six et demie en prairie : le tout est fumé chaque année. On y entretient deux chevaux et huit vaches, non compris le jeune bétail. Combien d'animaux trouverait-on sur une pareille ferme en Alsace? Pas moins, je pense, de quatre chevaux, et pas plus de quatre vaches ; c'est-à-dire précisément le double d'attelages et la moitié des bêtes de rente. De quel côté sera le bénéfice ou la meilleure culture? du côté de l'Alsace ou des Pays-Bas ? Le Belge cultive le lin et le colza sur un sol médiocre, l'Alsacien cultive le tabac et le chanvre sur un sol riche; celui-ci achète annuellement pour 3 à 400 fr. de fumier, celui-là n'en achète pas, à l'exception des cendres pour le trèfle. Chez l'un comme chez l'autre, la terre est ensemencée tous les ans. Il faut cependant se garder d'étendre le blâme à toute l'Alsace; il y a des localités dans ce pays où l'on n'entretient pas moins de bétail qu'en Belgique, et où on le nourrit toute l'année à l'étable.

D'après des recensements faits par ordre supérieur relativement à la quantité du bétail de rente, il y aurait, dans les arrondissements de Schelestadt et de Strasbourg, cinq cent vingt-six pièces de gros bétail par 1,000 hectares et huit cent soixante pièces dans l'arrondissement de Wissembourg. Le rapport entre ce dernier arrondissement et les deux autres est donc à peu près comme 3 est à 5, c'est-à-dire que, dans l'arrondissement de Wissembourg, on a cinq têtes de gros bétail pour fumer une certaine étendue de terrain, tandis qu'on n'en a que trois dans les autres arrondissements pour la même étendue. Peut-être serait-on tenté de croire qu'il y a plus de prairies dans l'arrondissement de Wissembourg, et que, par suite, il est possible d'y entretenir une plus grande quantité de bétail; mais il n'en est pas ainsi. Tout calcul fait, il s'y trouve un quatorzième de prairies de moins que dans les deux autres arrondissements. La différence serait encore plus sensible, si l'on tenait compte, dans chaque arrondissement, des communaux qui s'y trouvent, et, si on les ajoutait aux prairies et aux terres labourables, il y aurait alors trois cent trente-quatre têtes de gros bétail dans les arrondissements de Strasbourg et de Schelestadt par chaque 1,000 hect., et six cent soixante-dix têtes de gros bétail dans l'arrondissement de Wissembourg, c'est-à-dire une fois plus dans ce dernier.

Cet exemple montre clairement comment une contrée qui n'a que peu de prairies et qui est presque privée de pâturages peut entretenir, proportionnellement à son étendue, non-seulement autant, mais même le double de bétail qu'un autre pays qui possède plus de prairies et de pâturages; et si, dans cette contrée, le bétail reste toute l'année à l'étable, tandis qu'il sort pendant cinq mois dans l'autre contrée, il est évident que dans la première on obtient deux fois plus d'engrais que dans l'autre. L'agriculture de ce premier pays, envisagée dans

son ensemble et non dans chacune de ses branches ,
sera donc très-supérieure à celle de l'autre pays,
quelque précieux qu'en soit le sol et quelque
riches que soient ses récoltes. L'agriculture de la
première contrée jouit , s'il m'est permis de m'ex-
primer ainsi, d'une santé parfaite et continue qu'elle
doit à son excellente constitution, tandis que l'autre
n'a qu'une santé factice qui dépend du temps et des
circonstances, et qui a toujours besoin de ressources
étrangères pour se soutenir. L'une produit elle-même
la vigueur qui la distingue, l'autre l'achète ; la différence, comme on le voit, est grande , très-grande.
Il est vrai, la première de ces agricultures gagne
moins d'argent par ses plantes commerciales, elle
retire même moins de bénéfice de ses grains ; mais ,
en revanche, son bétail lui rend plus de profit , elle
n'achète pas de fumier, elle exige moins d'attelages
et de main-d'œuvre : l'avantage, en définitive, reste
donc toujours de son côté. C'est une agriculture
vitale, car elle repose sur le bétail ; celui-ci est basé sur
la culture des plantes fourragères, laquelle, à son
tour, roule sur l'assolement. Cet assolement n'est
autre que ce qu'il doit être ; la culture des céréales
alterne, chaque année, avec celle des fourrages ; il se
partage entre l'homme qui cultive et le bétail qui
lui vient en aide ; en un mot, c'est une de ces agricultures telles qu'on en trouve dans l'arrondissement
de Wissembourg et dans quelques cantons au nord
et au nord-ouest de Strasbourg et dont nous allons
parler en traitant des assolements.

# ASSOLEMENTS.

Le Bas-Rhin, considéré sous le rapport de ses
assolements, peut être divisé en deux parties :
l'une, située au-dessous de Strasbourg et tirant vers
le nord, suit une rotation biennale; l'autre, tirant
vers le sud et l'ouest, suit une rotation triennale.
La plus grande partie de l'arrondissement de Wissembourg et une partie de l'arrondissement de Saverne et de Strasbourg suivent le premier système;
l'arrondissement de Schelestadt et la majeure partie
des arrondissements de Saverne et de Strasbourg
cultivent d'après le second système.

Je n'entreprendrai pas de décider ce qui peut
avoir occasionné cette diversité d'assolements dans
un seul et même pays. Le sol sablonneux et ingrat
qu'on rencontre dans les environs de Haguenau et
et de Bischweiler, sol si différent de celui qui se
trouve dans la partie méridionale de la basse Alsace,
porterait à croire que la mauvaise nature du sol et, par
suite, la rareté des fourrages ont forcé les cultivateurs
à adopter un assolement de deux ans; et certes,
nulle part cet assolement n'est mieux à sa place que
dans ces localités : mais cette raison disparaît dès
qu'on jette les yeux sur les hauteurs et les bas-fonds
fertiles et argileux de l'arrondissement de Wissembourg, où règne cependant ce même assolement; de
même, on le rencontre sur les bords si riches en
pâturages de l'Orne, ainsi que dans une des parties

les plus fertiles de l'Alsace et tout près de Strasbourg : je veux parler ici du haut, du bas et du
moyen Hausbergen (*ober*, *mittel*, *nieder Hausbergen*), de Vendenheim, Bischheim, etc., villages
dont l'agriculture égale ce qu'il y a de plus parfait
dans les pays les mieux cultivés.

Indépendamment de ces deux assolements, on en
trouve encore un troisième qui tient le milieu entre
les deux autres ; cet assolement est celui du Kochersberg, si fameux par son agriculture et la prospérité
de ses habitants.

Chacun de ces assolements sera l'objet d'un article particulier.

### ASSOLEMENT TRIENNAL.

L'assolement triennal est en vigueur dans toute
cette belle plaine située entre Strasbourg et Schelestadt, soit que l'on parcoure la partie humide et
argileuse entre le Rhin, l'Ill et le Rieth, soit que
l'on se dirige vers l'Ill et les coteaux qui forment
le pied des hautes Vosges, ou que l'on s'approche
davantage de la chaîne des montagnes. Le tabac, et,
après lui, le chanvre, le blé et la grande orge sont
les principaux objets de la culture ; celle du colza
y est moins considérable ; et, dans quelques localités,
on se livre avec succès à la culture des gros choux.
Dans la plupart des endroits, le trèfle constitue le
principal fourrage ; cette plante est remplacée, dans
le Rieth, par la luzerne et le sainfoin. Le bétail peu

nombreux qu'on entretient dans cette plaine pâture presque toute l'année dans les communaux ; le bétail nourri à l'étable pendant l'été n'est qu'une rare exception. Le sol est une argile marneuse qui devient plus dur, plus tenace à mesure qu'on se rapproche des Vosges ; dans le Rieth, il devient plus humide et plus lourd.

STRASBOURG.

La culture des environs de cette ville ne saurait être décrite dans ce chapitre, car, bien que les travaux s'effectuent à la charrue, elle tient plutôt du jardinage que de l'agriculture. On y trouve des champs entiers plantés en choux, en choux-fleurs, en asperges, et en toutes les espèces délicates de légumes, auxquels, pour tout alternat, on fait succéder des grains et des plantes commerciales. L'abondance des engrais que la ville fournit rend tout possible et facile, alors même que ce qu'on fait pêche contre la règle. Nous ne nous arrêterons donc pas à cette culture de jardin, et nous nous bornerons à indiquer quelques-uns des assolements en usage.

LINGOLSHEIM.

On y trouve :

| | |
|---|---|
| 1. Blé, | 4. Blé, |
| 2. Orge, | 5. Orge, |
| 3. Trèfle, | 6. Tabac ou chanvre. |

De cet assolement, il ne faut pas conclure que le trèfle revient tous les six ans, et encore moins qu'il peut revenir avec avantage en si peu de temps dans une telle rotation (1). Il n'est aucune ferme, que je sache, dans cette commune ni dans aucune autre de cette partie de l'Alsace, où le trèfle occupe la sixième partie du terrain. Qu'y ferait-on, d'ailleurs, d'une si grande quantité de trèfle, puisqu'on n'y entretient pas assez de bétail pour pouvoir le faire consommer ?

J'ai trouvé encore ici un autre assolement, c'est :

| | |
|---|---|
| 1. Féveroles, | 4. Tabac, |
| 2. Blé, | 5. Blé, |
| 3. Trèfle, | 6. Orge. |

Les féveroles reçoivent cinq charges d'engrais, et le tabac six par arpent de 20 ares. Le trèfle est plâtré comme partout ailleurs en Alsace.

Cet assolement est, sans contredit, excellent. Le trèfle occupe la sole d'été; partant, il se trouve dans une terre non épuisée et maintenue propre par le sarclage des féveroles qui précèdent immédiatement le blé. Si, au lieu de cela, on faisait suivre de l'orge après le blé, et si l'on semait le trèfle parmi cette

______

(1) Sans doute, il vaudrait mieux ne faire revenir le trèfle qu'après un laps de temps plus reculé, conformément à ce principe, que la même plante n'aime pas à revenir plusieurs fois de suite sur le même sol et qu'elle y réussit d'autant mieux que son retour est plus éloigné; toutefois, nous pensons que, dans la plupart des cas, le trèfle peut revenir après un intervalle de six ans dans un assolement raisonné; on sait que, dans l'assolement quadriennal du Norfolk, le trèfle revient tous les quatre ans depuis un temps immémorial ; il suffit, en général, qu'il se soit écoulé un laps de temps égal à celui pendant lequel il a occupé le terrain, pour que son retour puisse avoir lieu sans inconvénients.  (*Note du traducteur.*)

orge, comme cela se pratique dans l'assolement triennal, le trèfle ne trouverait qu'un sol épuisé et infesté de mauvaises herbes. Un bon trèfle est, comme chacun sait, une excellente préparation pour toute espèce de plantes, et forme, pour ainsi dire, la base de la rotation. Le tabac qui lui succède est le choix le plus heureux qu'on puisse faire, ainsi que nous le dirons en traitant de la culture spéciale de cette plante.

On suit encore ici quelques autres rotations, telles que :

| | |
|---|---|
| 1. Blé, | 3. Chanvre, |
| 2. Trèfle, | 4. Tabac. |
| 1. OEillette fumée, | 2. Blé. |
| 1. Maïs fumé, | 2. Blé non fumé. |

ENTSHEIM.

Les petits cultivateurs ont l'assolement suivant :

| | |
|---|---|
| 1. Blé, | 3. Tabac. |
| 2. Orge, | |

Ils récoltent ainsi, tous les trois ans, du tabac sur le même champ. Les cultivateurs plus riches ont :

| | |
|---|---|
| 1. Tabac, | 6. Orge, |
| 2. Blé, | 7. Trèfle, |
| 3. Orge, | 8. Blé, |
| 4. Féveroles, | 9. Orge. |
| 5. Blé. | |

Voilà un assolement triennal pur, avec jachère cultivée. Le voyageur qui a traversé ces campagnes dans le commencement de l'été de 1843, et qui a vu comme moi les champs d'orge couverts de raifort sauvage, au point qu'on aurait cru qu'ils étaient revêtus d'une couche de neige, n'a pas besoin d'autre preuve pour juger des vices de cet assolement (1).

### BLOESHEIM.

#### *Sol de première qualité.*

1. Blé,
2. Choux ou tabac,
3. Chanvre.

#### *Sol de seconde qualité.*

1. Blé,
2. Orge,
3. Tabac ou féveroles,
4. Blé,
5. Orge,
6. Trèfle.

Si l'on observait, sans discontinuer, ce dernier assolement, il serait aussi mauvais que celui que nous avons vu à Entsheim ; mais, comme on s'est convaincu de ses inconvénients, on a recours depuis longtemps à l'assolement suivant :

1. Blé,
2. Pommes de terre ou maïs,
3. Tabac,
4. Blé,
5. Orge,
6. Trèfle.

---

(1) On conçoit aisément que le trèfle, ainsi placé dans la deuxième céréale, soit dominé par les mauvaises herbes et qu'il laisse après lui le sol tellement infesté de plantes nuisibles, que le blé qui lui succède ne produise qu'une triste récolte. C'est là, sans doute, l'origine des plaintes qu'on élève encore de nos jours contre le trèfle ; loin de nuire au blé, comme beaucoup de cultivateurs le prétendent, il en assure la réussite toutes les fois qu'on le place dans la première céréale qui suit la jachère ou une récolte-jachère fumée et sarclée.

( *Note du traducteur.* )

On éloigne donc, tous les neuf ans environ, l'orge
de la sole d'été; et comme, l'année suivante, on met
du tabac ou une autre récolte binée, on est parvenu,
par ce binage continué pendant deux ans, à se débarrasser du raifort sauvage; l'orge, de cette manière, donne un grand tiers de plus que ce qu'elle
aurait produit dans l'assolement triennal et dans une
terre infestée de mauvaises herbes. Quiconque passe
du ban de Blœsheim dans celui d'Inlenheim, qui
lui est contigu et où les champs sont remplis de
raifort, verra de ses propres yeux la différence qui
existe entre un bon et un mauvais assolement, entre
une culture soignée et une culture négligée.

Il serait facile d'y apporter des modifications,
voilà pourquoi je recommande aux cultivateurs d'en
faire l'expérience (1).

## MEISTRATSHEIM.

### *Terres de première classe.*

1. Plant de choux parmi lesquels on sème des carottes,
2. Blé.

Lorsqu'on ne sème pas de carottes parmi les choux,
on met du tabac ou des choux à demeure, après que
les choux en pépinière ont été enlevés. On fume

---

(1) On pourrait, en effet, sans renoncer à aucune récolte, adopter
l'assolement suivant, conforme en tout aux principes :

 1. Blé,
 2. Pommes de terre ou maïs fumé,
 3. Orge,
 4. Trèfle,
 5. Blé,
 6. Tabac fumé.   ( *Note du traducteur.* )

très-fortement pour les choux, c'est-à-dire qu'il faut six à dix charges de fumier par arpent de 20 ares.

*Terres de seconde classe.*

1. Blé,
2. Orge,
3. Trèfle ou choux,
4. Blé,
5. Chanvre, pommes de terre, maïs, haricots nains,
6. Tabac,
7. Blé,
8. Orge,
9. Féveroles.

Une ferme de 60 arpents, qui suit cette rotation, distribue la totalité de ses terres ainsi qu'il suit :

20 arpents portent du froment ;

13 1/3, orge ;

4 2/3, trèfle ;

4 1/3, féveroles ;

6 2/3, chanvre, pommes de terre ;

8, tabac ;

1, carottes et plants de choux ;

2, choux pommés.

60 arpents.

Mais on a interrompu ce cours et on lui substitue tous les six ans, ou même tous les neuf ans, une récolte sarclée, tant dans la sole d'été que dans l'année de jachère, de même que nous l'avons déjà vu pratiquer à Lingolsheim et à Blœsheim. Il en résulte qu'on suit encore à Meistratsheim la rotation suivante :

1. Blé,
2. Féveroles,
3. Tabac.

2. Haricots nains,
3. Féveroles.

Dans un sol épuisé, on a soin de mettre des féveroles de préférence à toute autre récolte-jachère,
parce qu'on regarde cette légumineuse comme peu
épuisante ; hormis ce cas, le maïs est la plante qui
nettoie le mieux le sol des mauvaises herbes.

Sur les terres de troisième classe, on suit un assolement moins bon, c'est :

1. Tabac,                    4. Trèfle,
2. Blé,                      5. Blé,
3. Orge,                     6. Avoine.

Je pense qu'on interrompt de temps en temps ce
cours. Une terre qui se prête deux fois de suite à
ce dernier assolement ne saurait être mauvaise ;
du reste, dans cette partie de l'Alsace, on ne sait
pas ce que c'est qu'un mauvais terrain. Le tabac
reçoit quatre à cinq charges d'engrais ; quelquefois
on ne fume pas pour le blé qui vient après le trèfle,
mais alors il est nécessaire de fumer pour l'orge
qui suit.

### OBERNHEIM.

1. Tabac, chanvre, maïs,     3. Orge,
   betteraves, plant de      4. Trèfle,
   choux,                    5. Blé,
2. Blé,                      6. Orge.

Ainsi, assolement triennal pur avec tous ses défauts ; toutefois, on rencontre encore ici un autre
assolement digne d'être cité, c'est :

1. Pommes de terre,          4. Tabac ou féveroles,
2. Orge,                     5. Blé,
3. Trèfle,                   6. Orge.

On fait succéder l'orge aux pommes de terre ; elle réussit supérieurement à cette place, tandis que, si l'on semait du blé, celui-ci ne donnerait qu'une pauvre récolte. Le trèfle, surtout, se trouve à sa véritable place, c'est-à-dire dans un sol parfaitement meublé et nettoyé par la culture des pommes de terre, et qui possède encore un haut degré de fertilité. Le tabac qui succède au trèfle ne peut être que de la première qualité. Enfin, ce sol, enrichi par le trèfle, parfaitement nettoyé par le tabac, est la meilleure préparation qu'on puisse accorder au blé.

Le seul reproche fondé qu'on puisse faire à cet assolement, ce n'est pas qu'il ne produit que trois récoltes de grains dans l'espace de six années, tandis que l'assolement triennal en donnerait quatre dans le même temps ; c'est qu'il n'y a qu'un seul grain d'hiver parmi les récoltes de grains. La rotation indiquée paraît donc plutôt convenir à un sol propre à l'orge qu'à une bonne terre à blé. Je suis convaincu, néanmoins, que, même sur un sol semblable, on pourrait la suivre avec profit. L'orge, n'épuisant pas autant le sol, exige moins d'engrais que le blé. Un champ qui, dans l'espace de six années, ne porte qu'une fois du blé, où ce blé succède à deux récoltes-jachères dont chacune est considérée comme la meilleure préparation pour le blé, ce champ, dis-je, doit donner un tiers de blé de plus qu'un autre qui est cultivé d'après le système accoutumé, où blé, orge, féveroles, blé, orge et trèfle, se succèdent sans interruption. Quant à l'orge qui, dans la rotation dont on a fait l'éloge, succède aux pommes de terre, nul doute qu'elle ne surpasse de beaucoup celle qui vient après le blé. En définitive, nous trouvons dans la rotation d'Obernheim un sixième en pommes de terre, ce qui, joint au trèfle, lui donne une prépondérance remarquable sur l'assolement triennal; l'on a, de plus, des engrais en abondance. Au surplus, si cet assolement avait encore une addition de prés, ce qui rendrait le trèfle inutile, la moitié du champ de trèfle pourrait être enfouie après la première coupe (1), et l'on pourrait employer le terrain comme jachère pour le colza; on pourrait même, dans un bon terrain qui jouirait de toute sa force, planter du tabac sur le chaume de trèfle, et mettre, l'année suivante, du chanvre ou de l'œillette. Toutefois, il est vrai de dire que, dans une pareille culture, on ne devrait pas faire consommer beaucoup de paille, car alors on manquerait de litière.

### FEGERSHEIM.

On y trouve :

| | |
|---|---|
| 1. Blé, | 4. Blé, |
| 2. Maïs, | 5. Orge, |
| 3. Tabac, | 6. Trèfle. |

Mais on est également convaincu ici que cette

---

(1) C'est ce que fait, avec le plus grand succès, le fermier Leroy, près de Metz. Aussitôt après la première coupe, il se hâte de faire porter du fumier sur son champ de trèfle, il enfouit la seconde coupe lorsqu'elle entre en fleurs et il obtient ainsi des récoltes surprenantes de colza.

( *Note du traducteur.* )

4.

rotation ne doit pas toujours être suivie, qu'il est nécessaire de l'interrompre de temps en temps, et qu'il est utile de supprimer l'orge à chaque sixième année pour la remplacer par une récolte binée. Dans ce cas, il n'y aurait rien à dire, sinon que le trèfle n'est pas semé dans le grain qui suit immédiatement la récolte-jachère. Les assolements de Lingolsheim et d'Obernheim semblent donc mériter la préférence.

Ce cours, interrompu tous les six ans, présente encore cet avantage, qu'on peut semer avec profit des navets après le blé, ce qu'on ne pourrait faire sans beaucoup d'inconvénients, pour l'orge, dans l'assolement triennal ; malheureusement, cela n'a lieu que trop souvent dans les localités où l'on ne peut se passer de navets.

HIPSHEIM.

1. Tabac ( six charges d'engrais ),
2. Blé,
3. Maïs, pommes de terre, choux,
4. Chanvre ( huit charges d'engrais ),
5. Blé,
6. Orge,
7. Trèfle plâtré ou féveroles ( quatre charges d'engrais ),
8. Froment,
9. Orge.

Un grand nombre de cultivateurs ramènent le tabac à chaque sixième année.

On voit que l'assolement triennal n'est pas suivi ici dans toute sa pureté. Ce n'est pas seulement l'orge, mais encore le tabac qui exigent cette modification ; on sait, par expérience, que les champs où le tabac revient trop souvent sont infestés d'une plante parasite, l'*orobanche ramosa*. Celle-ci ne se montre jamais parmi les blés; on ne peut l'extirper ou en diminuer le nombre qu'en retranchant l'orge et en cultivant, deux années de suite, des récoltes sarclées.

On trouve encore ici :

1. Trèfle,                        3. Chanvre.
2. Trèfle,

Ce chanvre réussit à merveille et sans beaucoup d'engrais après un trèfle de deux ans (1). Comme le blé ne réussit pas immédiatement après le maïs, on intercale des féveroles entre ces deux plantes ; ainsi l'on a :

1. Maïs,                        3. Blé.
2. Féveroles,

Il n'y a pas de meilleur assolement pour nettoyer complétement le sol.

On a encore :

1. Maïs ou choux,                3. Blé.
2. Chanvre,

---

(1) Le chanvre ne viendrait-il pas mieux encore, si, ne conservant le trèfle que pendant un an, on ne prenait qu'une seule coupe, et si l'on enterrait la seconde en vert, après avoir répandu du fumier sur le trèfle dès que la première coupe a été enlevée ? — Là où cette méthode est suivie pour la culture du colza, on obtient des résultats remarquables. Suivant nous, on n'emploie pas assez souvent les fumures vertes combinées avec le fumier d'écurie : Thaër, M. de Dombasle, Crud, V. Yvart, de Woght, s'accordent tous à faire le plus grand éloge de ce mode de fumure.                    (*Note du traducteur.*)

Mais, si l'on veut faire succéder des grains au maïs, on doit prendre de préférence la grande orge; on aura donc :

1. Maïs,                        2. Orge.

Si l'on mettait le trèfle dans cette orge, après le maïs, au lieu de le semer dans l'orge qui suit le blé, on serait sur la voie d'un bon assolement.

Il est inutile de mentionner encore d'autres villages; car, à peu d'exceptions près, l'assolement est le même dans tous les pays situés entre l'Ill et les Vosges; c'est pourquoi nous nous contenterons de citer quelques communes du Rieth; c'est toujours le système triennal que l'on suit ici, bien que le sol soit plus humide et plus argileux.

#### HERBZENHEIM.

1. Tabac, chanvre, pomm.      2. Blé,
    de terre, maïs, trèfle,        3. Orge.

#### BOFZHEIM.

On suit partout ici le même assolement. On ne cultive que peu de colza, parce qu'il est trop sujet à la nielle, maladie dont souffrent ces pays, et qu'on attribue aux brouillards du Rhin. C'est par le même motif qu'on ne sème point de seigle, à moins qu'il ne soit mélangé avec le blé; ce méteil est réservé pour les terres que l'on regarde comme trop mauvaises pour le blé. On sème encore ici de l'avoine, mais jamais en aussi grande quantité que l'orge. Quand on fait entrer le chanvre dans la rotation ci-dessus indiquée, on supprime l'orge, et le chanvre succède immédiatement au blé : ce chanvre devient superbe. On a alors l'assolement suivant :

1. Blé,
2. Chanvre,
3. Récolte-jachère binée, ou, de nouveau, blé.

Comme le trèfle ne réussit pas bien dans l'orge qui a remplacé le blé, on le sème dans le blé même. La rotation est donc :

1. Chanvre,
2. Blé,
3. Trèfle.

C'est ainsi que la nécessité conduit l'homme sur le chemin des améliorations ; plût à Dieu qu'il observât toujours ce qui se passe autour de lui, et qu'il se réglât d'après les faits ; mais à peine la nature lui lâche-t-elle un peu la bride, que, trompé par de fausses spéculations ou séduit par l'intérêt du moment, il s'écarte aussitôt de la bonne route et commet des erreurs.

Dans un bon sol, on a :

1. Chanvre fumé,
2. Blé,
3. Chanvre fumé,
4. Blé, et ainsi de suite.

On ne plante jamais de pommes de terre ni de maïs dans un pareil sol, parce que ces plantes sont de mauvaises préparations pour le blé qui suit et auquel ce terrain est particulièrement destiné. C'est peut-être l'assolement le plus vigoureux qu'on puisse imaginer ; il prouve ce que peut le sol lorsqu'on ne lui demande que ce qu'il peut porter et qu'on n'en tire pas deux céréales de suite. On sait que dans le comté de Kent, en Angleterre, on ne sème, depuis un temps immémorial, que blé et féveroles alternativement ; l'assolement ci-dessus est bien plus fort, mais il est impossible qu'il puisse, comme celui de Kent, former la base de l'assolement entier d'une exploitation : cela ne peut avoir lieu que sur certaines propriétés, parce que cet assolement exige beaucoup d'engrais, et qu'à l'exception de la paille du blé il ne rend rien à la terre. Du reste, le chanvre est une plante très-compatible avec elle-même, et l'on peut, ainsi que les féveroles, le faire revenir souvent sur un terrain qui lui convient (1). J'ai trouvé, dans le Luxembourg et dans d'autres pays, des chènevières où le chanvre revient tous les ans depuis un temps immémorial.

Sur un sol noir, humide, nouvellement défriché, on sème, à Bofzheim :

| | |
|---|---|
| 1. Avoine, | 3. Chanvre pour lequel on |
| 2. Avoine, | fume le terrain. |

MARKOLSHEIM.

| | |
|---|---|
| 1. Jachère pure, | les, maïs, pommes de |
| 2. Blé, | de terre, |
| 3. Orge, | 5. Blé, |
| 4. Tabac, chanvre, févero- | 6. Orge. |

Lorsque la terre se trouve fatiguée, on remplace le blé par du méteil.

---

(1) Pourvu, toutefois, qu'on ait soin de le fumer chaque fois qu'on le sème. C'est surtout pour le chanvre qu'on peut dire que le sol n'est là que pour lui servir, en quelque sorte, de point d'appui ; le fumier fait le reste, conjointement avec un certain degré d'humidité dans l'atmosphère. *( Note du traducteur.)*

Ce système triennal avec jachère pure est très-rare en Alsace ; on ne le rencontre que dans les endroits où l'on fait une jachère à cause du colza qu'on y cultive : il est, sans contredit, très-supérieur à celui où la jachère revient périodiquement tous les trois ans.

Rarement on sème ici du trèfle ; mais, en revanche, le sainfoin y est très-commun.

J'abandonne maintenant la partie méridionale de la basse Alsace pour me diriger avec le lecteur vers le nord et le nord-ouest. On a vu, par ce qui précède, que l'assolement triennal de la plupart des villages de ce pays possède un haut degré de perfection, et, partant, ne mérite aucun reproche ; aussi les cultivateurs de ces contrées peuvent-ils être cités comme modèles, et un cultivateur alterne lui-même, en le supposant impartial, donnerait-il des éloges à leur culture. Il n'en est pas de même à l'égard du pays que nous allons maintenant visiter, je veux parler des cantons qui font partie des arrondissements de Saverne et de Weissembourg, où l'on suit encore l'assolement triennal.

WASSLENHEIM ET BALBRONN.

| | |
|---|---|
| 1. Blé, | 5. Orge, |
| 2. Orge, | 6. Pommes de terre, pavots, |
| 3. Trèfle, | féveroles, un peu de lin, |
| 4. Blé, | mais surtout chanvre (1). |

(1) A la place de cet assolement vicieux, on aurait une excellente rotation, si l'on changeait l'ordre de ces plantes ainsi qu'il suit :

Lorsqu'une luzernière est défrichée, on y plante des pommes de terre, ou bien on y sème du chanvre.

SAVERNE.

1. Blé,
2. Orge,
3. Colza, navette, chanvre, œillette, féveroles, pommes de terre,
4. Blé,
5. Orge,
6. Trèfle.

C'est, sans doute, une chose étonnante de voir le colza succéder à l'orge dans cet assolement; mais on sera bien plus surpris lorsqu'on saura qu'il ne s'agit ici ni de colza d'été ni de colza d'hiver transplanté : celui-ci se sème tout bonnement dans le chaume de l'orge. Je n'en ai pas vu la récolte, mais je crois que le colza traité de cette manière ne pourrait réussir que sur les bords du Nil; ce que j'ai vu à Saverne, c'étaient des champs remplis de mauvaises herbes et de chiendent, conséquences inévitables d'un mauvais assolement; cette rotation ne pourrait se soutenir qu'autant qu'on y suppléerait par des efforts extraordinaires, et tels que je n'en ai trouvé de semblables jusqu'ici que dans la Belgique (1).

1. Féveroles,
2. Blé,
3. Trèfle,
4. Chanvre,
5. Blé,
6. Orge.

On devrait alors répandre du fumier sur le trèfle aussitôt après la première coupe, et l'on enfouirait la seconde coupe lorsqu'elle serait en fleurs. Il y aurait, à la vérité, dans cet assolement, deux céréales de suite, mais les féveroles binées nettoieraient suffisamment le sol.

(Note du traducteur.)

(1) On pourrait, il nous semble, remplacer cet assolement de la manière suivante :

1. Colza,
2. Blé,
3. Trèfle,
4. Blé,
5. Orge,
6. Vesces.

Les vesces devraient être fauchées en vert ou consommées sur place.

(Note du traducteur.)

## ALLWEILER, ASSWEILER.

1. Blé,                    4. Blé,
2. Orge,                   5. Avoine,
3. Trèfle,                 6. Pommes de terre.

Si l'on prenait 1° pommes de terre, 2° orge, 3° trèfle, 4° blé, 5° méteil, 6° avoine, on y trouverait mieux son compte sans qu'on fût obligé, pour cela, de renoncer à une seule récolte de grains. Quand donc comprendra-t-on que l'orge vient mieux que le blé après les pommes de terre, qu'il est important d'avoir du bon trèfle, et que le trèfle ne peut être bon que là où le sol est riche et net de mauvaises herbes? Mais on n'obtient ce double résultat qu'en plaçant le trèfle dans la céréale qui suit immédiatement une récolte-jachère. Dans le changement que je propose, il faudrait fumer fortement pour les pommes de terre, le trèfle serait plâtré comme on a coutume de le faire ici; on mettrait le blé dans le chaume du trèfle non fumé, et le méteil qui vient ensuite recevrait, au besoin, une demi-fumure ou même une fumure entière, laquelle aurait encore de l'effet sur la récolte d'avoine. Il va sans dire que les navets, en seconde récolte, devraient être proscrits de cet assolement : la grande quantité de pommes de terre qu'on récolterait permettrait de s'en passer aisément.

Ce n'est pas sans peine que j'ai vu le système ruineux d'un assolement triennal sans jachère s'étendre même sur une partie de l'arrondissement de

Weissembourg (1), d'ailleurs si bien cultivé. Si l'exemple se communique, pourquoi n'est-ce pas plutôt le bon exemple que le mauvais? Pourquoi quelques communes isolées ne vont-elles pas chercher, dans les cantons de Candel, de Sulz, de Lauterbourg, etc., les modèles d'une culture raisonnée, plutôt que de suivre aveuglément la mauvaise routine de leurs voisins qui sont encore bien loin d'une bonne culture?

**BERGZABERN.**

1. Épeautre,
2. Seigle ou blé,
3. Avoine,
4. Trèfle.

Quel abus barbare du plus utile de tous les fourrages! Comment le trèfle trouvera-t-il, dans ce sol ruiné, la force nécessaire pour émettre ses talles et résister à cette foule de mauvaises herbes produites et défendues par trois récoltes successives de grains? Sous ce rapport, nulle récolte-jachère ne souffre plus des mauvaises herbes que le trèfle qui ne reçoit ni labours ni sarclages; cette malheureuse plante, qui est coupée deux à trois fois chaque année, doit, chaque fois, se faire jour à travers les ennemis qui l'encombrent. Bien plus, ce n'est pas tant à cause de son produit immédiat qu'il importe d'avoir du bon trèfle, que par suite de l'influence qu'il exerce sur les récoltes suivantes. Or on perd tous ces avantages, si le champ de trèfle n'est pas suffisam-

___

(1) Dès qu'on s'éloigne vers le nord, à partir de Weissembourg, les bons systèmes d'assolement disparaissent; l'assolement triennal reparaît alors sous diverses formes. ( *Note de l'auteur.* )

ment garni de plantes vigoureuses. Quiconque a des oreilles pour entendre, qu'il entende et qu'il comprenne que la richesse et la propreté du sol sont des conditions indispensables dans la culture du trèfle; celui qui ne veut pas les remplir fera mieux d'avoir une jachère pure.

On m'a indiqué ici pour un bon sol l'assolement suivant :

| | |
|---|---|
| 1. Jachère pure, labourée quatre fois et fortement fumée, | 3. Épeautre, |
| | 4. Blé, |
| | 5. Avoine, |
| 2. Colza, | 6. Trèfle. |

Quel abus ne fait-on pas, dans cette rotation, de la richesse qu'une jachère pure et bien travaillée a procurée au sol ! Si l'on finit cet assolement par le trèfle, c'est-à-dire si la jachère succède immédiatement au trèfle, ce dont je doute cependant, on agit très-conséquemment; car le trèfle, ainsi infesté de mauvaises herbes, exige une jachère pour pouvoir donner de bonnes récoltes de grains : de plus, il y a économie à le placer de cette manière; car sans cela, l'année du trèfle, regardée comme jachère, serait tout à fait perdue : autant vaudrait faire jachère pendant trois années consécutives et prendre après trois récoltes de grains de suite. Quoi qu'il en soit, je demanderai s'il ne vaudrait pas mieux adopter l'ordre suivant, qui n'empêcherait néanmoins aucune des récoltes ci-dessus indiquées :

| | | |
|---|---|---|
| 1. Jachère pure, | ou | 1. Jachère, |
| 2. Colza, | | 2. Blé, |
| 3. Épeautre, | | 3. Trèfle, |
| 4. Trèfle, | | 4. Colza, |
| 5. Froment, | | 5. Épeautre, |
| 6. Avoine, | | 6. Avoine. |

Il n'y aurait rien à dire contre ces deux assolements qui rivaliseraient avec toute espèce de rotation dans un sol argileux.

A Bergzabern, dans les terres sablonneuses et mauvaises, on suit la rotation suivante :

| | |
|---|---|
| 1. Pommes de terre, | 4. Trèfle, |
| 2. Seigle, | 5. Épeautre. |
| 3. Avoine ou orge, | |

On améliorerait de beaucoup et sans difficulté cet assolement en le disposant de cette manière :

| | |
|---|---|
| 1. Pommes de terre, | 4. Épeautre, |
| 2. Orge, | 5. Seigle. |
| 3. Trèfle, | |

comme cela se fait en partie à Bergzabern.

### HERXHEIM.

L'assolement qu'on suit ici ne se recommande sous aucun rapport; il consiste en :

| | |
|---|---|
| 1. Épeautre, | 4. Seigle, |
| 2. Orge, | 5. Avoine, |
| 3. OEillette, pomm. de ter., | 6. Trèfle (1). |

(1) On pourrait lui substituer avec avantage l'assolement suivant :

| | |
|---|---|
| 1. Pommes de terre, | 4. Épeautre ou avoine, |
| 2. Orge, | 5. OEillette, |
| 3. Trèfle, | 6. Seigle ou épeautre, |

Ce qui ferait alors un excellent assolement biennal.

(*Note du traducteur.*)

On a encore ici l'autre assolement que voici :

1. Colza ou chanvre,      3. Orge,
2. Épeautre,            4. Trèfle.

Si, comme cela est probable, le colza succède au trèfle, si on lui donne les binages nécessaires et si le terrain est labouré profondément, il n'y a rien à dire contre cet assolement. Dans le cas où le trèfle ne pourrait revenir aussi souvent dans cette rotation, on le supprimerait à la huitième année et on le remplacerait par des vesces fauchées en vert : cet assolement est très-riche; on le suit, dit-on, dans quelques endroits du Palatinat.

### INFLINGEN.

1. Épeautre,        4. Colza, chanvre, pommes
2. Orge,              de terre,
3. Trèfle,         5. Épeautre,
                  6. Orge, avoine.

Si la terre n'est pas en bon état, l'on fume et l'on plante des pommes de terre à la sixième année, l'assolement devient ainsi biennal (1). Le colza, le chanvre, les pommes de terre venant après le trèfle réussissent très-bien ; mais le trèfle ne se trouve pas là à la meilleure place, et cependant c'est cette plante précieuse qui doit servir de base à tout l'édi-

---

(1) Mais, pour cela, il faudrait adopter la rotation suivante :

1. Orge,        4. Colza repiqué,
2. Trèfle,      5. Épeautre,
3. Épeautre,   6. Pommes de terre.

On fumerait pour le colza et les pommes de terre.

*( Note du traducteur.)*

fice rural. Or l'édifice chancelle lorsque ses fondements ne sont pas assurés, et il y aura toujours quelque chose à réparer et des secours à porter aux parties en souffrance.

SCHILLERSDORF.

**Sur un sol argileux, on a :**

1. Blé,
2. Orge ou avoine, ou un peu de féveroles, et, après celles-ci, des pommes de terre,
3. Trèfle.

**Une petite partie des terres porte :**

1. Blé,
2. Féveroles,
3. Pommes de terre.

**Sur un sol sablonneux, on a :**

1. Seigle ou méteil,
2. Orge,
3. Chanvre, pommes de terre, pavots, navette.

« Je ne crois pas, ajoute Schrœder, qu'on « puisse trouver une meilleure rotation que la « nôtre. » Pour nous en convaincre, je rapporterai ce que dit le bon Schrœder au sujet des mauvaises herbes de son pays; c'est lui qui parle :

« 1° *Le raifort sauvage et la moutarde des* « *champs* (raphanus raphanistrum, sinapis arven- « sis). On rencontre la première sur les terres « blanches, la seconde se trouve sur les terres fortes « et rougeâtres; aussi voit-on des champs dont la « moitié est entièrement couverte de fleurs jaunes « et l'autre de fleurs blanches. C'est surtout dans

« les années où le printemps est favorable aux di-
« vers travaux des champs que ces herbes se mul-
« tiplient d'une manière incroyable. Il est des années
« où un champ de lin ne saurait être mieux garni
« qu'une de nos pièces d'orge ne l'est en mauvaises
« herbes des espèces ci-dessus indiquées. Ces herbes,
« en 1804, étouffèrent tellement l'avoine, qu'elle
« donna à peine le quart de ce qu'elle aurait dû
« rendre. Pas un pied d'avoine n'eût été sauvé, si
« la rigueur de la saison n'avait empêché les mau-
« vaises herbes de prendre leur développement
« accoutumé. Le raifort est encore plus nuisible que
« la moutarde des champs ; celle-ci, en effet, cesse
« de croître lorsqu'elle entre en fleurs, tandis que
« l'autre fleurit et continue de pousser.

« 2° *La vesce à bouquets* (vicia cracca) se montre
« en abondance dans les étés humides ; dans les étés
« secs, au contraire, elle est moins nuisible. Elle
« couvre des champs entiers et étouffe le blé, qui ne
« produit alors que des grains maigres.

« *La gesse tubéreuse* (lathyrus tuberosus) se
« multiplie dans certaines années ; elle se propage-
« rait bien davantage si les porcs, qui en sont très-
« avides, ne la déterraient dans les chaumes de blé.

« *Le chiendent* (triticum repens) est le fléau de
« nos cultivateurs, principalement dans les années
« humides.

« *La folle avoine* (avena fatua) s'est introduite
« dans notre ban depuis une dizaine d'années ; elle
« y fait des progrès rapides. »

Si le digne Schrœder vivait encore, je lui demanderais s'il ne pense pas qu'un assolement qui obvierait à tous ces fléaux ne serait pas préférable à un misérable système triennal qui tend à les favoriser. Il attribue, il est vrai, la multiplication d'une partie de ces mauvaises herbes à la destruction des pigeons qui a eu lieu au commencement de la révolution, et il se peut que ces animaux aient effectivement rendu quelques services à cet égard ; mais que Schrœder fasse venir tous les pigeons de l'Hellespont, je défie ceux-ci de détruire en dix ans tout le raifort et toute la moutarde des champs qui se trouvent dans le ban de Schillersdorf.

La source du mal ne gît pas dans la terre, elle est la conséquence infaillible d'un mauvais assolement ; si celui-ci n'est pas changé, ou, du moins, s'il n'est interrompu tous les six ans, si l'on persiste à faire revenir le trèfle tous les trois ans sur le même champ, et si, enfin, on n'a pas recours de temps en temps à une jachère, les raiforts, moutardes, chiendents, vesces, folles avoines et orobanches continueront de se multiplier, et les arrière-petits-fils moissonneront un jour plus de mauvaises herbes que de grains (1).

(1) A l'assolement triennal de Schillersdorf, on pourrait substituer les assolements suivants :

| | |
|---|---|
| 1. Féveroles fumées, | 1. Pommes de terre, |
| 2. Blé,      ou bien dans un sol sablonneux : | 2. Seigle, |
| 3. Trèfle, | 3. Trèfle, |
| 4. Blé, | 4. Blé ou méteil, |
| 5. Pommes de terre fumées, | 5. Orge. |
| 6. Orge ou avoine. | |

Les pommes de terre seraient fumées, et l'on appliquerait une demi-fumure au trèfle, ou bien l'on enfouirait la deuxième coupe.

( *Note du traducteur :* )

J'ai vu en 1814, dans quelques parties de l'Alsace où l'on suit l'assolement triennal, ce que je n'avais jamais vu autre part : les grains d'été, les grains d'hiver et le trèfle lui-même étaient infestés de raifort ; et que n'aurais-je pas vu de plus affligeant encore, si les gelées tardives que nous avons eu, au printemps, n'avaient pas fait périr cette mauvaise herbe ? On m'a dit que la sole d'été, dans les pays où l'on suit l'assolement triennal, était tellement infestée de mauvaises herbes, qu'on désespérait de la récolte dans beaucoup d'endroits.

## ASSOLEMENT BIENNAL DE L'ALSACE.

Je passe à un autre système rural qui est aussi propre à entretenir la fertilité du sol et à détruire les mauvaises herbes que le système triennal sans jachère pure tend à épuiser la terre et à la convertir en une pépinière de mauvaises herbes.

Je ne me lasserai pas de répéter que le fumier seul (1) ne suffit pas pour maintenir une terre en bon état, il faut encore un travail sagement conduit et appliqué en temps convenable. On ne trouve ce temps qu'en suivant un assolement bien combiné. Mais là où l'on a, sans interruption, du blé, puis,

(1) Les cultivateurs qui suivent l'assolement biennal ont bien plus de fumier que ceux qui suivent le système triennal, et ils n'ont nullement besoin d'acheter du fumier ; les fourrages qu'ils produisent les dispensent d'avoir un supplément de prés, ou du moins il ne leur en faut pas un grand nombre comme au cultivateur triennal, lequel ne peut s'en passer et perd ainsi une partie de ses bénéfices.

*( Note de l'auteur.)*

dans la même année, des navets, ensuite du trèfle, puis du blé, puis de l'orge, du chanvre, et enfin encore une fois du blé, le meilleur sol se trouve, à la longue, hors d'état de produire. En suivant un pareil système, on a à peine le temps de retourner la terre, et, bien que l'on mette, au lieu de chanvre, du tabac, qui exige beaucoup de sarclages et de soin, ce palliatif ne suffit pas cependant pour un assolement de six ans, et le champ se trouve infesté de mauvaises herbes avant que le tour du tabac soit revenu.

Les meilleurs et les plus sages cultivateurs ont modifié leur système, ainsi que nous l'avons indiqué dans plusieurs endroits de l'article précédent ; ils suppriment tous les six, neuf ou douze ans, une récolte d'été, l'orge par exemple, et ils la remplacent par une récolte-jachère sarclée, telle que le maïs ou les pommes de terre. La nécessité rend industrieux, dit le proverbe ; c'est ainsi qu'ils gagnent du temps pour extirper radicalement les mauvaises herbes de leurs champs ; mais ils ne réfléchissent pas que ce n'est là qu'un remède temporaire auquel il faut bientôt recourir de nouveau ; ils feraient bien mieux d'adopter à tout jamais un autre assolement qui marchât de lui-même, qui fût sans défauts et qui n'eût pas besoin de réparations : en définitive, ils n'atteignent jamais complétement le but qu'ils se sont proposé. Le trèfle, par exemple, semé dans un sol à moitié épuisé, infesté d'herbes par deux récoltes successives de grains, n'atteindra jamais, dans leur assolement, la force, l'épaisseur, ni la perfection qu'il pourrait et devrait avoir dans une terre comme celle que l'on trouve chez les cultivateurs triennaux de l'Alsace, si on le semait dans la première récolte de grains. Le blé qui succède à un trèfle médiocre, souvent mauvais, serait meilleur (1) s'il succédait à un trèfle plein de vigueur, et le champ exigerait moins d'engrais. Si on intercalait à la fin, tous les deux ans, une récolte-jachère qui, par son ombrage ou par le travail qu'elle exige, détruisît les mauvaises herbes, l'orobanche n'infesterait pas les champs de tabac, la cuscute n'étranglerait pas les féveroles et n'étoufferait ni le trèfle ni la luzerne. L'orge, surtout, ne serait plus remplie de raifort sauvage et de moutarde des champs, comme j'en ai été témoin dans ce pays, où les champs soumis à l'assolement triennal n'ont point de jachère pure bien travaillée.

Je sais qu'on peut obvier par un travail extraordinaire, tel que celui qui a lieu chez les Belges, aux suites fâcheuses qu'entraîne la malpropreté de la terre, et que l'Alsacien laborieux qui est occupé, jour et nuit, avec sa femme et ses enfants, sur ses terres en vient en partie à bout; mais pourquoi chercher sur une route beaucoup plus difficile ce qu'avec moins de peine on trouverait sur une autre?

(1) Dans plusieurs endroits de l'Alsace, le blé qui succède au trèfle ne passe pas pour le meilleur, ce qui ne s'accorde pas avec l'opinion générale; mais, de même qu'il y a une grande différence entre trèfle et trèfle, il peut se faire qu'il y en ait une aussi grande entre blé de trèfle et blé de trèfle. (*Note de l'auteur.*)

Pourquoi l'Alsacien ne renonce-t-il pas pour toujours à un assolement dont il a appris à connaître les défauts, défauts qu'il ne peut jamais corriger entièrement? Car enfin, tous les travaux, toute l'assiduité et tous les soins imaginables ne suffisent pas pour remplacer ce qu'il y a de défectueux dans sa culture; il faudrait, pour cela, d'autres labours et d'autres instruments que ceux qu'on trouve en Alsace. Si les habitants de l'heureuse Alsace avaient à travailler un sol comme celui que beaucoup de cultivateurs belges cultivent à la sueur de leur front, s'ils n'avaient pas plus de prairies à leur disposition que ces derniers, s'il leur fallait fumer tous les ans leurs champs, sans en excepter un seul, je suis sûr que les bons cultivateurs triennaux ne réussiraient pas avec leur système.

En supposant même qu'à force de sarclages répétés ils parvinssent à procurer au sol la propreté nécessaire, cela ne suffirait pas pour lui donner en même temps la force dont il a besoin. Des récoltes multipliées de grains exigent une grande quantité d'engrais; pour se procurer beaucoup d'engrais, il faut beaucoup de fourrages, et malheureusement le système triennal ordinaire ne peut fournir cette quantité de fourrages. Le trèfle qu'on sème dans la seconde céréale reste faible et manque même, à moins qu'il ne trouve un terrain qui lui soit particulièrement favorable; voilà pourquoi, dans l'assolement triennal, il faut le fumer fortement sur les terres moins bonnes. Un trèfle faible ne donne que peu de fourrages, et peu de fourrages produit peu de fumier; cependant les grains qui se succèdent continuellement demandent beaucoup d'engrais : il est donc évident que tout doit souffrir dans une pareille culture. Mais cet épuisement est encore plus sensible sur un terrain médiocre, et surtout sur un mauvais terrain, que sur un sol privilégié comme celui de l'Alsace. Mais les habitants des pays fertiles sont souvent les derniers à prendre la meilleure voie, ils sont gâtés par la nature qui a tout fait pour eux; que deviendront-ils, cependant, s'ils viennent un jour à manquer de bras pour leurs travaux, ou s'ils n'ont plus un supplément de prairies, de communaux ou de pâturages, et s'ils n'ont plus les moyens d'acheter du fumier? il faudra bien alors faire de nécessité vertu, et trouver d'autres expédients.

C'est assez près de Strasbourg, et, pour ainsi dire, à ses portes, en se dirigeant vers le nord, que commence l'assolement biennal si renommé de nos jours. Ce n'est pas un mince honneur pour l'Alsace de pouvoir montrer des modèles en grand du plus parfait de tous les assolements, et de l'avoir créé sans maîtres. S'il était encore besoin de preuves pour témoigner de l'utilité de cet assolement, nous enverrions les incrédules dans les cantons de Brumath, de Hausbergen, de Hochfelden, de Sulz, de Candel, etc., où il est introduit depuis un temps immémorial, et où on le suit avec le plus grand succès. On donne à ce système le nom d'assolement biennal parce qu'il est, en effet, partagé en deux soles dont l'une porte des céréales et l'autre des récoltes-jachères, et ainsi de suite. Nous nous arrêterons donc à cette dénomination d'assolement biennal, par opposition avec l'assolement que l'on nomme triennal, et, dans la description, nous commencerons par les mauvaises terres sablonneuses avant de passer à de meilleurs sols.

*Assolement biennal des terres sablonneuses.*

### HOERDT.

Ici, la terre, composée d'un sable rouge, est si mauvaise, l'industrie des habitants si grande et si extraordinaire, que je crois devoir parler de cette culture intéressante dans un article spécial qu'on trouvera à la suite des assolements. Je me borne ici à indiquer la rotation qu'on y suit ; c'est :

1. Pommes de terre fumées,
2. Seigle fumé et ensuite navets également fumés,
3. Maïs fumé,
4. Blé de printemps fumé,
5. Pommes de terre fumées,
6. Seigle fumé,
7. Pois,
8. Blé de printemps fumé.

### GRIES.

Le sable vaut beaucoup mieux ici qu'à Hoerdt ; on y cultive :

1. Tabac,
2. Seigle suivi de navets,
3. Pommes de terre, chanvre, maïs, colza, pois, topinamb.
4. Seigle suivi de navets.

Sur des terres fortes qui, du reste, ne sont qu'en petit nombre dans cette commune, on a :

1. Tabac,
2. Blé suivi de navets,
3. Chanvre, tabac, féveroles, trèfle, colza,
4. Blé.

On ne plante les topinambours que dans les terres les plus mauvaises et les plus sablonneuses ; on les laisse quelquefois pendant trois ou quatre années de suite dans le même champ.

### BISCHWEILER.

Sable gris mêlé de quelques gros graviers blancs.

1. 2. Garance,
3. Seigle suivi de navets,
4. Pommes de terre,
5. Seigle,
6. Maïs, topinambours, chanvre.

Sur les terres un peu fortes, on sème, après la garance, du blé au lieu de seigle ; sur d'autres champs où l'on ne cultive pas de garance, on a, dans les terres sablonneuses :

1. Seigle,
2. Pommes de terre.

Sur un sol argileux :

1. Blé,
2. Pommes de terre, chanvre, tabac.

Quelques variétés de l'assolement qu'on suit ici sont :

| | |
|---|---|
| 1. Pommes de terre, | 2. Pomm. de terre fumées, |
| 1. Topinambours, | 2. Pomm. de terre fumées. |
| 1. Pommes de terre, | 2. Orge fumée. |

Le peu d'orge qu'on sème ici remplace toujours les pommes de terre.

## HAGUENAU.

### *Terres sablonneuses.*

| | |
|---|---|
| 1. 2. Garance, | 4. Trèfle plâtré. |
| 3. Blé, | |

Ou bien ,

| | |
|---|---|
| 1. 2. Garance, | 4. 5. Garance, |
| 3. Seigle, | 6. Seigle, |

et ainsi de suite. Il y a ici des terres qui, de mémoire d'homme, n'ont eu d'autre rotation que celle qu'on vient d'indiquer; sur les terres où l'on ne sème pas de garance, on a l'assolement suivant :

| | |
|---|---|
| 1. Pommes de terre, | 3. Maïs, |
| 2. Seigle, | 4. Seigle. |

Il entre quelquefois du trèfle dans cet assolement, mais jamais on ne place deux récoltes de grains à la suite l'une de l'autre. On a encore l'assolement suivant :

| | |
|---|---|
| 1. Pommes de terre, | 2. Seigle, |

sans interruption et sans que les pommes de terre s'en ressentent. Comme les grains d'hiver peuvent être semées très-tard, même jusqu'à la mi-janvier, dans les terres légères, les pommes de terre ne sont point un obstacle à cette culture; mais, sur les terres plus fortes, les grains d'hiver ne réussissent pas aussi bien.

LAUTERBOURG.

### *Terres composées d'un mauvais sable.*

1. Seigle suivi de navets,
2. Pommes de terre,
3. Seigle suivi de navets,
4. Maïs.

### *Sur un sable meilleur.*

1. Chanvre fortem. fumé,
2. Seigle ou blé,
3. Avoine,
4. Pomm. de terre fumées,
5. Seigle,
6. Trèfle.

Cet assolement sera encore praticable sur un sable médiocre si l'on supprime l'avoine.

### *Assolement biennal des terres argileuses.*

Nous nous arrêtons ici à Lauterbourg, bien que l'assolement qui reste à indiquer soit un fort assolement triennal ou plutôt un assolement libre.

On trouve ici un terrain argileux et situé dans les bas-fonds ; on y cultive :

1. Chanvre fumé,
2. Blé,
3. Avoine,
4. Blé.

On prétend que le blé qui suit l'avoine est meilleur que le blé qui succède au chanvre; d'autres terrains donnent encore deux bonnes récoltes de blé de suite : de là le proverbe, *tout est permis à un bon estomac;* mais les exceptions ne font pas la règle : par contre, il serait aussi absurde de vouloir imposer des règles ici, qu'il serait ridicule de blâmer ces cultivateurs ou de vouloir les imiter dans d'autres localités.

SULZ.

La contrée est montueuse. Les terres sont en pente, fortes pour la plupart, et parfois remplies de sources qu'on détourne par des aqueducs. Les objets cultivés sont : blé, un peu d'avoine, chanvre, colza, maïs, féveroles, pois, lentilles, betteraves, pommes de terre et trèfle. Le sol, à ce qu'il paraît, n'est pas propre à l'orge. Il règne donc ici un alternat perpétuel entre le blé et les récoltes-jachères ; en conséquence, on a :

1. Blé,  
2. Trèfle,  
3. Blé,  
4. Récoltes-jachères.

Le trèfle ne revient que tous les six ou huit ans. On fume fortement pour le maïs et plus fortement encore pour le chanvre. Parmi les récoltes-jachères, ce sont les pommes de terre qui tiennent le premier rang.

FERME DE TIEFENBACH.

Célèbre dans le pays par la culture qu'y ont introduite deux Mennonistes.

1. Jachère labourée quatre fois et fortement fumée ;  
2. Colza : les chaumes sont labourés deux fois ;  
3. Épeautre ou blé ;  
4. Seigle que l'on est quelquefois obligé de fumer ;  
5. Trèfle plâtré : on ne donne qu'un seul labour ;  
6. Blé.

Il me semble qu'on pourrait, avec une légère modification, améliorer cet assolement; on aurait alors :

3. Épeautre,  
4. Trèfle,

5. Blé,  
6. Seigle.

Les cultivateurs de cette ferme ont encore :

1. Trèfle plâtré : les chaumes sont parqués ;  
2. Colza suivi de navets,  
3. Pommes de terre,  
4. Avoine.

Si l'on ne considère cet assolement que comme un accessoire (il manque, en effet, de paille), rien de plus propre pour élever un assolement triennal au plus haut degré de prospérité ; nul assolement ne produit autant de fourrage, nul n'est plus favorable à la réussite du trèfle, du colza ; nul autre, enfin, n'exige moins de fumier (1).

### SCHOBUCH.

Ferme appartenant à un Mennoniste; elle est située sur la hauteur de Weissembourg ; son terrain est consistant et en partie froid et argileux :

1. Épeautre,  

2. Récolte-jachère.

### CANDEL.

*Excellent sol argileux.*

1. Épeautre suivi de navets,  
2. Chanvre fumé,

(1) Les pommes de terre sont, sans doute, fumées ; autrement, le trèfle se trouverait placé dans une terre bien appauvrie, et l'on ne s'expliquerait pas comment on pourrait prendre une récolte dérobée après le colza, s'il n'y avait qu'un simple parcage pour toute fumure dans cette rotation. ( *Note du traducteur.* )

3. Épeautre ou seigle,
4. Trèfle plâtré;
5. Épeautre ou blé : ce dernier lorsque le sol n'est pas trop riche;
6. Pommes de terre ou navets fumés, en place de jachère.

Si le trèfle peut revenir tous les quatre ans dans cet assolement, comme on n'en peut douter, il faut convenir que cette rotation est une des plus belles et des plus riches qu'on puisse imaginer. Le seul défaut qu'on puisse lui reprocher, c'est que l'épeautre y succède immédiatement au chanvre, tandis que l'expérience a démontré que ce grain ne réussit pas très-bien à cette place. Toutefois, certaines circonstances que j'ignore, peuvent être cause que les braves cultivateurs de ces contrées agissent contre leur propre expérience.

## SCHLEITHAL.

### *Sur de mauvaises terres.*

1. Pommes de terre ou navets fumés,
2. Avoine ou orge,
3. Trèfle plâtré,
4. Seigle.

### *Sur des terres moyennes.*

1. Pavots, pommes de terre, maïs, fortement fumés,
2. Blé,
3. Trèfle,
4. Seigle ou blé.

Si le sol n'est pas en bon état, on enfouit la seconde coupe du trèfle, lorsque le champ doit porter du blé.

Il est donc plus avantageux, sur un pareil sol, de faire succéder du seigle, qui exige et consomme moins d'engrais et qui en rend davantage par la paille qu'il fournit.

*Sur de bonnes terres, on a :*

1. Jachère pure fortement fumée,
2. Colza,
3. Épeautre,
4. Seigle,
5. Trèfle,
6. Blé ou épeautre.

Cet assolement serait peut-être encore meilleur si l'on avait :

1. Jachère,
2. Colza,
3. Épeautre,
4. Trèfle,
5. Blé ou épeautre,
6. Seigle.

Le trèfle y réussirait, sans doute, mieux. Du reste, je n'apprends rien de nouveau à ces excellents cultivateurs ; car ils suivent déjà cette règle, sur de bons terrains, dans cet assolement :

1. Chanvre,
2. Épeautre,
3. Trèfle,
4. Blé.

Ils ont, sans doute, des raisons particulières pour adopter cette rotation ; aussi y aurait-il témérité à adresser des reproches à des maîtres aussi habiles que ceux-ci.

C'est ici, dans ce pays, que devraient venir les cultivateurs qui suivent l'assolement triennal, afin d'apprendre comment on peut, sans un sarclage laborieux et par la simple application d'un système raisonné, se débarrasser du raifort sauvage et maintenir le sol dans un bon état de fertilité sans acheter d'engrais. Qu'ils viennent voir si les habitants de ce pays manquent de grains, encore qu'ils n'en sèment pas autant qu'eux ! Je ne parle pas ici seulement de Schleithal, mais encore de toute la contrée qui se trouve entre la Sauer et le Bienenwald. C'est un pays tout entier qui suit cet excellent assolement : je me félicite de l'avoir tiré de l'obscurité pour le faire connaître à toute l'Europe, en l'honneur des Alsaciens.

### WEYERSHEIM ET GEUDERTHEIM.

C'est le tabac qui forme le principal objet de la culture de ces communes ; comme elles ont un sol propre au blé, on y suit invariablement l'assolement :

1. Tabac,                    2. Blé suivi de navets.

On n'y sème que peu d'orge et pas plus de seigle qu'il n'en faut pour faire des liens. Cette rotation ne peut, sans doute, exister sans un achat considérable d'engrais ; les fanes de navets servent aussi d'amendement :

### BRUMATH.

1. Blé,                    4. Féveroles ,
2. Trèfle,                    5. Colza.
3. Blé,

Si, comme je n'en doute pas, les féveroles et le colza sont sarclés, cet assolement est aussi riche qu'excellent ; lorsque les pommes de terre entrent dans la rotation, on supprime le blé et l'on sème du méteil à la place. On ne cultive ni orge, ni aucun autre grain d'été.

WENDENHEIM.

1. Chanvre, tabac, colza.

Les deux premiers exigent huit, le dernier six charges de fumier.

| | |
|---|---|
| 2. Blé suivi de navets, | 5. Trèfle, |
| 3. Féveroles, | 6. Blé suivi de navets. |
| 4. Blé, | |

C'est l'assolement le plus riche auquel on puisse soumettre la terre ; le système triennal ne peut espérer en produire un semblable. On a encore :

| | |
|---|---|
| 1. Chanvre ou tabac, | 4. Trèfle, |
| 2. Blé, | 5. Colza, |
| 3. Orge, | 6. Blé. |

Dans un tel assolement, le trèfle peut, sans inconvénient, être semé dans la seconde céréale, et, si l'on craignait qu'il ne vînt pas, il serait aisé d'assurer sa réussite par le changement suivant :

| | |
|---|---|
| 1. Tabac, | 4. Colza, |
| 2. Blé, | 5. Blé, |
| 3. Trèfle, | 6. Orge. |

Toutes les récoltes se trouveraient ainsi à la place la plus convenable. Le trèfle serait, sans doute, plus beau, et le sol, amélioré par le trèfle et nettoyé par le double binage qu'on applique au colza, admettrait sans difficulté deux récoltes de grains de suite à la fin de la rotation, c'est-à-dire dans la cinquième et la sixième année. A la vérité, l'orge, venant à la suite du blé, serait salie par les mauvaises herbes; mais cela n'aurait pas de grands inconvénients, car le tabac qui suit immédiatement et qui reçoit de vigoureux binages les ferait promptement disparaître. Dans le cas, cependant, où l'on voudrait cultiver du chanvre au lieu de tabac, je préférerais l'assolement de Wendenheim ci-dessus indiqué, puisqu'il est d'expérience que le chanvre réussit mieux, sans contredit, après le blé qu'après l'orge.

On a ici encore :

1. Chanvre, colza, tabac,     3. Féveroles,
2. Blé,                       4. Blé.

Puis on recommence le même assolement. Dans cette rotation, le colza vient dans les chaumes du blé.

On a aussi :

1. Tabac,                     3. Trèfle,
2. Blé,                       4. Blé.

Le blé qui succède au chanvre et au tabac donne plus de grains; celui qui succède au colza donne plus de paille. On trouve aussi quelquefois du seigle après l'orge ou les pommes de terre, et ce n'est pas ce qu'on fait de mieux à Wendenheim : peut-être n'y a-t-il que les pauvres qui le pratiquent. Quelquefois les pommes de terre se succèdent pendant trois ou quatre années de suite. Ceci ne peut avoir lieu que dans des localités spéciales, et prouve seulement que les pommes de terre ne sont pas toujours aussi incompatibles avec elles-mêmes qu'on le croit généralement.

### BISCHEIM.

Situé tout près de Strasbourg, offre l'assolement libre suivant, qui ne peut être imité que dans un terrain et une position semblables :

1. Moutarde blanche ou noire fumée,
2. Blé,
3. Féveroles ou fenugrec,
4. Blé suivi de navets,
5. Tabac fumé,
6. Blé suivi de navets,
7. Chanvre fumé avec six charges de fumier et dix sacs d'orge germée,
8. Blé,
9. Orge,
10. Trèfle plâtré,
11. Blé suivi de navets,
12. Pommes de terre fumées,
13. Blé fumé avec des plumes, à raison de six à huit sacs par arpent de 20 ares.

On regarde la moutarde comme une meilleure préparation que le chanvre. Les cultivateurs de ce pays tirent, comme on peut se l'imaginer, beaucoup de fumier de Strasbourg.

### OBERHAUSBERGEN.

Culture modèle, culture raisonnée, magnifique rotation.

1. Tabac,
2. Blé suivi de navets,
3. Pommes de terre,
4. Méteil,
5. Chanvre,
6. Orge,
7. Trèfle,
8. Blé suivi de navets.

On fume pour toutes les récoltes-jachères, à l'exception du trèfle. Le méteil après les pommes de terre, et l'orge après le chanvre, sont remarquables, parce qu'on peut tout aussi aisément faire succéder l'orge aux pommes de terre et le méteil au chanvre. Je ne connais pas la cause de ce procédé.

### NIEDERHAUSBERGEN.

L'assolement de ce pays ne diffère pas beaucoup du précédent, seulement on place l'orge après les pommes de terre et le blé après le chanvre. On dispose l'assolement de manière que le sol reçoive quatre fois du fumier en dix ans; le chanvre et le tabac demandent six charges de fumier, l'œillette quatre, les pommes de terre deux à trois charges; on ne fume pas pour les féveroles, mais on les bine deux fois à la houe. Si le jeune trèfle semé dans l'orge vient à manquer par quelque accident, on sème de nouveau du trèfle que l'on enterre avec des râteaux; si le trèfle résiste pendant l'hiver, on sème des vesces mêlées avec de l'orge, on fait paître la première coupe et on plâtre la seconde. On prétend que le plâtre produit d'autant plus d'effet, que le terrain est meilleur; on préfère répandre le plâtre par un temps pluvieux et lorsque le trèfle a 2 à 3 pouces de hauteur.

La ferme de M. Hickel contient 80 arpents, dont 34 portent du blé, 8 de l'orge, 8 des féveroles, 3 des pommes de terre, 8 du trèfle, 7 du chanvre; il y a 4 arpent en colza, 3 en tabac, et 8 en œillette. Il entretient six chevaux, trois vaches, quatre à six bœufs à l'engrais : ces derniers sont nourris avec des navets, des féveroles et de l'orge mondé. Les chevaux reçoivent chaque jour, en été, du trèfle ; en automne et au printemps, pendant la durée des travaux, une mesure de féveroles trempées, mêlées avec de la paille hachée ; dans l'hiver, on leur donne de la paille et des balles de grains, mais ni foin ni grain. Cette culture n'a pas de prairies, elle n'achète pas de fumier, et elle doit fumer, en outre, 10 arpents de vigne. Qu'on compare maintenant cet assolement avec le système triennal et avec le système de culture avec pâturage.

### HOCHFELDEN.

*Assolement des bonnes terres.*

1. Blé,
2. Trèfle,
3. Blé,
4. Colza,

5. Blé,
6. Chanvre, pom. de terre,
7. Blé, méteil,
8. Pavots, féveroles.

*Sur un terrain médiocre, on a :*

1. Blé,
2. Orge, dont moitié est mélangée avec des vesces,
3. Récoltes-jachères pour lesquelles on fume.

C'est donc un assolement triennal complet. Il est surprenant qu'on suive l'assolement triennal sur un terrain de moins bonne qualité, tandis que ce dernier a encore plus besoin d'un système raisonné, et qu'il supporte moins bien le retour trop fréquent des grains qu'un bon terrain ; mais cela prouve que l'on est convaincu ici que l'assolement biennal seul est en état de porter les meilleures terres à leur plus haute valeur, et que la bonté du sol , loin d'être un motif pour y introduire une rotation triennale, est plutôt la raison pour laquelle on l'exclut et qu'on préfère l'assolement biennal comme plus productif.

### SCHWINDRATSHEIM.

*Excellente terre légère , culture soignée.*

1. Pavots, chanvre , féve-roles, fumés,
2. Blé,
3. Féveroles,
4. Blé,
5. Trèfle plâtré,
6. Blé,
7. Colza,
8. Blé.

On ne fume donc que tous les huit ans ; mais si l'on n'a pas de trèfle dans l'assolement, il faut fumer de nouveau à la cinquième année. Quelle rotation pourrait mieux démontrer le pouvoir améliorant du trèfle? Lorsque les pommes de terre entrent dans l'assolement , elles sont suivies par de l'orge ; cette céréale réussit à merveille ici après le trèfle, tandis que le blé ne vient pas très-bien à cette place, probablement parce que les racines de trèfle ameublissent trop une terre légère de sa nature. On regarde ici les féveroles, et, après elles, le colza, comme étant les meilleures préparations pour le blé. Je prie seulement qu'on ne perde pas de vue que les féveroles sont binées deux fois à la houe. On a fait ici la remarque que le colza qui succède au blé après le tréfle, quoique ce ne soit qu'à la septième année après que la terre a été fumée, réussit mieux que si on l'avait fait succéder, à la troisième année, au blé qui a suivi le chanvre fortement fumé : tel est le résultat d'un assolement raisonné (1).

Lorsqu'on rencontre l'assolement biennal à Hoerdt, Bischweiler, Haguenau, Lauterbourg, on peut être tenté d'attribuer ce système à la mauvaise qualité du sol, mais lorsqu'on le voit pratiqué sur les terres excellentes, telles que celles de Candel, de Schleithal, de Schwindratsheim, de Hochfelden, on dira peut-être qu'on y est forcé par l'éloignement des grandes villes qui ne permet pas de se procurer du fumier; mais on ne songe donc pas qu'il n'y a pas de preuve plus évidente de la bonté d'un système agricole que lorsque ce système est en état de se maintenir sur un mauvais sol ou sur tout autre, sans être obligé de tirer du fumier du dehors. C'est une chose dont le système triennal de l'Alsace ne peut se vanter; dès qu'on y fait entrer la culture des plantes commerciales, il faut nécessairement tirer du fumier du dehors ou, du moins, avoir une addition considérable de prairies. Mais quels motifs

(1) Sans doute, un bon assolement permet de tirer du sol le plus haut produit possible; mais nous croyons que la rotation dont il s'agit ici ne peut convenir qu'à un sol exceptionnel. Le sol de Schwindratsheim est une terre légère; on ne fume que deux fois en huit ans, en y comprenant l'année du trèfle; et cependant, d'après les principes, il vaut mieux fumer souvent, mais peu à la fois, dans les sols sablonneux. nous pensons donc que, dans la plupart des cas, les féveroles de la troisième et le colza de la septième année devraient recevoir une fumure. *( Note du traducteur.)*

peuvent alléguer les cultivateurs qui suivent l'assolement triennal quand on leur indique les communes de Hausbergen, de Wendenheim, qui possèdent un excellent sol, et qui, situées près de Strasbourg, peuvent se procurer et se procurent, en effet, très-facilement du fumier pour leurs cultures de plantes commerciales? Quel peut être le motif qui porte ces cultivateurs, se trouvant ainsi dans une position doublement avantageuse, à donner la préférence du système biennal? Ce n'est pas la nécessité, mais bien le libre choix des habitants, ainsi que la conviction qu'ils ont de la bonté de ce système.

Pourquoi cet excellent assolement n'est-il pas encore généralement adopté dans le département du Bas-Rhin? pourquoi ne le rencontre-t-on pas dans cette belle et fertile plaine qui s'étend depuis Strasbourg jusqu'au département du Haut-Rhin; dans cette plaine où, à l'exception d'une routine obstinée, rien ne s'opposerait à ce qu'il fût introduit, et où la culture des meilleures plantes commerciales, telles que le chanvre et le tabac, serait plus utile que partout ailleurs?

Mais peut-être touchons-nous au moment où nos vœux seront accomplis. Le grand soutien du système triennal commence à être ébranlé. Les pâtures communales étendues qui, à la honte de l'Alsace, occupent encore une grande partie de la plus belle de toutes les contrées, et la déshonorent aux yeux de l'industrie, ces communaux, dis-je, ont été restreints, et disparaîtront complétement. Ce sera alors

que le petit cultivateur n'aura plus de fumier de
reste pour pouvoir en vendre au grand cultivateur,
et que celui-ci se trouvera forcé de renoncer à
son éternelle rotation : tabac, blé, orge, chanvre,
blé, orge, pour conserver une place aux fourrages avec lesquels il pourra nourrir son bétail
à l'étable et se procurer, dans sa ferme, le fumier
nécessaire. Il ne tourmentera plus sans relâche sa
terre avec des objets purement épuisants, parce
qu'il pourra se procurer ailleurs plus de fumier pour
réparer les forces du sol ; il sentira l'insuffisance de
son système triennal suranné, et il en adoptera un
autre plus raisonné et plus solide.

Mais, tant que cette conviction ne sera pas générale et qu'on ne prendra pas la résolution d'abandonner l'assolement usité, il sera difficile et presque
impossible à un seul individu de s'en éloigner. Ses
propriétés sont trop dispersées, elles sont trop morcelées pour permettre de songer à quelque changement qui le mette tant soit peu en opposition avec
la routine de ses voisins. Il faut qu'il mette son pied
dans leur soulier, que celui-ci soit ou non à sa mesure. Nous croyons, en attendant, avoir trouvé un
moyen pour venir au secours du cultivateur qui aurait le désir de s'arracher aux entraves de l'assolement triennal, afin de passer à un système mieux
raisonné; ce moyen, nous le trouvons dans un assolement mixte, qui est celui du Kochersberg, dont
nous parlerons bientôt.

ASSOLEMENT ET CULTURE DE LA COMMUNE DE HOERDT.

Quoique ce ne soit nullement notre intention de donner la topographie rurale de tous les cantons et de toutes les communes de l'Alsace que nous avons parcourus, ce qui nous mènerait trop loin, il nous semble néanmoins que nous devons faire une juste exception en faveur d'un seul village situé à quelques lieues de Strasbourg : le lecteur jugera, par l'esquisse suivante, si ce village en est digne.

Nous allons souvent bien loin pour chercher avec beaucoup de peine ce que nous trouverions sur le seuil de notre porte. Nous regardons la culture de notre sol natal avec une espèce de dédain, persuadés que nous sommes qu'il faut traverser la mer pour découvrir en Angleterre les modèles d'une excellente agriculture.

D'après mon expérience, cependant, il y a en Alsace non-seulement des villages, mais des cantons entiers où les meilleurs cultivateurs anglais pourraient apprendre encore bien des choses. La partie septentrionale du Bas-Rhin pourrait fournir de nombreux exemples de cette assertion ; nous nous contenterons d'en indiquer un seul, et nous défierons ceux qui savent apprécier un bon système d'agriculture de nous montrer quelque chose de meilleur en Angleterre et même en Flandre, cette contrée qu'on appelle, non sans raison, le jardin de l'Europe.

On conduit ordinairement ceux qui ont envie de connaître l'agriculture de l'Alsace dans cette plaine si belle et si fertile qui s'étend depuis Strasbourg jusqu'à Schelestadt, et les étrangers, étonnés des riches moissons qui la couvrent, des champs immenses plantés en tabac et en chanvre qu'on y trouve en grand nombre, sont tentés d'attribuer à l'industrie seule ces merveilles auxquelles la bonté naturelle du sol a tant contribué. Je suis loin de vouloir refuser aux braves cultivateurs de cette plaine la part qu'ils ont à ses riches produits; mais, lorsqu'il s'agit de juger ce que les soins, le travail, l'industrie la plus développée, la toute-puissance de la culture peuvent effectuer, c'est alors qu'il faut quitter cette heureuse contrée où la nature enfante sans douleur, pour porter ses regards sur ces champs qui semblent frappés de malédiction, sur ces déserts où un sable rouge sans cohésion, et qui n'est, pour ainsi dire, qu'un amas de petits et de quelques gros cailloux diaphanes, refuse à l'homme son secours; sur ce sol qui ne produit rien s'il n'est fumé tous les ans, qui est lavé après chaque grosse pluie, tellement que c'est à peine si l'on ose retourner les chaumes de blé avant l'hiver, sur lequel le trèfle ne peut réussir que dans les années très-humides, où l'homme a à lutter contre une foule de mauvaises herbes des plus nuisibles, où il n'obtient jamais de moisson qu'elle n'ait été achetée par des soins incroyables et gagnée à la sueur du front, un sol, en un mot, tel que celui que l'on trouve à Hoerdt, vil-

lage situé à quelques lieues plus bas que Strasbourg;
et lorsqu'on voit que la terre y produit tous les ans,
qu'elle donne des récoltes satisfaisantes, que les
champs s'y louent et s'y vendent à un prix presque
excessif, que les habitants sont dans une honnête
aisance, c'est alors qu'on peut affirmer, sans crainte
d'être démenti, que l'agriculture y est portée au plus
haut point de perfection dont elle soit susceptible.

Pour donner au lecteur une juste idée de ce village,
je m'éloignerai un peu de la matière qui fait le sujet
des assolements, pour citer d'autres détails et pour
suivre pas à pas et d'année en année ses laboureurs
dans leurs opérations. Les exploitations de Hoerdt
sont petites et ne peuvent être que telles, tant à cause
d'un travail non interrompu qu'à cause de la difficulté de se procurer des fourrages et, par conséquent,
du fumier. Les fermes contiennent de 10 à 30 arpents
de 20 ares; on y entretient deux à trois chevaux et deux
à trois vaches. Malgré cette exiguïté, il règne ici un
bien-être étonnant, et Hoerdt forme un très-beau
village; les habitants achètent une grande quantité
de fumier à Strasbourg, bien qu'ils en soient éloignés
de 3 lieues, et ils ont, en outre, recours aux
engrais végétaux.

Les pommes de terre sont l'un des premiers objets de culture de ce village; on les vend à Strasbourg, où elles sont particulièrement estimées. Cette
vente, par suite de laquelle il ne revient rien au sol qui
l'a produite, ne serait, sans doute, pas économique,
si l'on ne réparait d'un autre côté cette perte, en

achetant des engrais à Strasbourg ; il est donc bien permis à ces cultivateurs, il est même de leur intérêt de vendre leurs pommes de terre.

Les plantes cultivées à Hoerdt et l'ordre dans lequel elles se succèdent sont :

<table>
<tr><td>1. Pommes de terre,</td><td>5. Pommes de terre,</td></tr>
<tr><td>2. Seigle,</td><td>6. Seigle,</td></tr>
<tr><td>3. Maïs,</td><td>7. Pois,</td></tr>
<tr><td>4. Blé d'été,</td><td>8. Blé d'été.</td></tr>
</table>

Assolement admirable et plus productif qu'on n'oserait l'espérer d'un sol aussi pauvre que celui de ce village. C'est là la conséquence d'une heureuse succession de récoltes jointe à la plus haute industrie. En voyant la mauvaise nature du sol, on sera, sans doute, curieux de connaître les moyens employés par les habitants de Hoerdt pour se procurer une suite de récoltes aussi épuisante ; aussi allons-nous passer à la description de la culture même, en suivant les années de l'assolement indiqué.

### Première année. Pommes de terre.

On laboure les chaumes du blé auquel les pommes de terre doivent succéder une fois avant l'hiver, ou deux fois si le sol est trop infesté de chiendent. On a rarement assez de fumier pour pouvoir l'étendre sur toute la surface du champ, c'est pourquoi l'on se contente d'en jeter dans les trous destinés à recevoir les tubercules ; ces trous sont faits avec la houe et sont espacés à la distance d'un bon pas en tous sens. On place la pomme de terre (car on n'en prend qu'une ) de manière qu'elle ne se trouve pas immédiatement au-dessus de l'engrais, mais un peu de côté, et sur le sable, qu'on a eu soin de ramener et de presser avec le pied contre le fumier. On recouvre en poussant le sable également avec le pied. Plus tard, on bine deux fois à la houe, et à la fin on butte. La récolte moyenne d'un hectare est de 175 hectolitres.

### *Deuxième année. Seigle.*

Ce n'est que dans un sol sablonneux qu'on peut semer les grains jusqu'au milieu de l'hiver; et ce n'est que là, où l'on a coutume de semer les grains à la Saint-Martin, qu'on peut, sans difficulté, faire succéder le seigle aux pommes de terre, mais non sans fumer de nouveau. L'engrais végétal, qui entre promptement en décomposition et qui a la faculté d'entretenir l'humidité dans le sol, ne peut venir plus à propos qu'ici. On se sert, dans ce but, du feuillage des navets qu'on a élevés sur un autre champ. On charrie ces fanes, on les répand sur le sol et on les enterre aussitôt. Comme les navets qu'on cultive à Hoerdt ne peuvent fournir assez de fanes, on s'en procure dans les villages voisins et on en paye la charge de 6 à 10 fr. D'après les expériences de nos cultivateurs, aucun autre engrais ne vaut cet engrais végétal. Dès que les fanes sont enfouies, on sème le seigle et on l'enterre au moyen de la herse; on donne un second hersage au printemps. Le seigle est suivi de navets dans la même année, mais l'engrais végétal a complétement disparu : il faut donc fumer de nouveau pour les navets; on leur applique trois à quatre charges de fumier d'écurie par hectare. On bine deux fois les navets à la houe.

### Troisième année. Maïs.

La culture de cette plante est absolument la même que celle que nous avons indiquée pour les pommes de terre ; même manière de planter et de fumer ; il n'y a d'autre différence que celle de l'éloignement des plantes entre elles. On s'arrange de manière que les plantes de maïs se trouvent éloignées d'un bon pas dans un sens et d'un pas et demi dans l'autre. On bine trois fois et l'on butte une fois. La récolte moyenne est de 29 hectolitres par hectare. Les haricots nains, qu'on sème entre les plantes, rapportent 19 décalitres. On dresse les tiges de maïs en petits tas sur le champ pour les employer, l'hiver, à la nourriture des vaches.

### Quatrième année. Blé d'été.

On emploie de nouveau quatre charges de fumier, qu'on enfouit de préférence pendant l'hiver ; on ne herse qu'au printemps, on sème sans avoir labouré, et l'on enterre la semence par un second hersage. Lorsque le blé a la hauteur de 3 à 4 pouces, on le bine avec des houes larges de 2 pouces et longues de 1 pouce et demi. Le manche de ces houes a 3 ou 4 pieds.

*Cinquième année. Pommes de terre.*

Même culture que celle que nous avons indiquée pour la première année. Chaque binage, lorsqu'on le fait exécuter à forfait, coûte 20 fr. par hectare.

*Sixième année. Seigle.*

Même procédé pour sa culture et celle des navets qui lui succèdent que celui qu'on a employé à la seconde année.

*Septième année. Pois.*

C'est la seule récolte à laquelle on n'applique pas de fumier. On sème les pois vers la fin de mars sur le champ qu'on a préparé par un hersage, mais sans labour ni avant ni après l'hiver. Les pois semés, on les enterre à la charrue , à 3 pouces de profondeur. On ne herse que lorsque les pois sont sortis de terre et ont atteint 1 ou 2 pouces de hauteur. Dès qu'ils ont 4 pouces, on leur donne un premier binage et, quinze jours après, on les bine une seconde fois; on y emploie les mêmes petites houes étroites indiquées ci-dessus. On a soin d'espacer les plantes au moins à 6 pouces l'une de l'autre. A la récolte, les pois ne sont point coupés; on les enlève avec un râteau, on retire l'instrument à soi, puis on fait un pas de côté; de cette manière, les pois arrachés se roulent en longues chaînes qu'on enlève. L'opération a lieu à la rosée ou pendant qu'il reste encore quelque fraîcheur de la nuit, afin de ne pas perdre de graines. Six personnes expédient un hectare en six heures de temps. On a remarqué que les pois ne peuvent revenir avec profit sur le même champ qu'après un laps de huit ans.

### *Huitième année. Blé d'été.*

On trouve que ce blé réussit mieux après les pois qu'après le seigle. Aussitôt que les pois ont été récoltés, on laboure, on sème du colza sur ce labour et l'on herse. Comme ce colza n'est pas destiné à produire des graines, on l'enfouit avec la charrue avant les fortes gelées, pour servir d'engrais au blé d'été, qui doit y être semé au printemps suivant. On se sert du même moyen après les pommes de terre hâtives lorsqu'on veut leur faire succéder du seigle. On compte sur 5 hectolitres de blé de plus par hectare, après cet engrais végétal, que si l'on avait employé du fumier ordinaire; mais, lorsque le champ se trouve en mauvais état, l'engrais végétal ne suffit pas, il faut alors y ajouter deux charges d'engrais végétal. On regarde, à Hoerdt, le blé d'été comme moins épuisant que l'orge et on lui donne la préférence.

Le lecteur aura, sans doute, observé que, dans l'assolement de huit ans de Hoerdt, la terre reçoit neuf fumures, savoir : cinq avec du fumier d'étable et quatre avec des engrais végétaux; dans ces huit années, la terre est sarclée quinze fois et le fumier d'écurie n'est jamais appliqué directement aux céréales, mais bien aux récoltes sarclées.

**Les** chevaux, à Hoerdt, ne mangent ni orge ni avoine, mais du maïs : en hiver, on les entretient avec des navets et des pommes de terre crues auxquelles on ajoute un peu de maïs ; à défaut de celui-ci , on saupoudre de son les pommes de terre hachées.

**Il** va sans dire que les vaches sont nourries toute l'année à l'étable.

**Je** ne veux pas terminer cet article sans recommander aux braves cultivateurs de Hoerdt une plante qui, dans les sols sablonneux, l'emporte sur toutes les autres récoltes fourragères. Cette plante , nonseulement n'exige pas d'engrais et n'épuise pas le sol, mais elle l'améliore sensiblement toutes les fois qu'on la fait pâturer sur place ; elle donne, en outre, le lait le meilleur et le beurre le plus crémeux qu'il soit possible de voir. Cette plante n'est autre que la spergule ( *spergula arvensis* ), si connue dans les pays sablonneux de la Belgique et dans le nord de l'Allemagne. Je suis persuadé qu'enfouie en vert, elle l'emporte de beaucoup sur les fanes de navets ainsi que sur le colza ; elle pourrait donc remplacer avantageusement le colza après les pois dans la culture de Hoerdt, ainsi que les navets, qu'on ne peut y cultiver quand on manque de fumier (1). S'il en

(1) Le sarrasin (*polygonum fagopirum*) serait peut-être préférable à la spergule, comme plante propre à être enfouie en vert ; il n'exige pas plus d'engrais que celle-ci, et il a sur elle l'avantage d'être plus touffu, circonstance importante toutes les fois qu'il s'agit d'enrichir le sol à l'aide d'engrais végétaux. Le sarrasin devrait être semé aussitôt après la récolte de pois ; on l'enterrerait lorsqu'il serait en pleine fleur. ( *Note du traducteur.* )

était ainsi, on ne verrait plus, dans toute la circonscription de Hoerdt, un seul coin de terre qui ne fût cultivé.

## ASSOLEMENTS DU KOCHERSBERG.

De toutes les plantes que la main de l'homme cultive, le blé mérite, sans contredit, le premier rang ; il n'est donc pas étonnant que, dans un terrain qui est propre à ce grain, le cultivateur dirige sa principale attention sur cette production, et qu'il lui subordonne tout le reste. Comme le sol de l'Alsace convient partout à la culture du blé, on a raison de faire revenir ce grain précieux dans l'assolement aussi souvent que la terre veut le permettre. Dans l'assolement triennal, il reparaît à chaque troisième année, et, dans l'assolement biennal, à chaque seconde année. Ce retour plus fréquent à la même récolte est apparemment une des principales causes qui font préférer l'assolement triennal dans plusieurs endroits de l'Alsace. C'est pourquoi, dans les rotations indiquées ci-dessus, nous avons rarement trouvé de l'orge sur un sol propre au blé. On n'y regarde jamais l'orge , quelque abondante que puisse être la récolte, comme assez importante pour la faire venir après une récolte-jachère et pour lui assigner la première place dans l'assolement.

J'avoue qu'une rotation qui, dans le cours de huit années, n'offre qu'une récolte de grains d'hiver et deux ou trois en grains de printemps, ne me satisfait nullement, à moins que ce ne soit sur un mauvais sol. Quand on s'astreint, tous les deux ans, à une jachère, ou lorsqu'on lui substitue une récolte soigneusement binée et travaillée, pour se procurer, après un laps de six, sept ou huit ans, une bonne récolte de blé ou de seigle, cela peut s'appeler, d'après un proverbe allemand : Nourrir une chèvre pour avoir son fumier.

Les partisans du système triennal sont tombés, sans doute, dans l'exagération et, par suite, ont fait plus de mal que de bien à cet assolement. Quoique attaché moi-même à ce système, ce n'est qu'avec regret que je vois Arthur Young, par exemple, donner à un assolement des éloges d'autant plus grands que les grains y reviennent moins souvent. Si ces éloges étaient fondés et si de pareils assolements étaient généralement adoptés, la prophétie des défenseurs du système triennal pourrait bien recevoir son accomplissement, c'est-à-dire que bientôt nous aurions plus de navets que de pain à manger. Heureusement pour la bonne cause, l'exclusion des grains n'est pas une des conditions d'un bon assolement triennal, comme nous pouvons nous en convaincre dans l'agriculture de l'Alsace. Je ne crois pas qu'aucun cultivateur, n'importe la partie du monde qu'il habite, puisse reprocher à la culture biennale des Alsaciens une perte en grains; je pense plutôt que chacun s'estimerait heureux de pouvoir introduire un semblable assolement dans son exploitation.

Toute l'Alsace, au surplus, n'a pas le même bonheur. On a trouvé, au Kochersberg, qu'un retour si fréquent du blé ne convenait pas ; on a donc tâché de restreindre sa culture, sans tomber néanmoins dans les abus du système triennal. Dans quelques localités, on commença à faire revenir le blé deux fois en cinq ans; dans d'autres, on le fit revenir deux fois en six ans, tandis qu'auparavant il reparaissait autant de fois dans l'espace de quatre années seulement. Cette amélioration donna lieu aux deux excellents assolements suivants :

*Assolement de cinq ans.*

Outre la culture du blé, cet assolement se compose surtout de la culture des plantes oléagineuses, telles que le colza et l'œillette. Il est distribué ainsi qu'il suit :

1$^{re}$ année, blé,
2$^e$ — colza, féveroles,
3$^e$ — blé,
4$^e$ — orge,
5$^e$ — pavots, trèfle.

On peut regarder cet assolement comme une rotation de dix ans et l'exposer de la manière suivante :

1. Pavots avec engrais,
2. Blé suivi de navets,
3. Féveroles avec engrais,
4. Blé,
5. Orge,
6. Trèfle plâtré,
7. Blé,
8. Colza,
9. Blé, avec engrais,
10. Orge.

Je suppose un établissement rural, tel que celui que j'ai vu chez M. Veinling, à Pfettisheim. Il con-

tient, outre quelques vignobles, 250 arpents annuellement ensemencés ainsi qu'il suit :

    100  arpents en blé,
     20  en orge,
     30  en orge mêlée de vesces,
     25  en trèfle,
     25  en pavots,
     30  en colza,
     20  en féveroles.

Comme accessoire, il y a encore 20 arpents en navets semés en seconde récolte dans les chaumes du blé auquel les féveroles doivent succéder.

Pour le maintien de cette exploitation, il faut dix chevaux, dix vaches, une vingtaine de moutons et un certain nombre de cochons. On ne fume la terre que pour les féveroles, les pavots et le blé qui succède au colza, puisqu'on n'emploie pas de fumier pour ce dernier. On a donc, tous les ans, 75 arpents ou le tiers de toute l'exploitation à fumer ; quoique la ferme ait encore à fournir des engrais pour les vignobles, le propriétaire n'est cependant pas obligé de s'en procurer ailleurs. On se sert des tiges de pavots, de colza et de féveroles pour brûler; malgré cela, il y a une telle quantité de paille pour la culture, qu'au mois d'octobre 1814, il y en avait encore de deux ans. Toute cette exploitation m'a semblé dans un état parfait; elle se maintient par sa propre force. Le sol est généralement bon, sans quoi le bétail qu'on y entretient ne fournirait pas une quantité d'engrais suffisante; mais, dans la supposition

même où le sol ne serait pas aussi bon qu'il l'est,
cela n'empêcherait pas de suivre le même assolement
en substituant le trèfle aux pavots, ce qui donnerait
le moyen de tenir plus de bétail. Je ferai observer
que le colza n'est pas transplanté, mais, en revanche, il est biné deux fois à la houe avant l'hiver;
comme cette récolte s'effectue de bonne heure, elle
laisse le temps de donner au sol autant de façons que
pour une jachère et elle l'épuise peu. Le colza, malgré tout ce qu'on a écrit contre sa culture, ne peut
être qu'une excellente récolte préparatoire pour le
blé. Il est vrai que, dans l'assolement ci-dessus, le
trèfle n'est semé que dans la seconde céréale, ce que
nous avons blâmé ailleurs; mais, comme le sol a été
parfaitement nettoyé par un double binage des féveroles et un triple binage des pavots, le trèfle trouve
encore le sol net de mauvaises herbes. Le raifort
sauvage, plante qui, d'habitude, contrarie si fort les
bons cultivateurs qui suivent l'assolement triennal,
se montre rarement dans le Kochersberg; en un
mot, je ne saurais indiquer un assolement plus riche
et qui convienne mieux à un sol où le colza n'a pas
besoin d'être transplanté. On trouve cependant encore, dans la même contrée, un autre assolement
qui ne lui cède en rien, c'est l'assolement de six
ans.

On peut l'appeler avec raison assolement mixte,
puisqu'il tient le milieu entre le système biennal et
et le système triennal, et qu'il n'est qu'une combinaison de ces deux assolements. Comme le blé re-

vient à la troisième année, on pourrait être tenté de le prendre pour un assolement de trois ans ; mais si l'on considère que les féveroles et les pommes de terre, qu'on range d'ordinaire parmi les récoltes-jachères, y viennent bien immédiatement après le blé et occupent plus de la moitié du terrain destiné aux grains de printemps, il est impossible de confondre cet assolement avec l'assolement triennal.

Le point essentiel dans la rotation mixte, c'est que le premier tiers des terres est destiné aux grains d'hiver, le second se partage entre les grains de printemps et les récoltes-jachères, et le troisième tiers est entièrement occupé par des récoltes-jachères, ce qui donne lieu à la rotation suivante :

1<sup>re</sup> année, grains d'hiver,
2<sup>e</sup> — grains de printemps, récoltes-jachères,
3<sup>e</sup> — récoltes-jachères,
4<sup>e</sup> — grains d'hiver,
5<sup>e</sup> — récoltes-jachères, grains de printemps,
6<sup>e</sup> — récoltes-jachères.

La totalité des terres porte donc, dans l'espace de six années, deux fois des grains d'hiver, une fois des grains de printemps, trois fois des récoltes-jachères.

Une règle particulière qu'on observe dans cet assolement, c'est que, sur la portion qu'on retranche du second tiers des terres destiné ordinairement aux grains de printemps, on ne plante autre chose que des féveroles et des pommes de terre. Je fais observer ici qu'il s'agit de féveroles semées en lignes et binées deux fois à la houe ; sans cela, elles ne nuiraient pas moins à cette rotation que l'orge dans l'assolement triennal, et le changement n'aurait aucune utilité.

Pour plus de clarté, supposons une ferme de 99 arpents telle qu'on en trouve plusieurs dans le Kochersberg ; cette ferme aurait chaque année : froment, orge, féveroles, pommes de terre, récoltes-jachères.

On pense bien qu'on ne s'y prend de la sorte que pour un sol où il y a eu de l'orge à la seconde année ; on sème des féveroles à la cinquième année, afin que l'orge ne revienne pas à la même place tous les trois ans ; sans cela, cette partie du terrain n'aurait qu'un assolement triennal, et l'on manquerait le but qu'on s'est proposé.

Si nous fixons l'étendue de la culture de chaque plante qui entre dans l'assolement de cette ferme, nous trouvons :

| | |
|---|---|
| En blé. . . . . . . . | 33 arpents. |
| En orge. . . . . . . | 15 |
| En féveroles. . . . . | 15 |
| En pommes de terre. . | 3 |
| En trèfle. . . . . . | 11 |
| En colza. . . . . . | 11 |
| En pavot et en chanvre. | 11 |

La quantité de ces trois dernières plantes souffre, sans doute, diverses modifications suivant les circonstances ou d'après la volonté du cultivateur.

Quelques branches isolées de cet assolement, en

supposant qu'elles se rattachent à la succession des récoltes-jachères, offrent :

1. Blé,     2. Féveroles,         3. Colza ou chanvre,

1. Blé,     2. Pommes de terre,   3. Pavots ou chanvre,

1. Blé,     2. Orge,              3. Trèfle.

On s'écarte aussi quelquefois de l'ordre ordinaire de l'assolement entier, et l'on a :

1. Blé,                4. Orge,
2. Féveroles,          5. Trèfle,
3. Blé,                6. Colza,

ou bien l'on place le colza entre deux récoltes de blé : nous ne nous arrêterons pas à ces exceptions.

Nous avons vu que cet assolement du Kochersberg tient le milieu entre l'assolement biennal et l'assolement triennal : il ressemble à celui-ci en ce que le blé revient à chaque troisième année, en ce que l'orge succède immédiatement au blé ; d'un autre côté, cette rotation ressemble au système biennal en ce que les féveroles et les pommes de terre succèdent immédiatement au blé et que la moitié de toute la superficie du sol porte des récoltes de grains, tandis que l'autre moitié est en récoltes-jachères. C'est par cette dernière circonstance que cet assolement diffère essentiellement de l'assolement triennal, où les deux tiers de la superficie sont couverts de grains et où un seul tiers est consacré aux récoltes-jachères.

Les avantages de cet assolement de six ans sur l'assolement triennal sont incontestables. Il est vrai qu'il y a moins d'arpents ensemencés en orge que dans ce dernier, mais l'orge est meilleure, car le sol est moins infesté de mauvaises herbes ; d'ailleurs la récolte de féveroles est plus que suffisante pour couvrir le déficit en orge, tant sous le rapport du grain que sous le rapport de la paille. Quant au blé, nul doute que l'assolement de six ans en donne non-seulement autant, mais plus encore que le système triennal, du moins sur la portion qui a porté, pendant deux années de suite, des récoltes-jachères.

Par un assolement de ce genre, le sol restera dans toute sa force, ne s'infestera pas de mauvaises herbes, et produira autant de plantes fourragères qu'on le désirera. Cette exploitation n'aura donc jamais d'épuisement à craindre, et le cultivateur n'aura pas besoin d'acheter du fumier même en faisant entrer plusieurs plantes commerciales dans son assolement, ainsi que cela a lieu au Kochersberg : les partisans du système triennal de la plaine située entre Strasbourg et Schelestadt ne sauraient en dire autant. C'est pour cette raison que nous avons eu soin d'ajouter, en parlant de Lingolsheim, de Blœsheim, de Meistratzheim, de Fegersheim et d'Hipsheim, que les meilleurs cultivateurs de ces pays se croient forcés d'interrompre de temps en temps leur rotation triennale pour substituer une récolte-jachère à la place de l'orge, et se rapprochent ainsi du système du Kochersberg.

Une triste expérience a donc amené, peu à peu, ces cultivateurs à une meilleure voie. Il est à regretter qu'ils n'aient pas assez de courage pour rester fidèles à cette vérité qui les a éclairés quelquefois et qu'ils ne se débarrassent pas pour toujours des entraves du système triennal. Entraînés par l'habitude et l'exemple, ils retournent aux pratiques routinières de leurs aïeux jusqu'à ce que la machine ne puisse plus aller, et qu'après un intervalle de neuf à douze années, l'orge ne voulant plus venir, le tabac étant ravagé par l'orobanche et la cuscute étouffant les féveroles et le trèfle, la nécessité les force encore d'interrompre, pendant quelque temps, leur assolement triennal.

Il y a cependant encore une autre différence essentielle entre le changement temporaire adopté par ces cultivateurs et le système qu'on suit au Kochersberg, c'est que, dans ce dernier, on n'admet que des féveroles et un peu de pommes de terre dans la sole d'été. Or ce sont les féveroles qui conviennent le mieux, soit parce qu'elles sont moins épuisantes que le maïs et le chanvre, soit parce qu'elles remplacent, par leurs grains et leur paille, le déficit en orge pour l'intérieur du ménage, ce que ne font ni le maïs ni le chanvre, soit enfin parce qu'elles rendent l'assolement proposé partout exécutable, comme nous le montrerons tout à l'heure.

Je n'ose pas décider si l'assolement mixte du Kochersberg équivaut à l'assolement biennal de ses voisins, ni s'il le surpasse ou s'il lui est inférieur; cela dépend sans doute, beaucoup du sol, et des autres localités. Si donc les voisins de Vendenheim, de Hausbergen, de Brumath, etc., donnent la préférence à l'assolement biennal, il est à croire que l'expérience leur a appris que leur sol se prête à un retour plus fréquent du blé que le sol du Kochersberg ; mais il me semble que l'assolement de six ans est un des plus beaux que l'on ait inventés, et celui qui est le plus généralement applicable, à moins qu'il ne soit question de terres extrêmement légères. Il n'est cependant pas tout à fait sans quelques petits défauts, mais il est facile d'y remédier.

Nous remarquerons qu'il n'y a que la neuvième partie du terrain qui soit consacrée au trèfle. Il est vrai, c'est déjà beaucoup pour l'Alsace, mais cela ne pourrait pas suffire dans un sol moins bon, et il faudrait, par conséquent, une addition considérable de prairies pour maintenir ce système. S'il n'y avait pas de prairies, il faudrait nécessairement consacrer la sixième partie des terres à des prairies artificielles, ce qui peut se faire sans difficulté en retranchant une partie des plantes commerciales et en y semant du trèfle ou des vesces. Un second défaut auquel il est un peu moins facile de remédier, c'est la place qu'on assigne au trèfle dans cet assolement, et quoique je sois bien convaincu que dans une pareille rotation le trèfle doit être avantageux, même lorsqu'on le sème dans la seconde céréale, il me semble, cependant, qu'il serait encore mieux placé dans la première récolte de grains. Cela pourrait avoir lieu de deux manières ; en semant le trèfle dans le blé et en le plaçant ainsi à la seconde année, on aurait :

1. Blé,
2. Trèfle,
3. Féveroles,
4. Blé,

5. Orge et pommes de terre,
6. Plantes commerciales et autres récoltes-jachères ;

ou, ce qui me semble encore préférable, en ne changeant rien à la succession des récoltes et en assignant, comme de coutume, la troisième année au trèfle, en le semant dans les féveroles à l'époque où celles-ci reçoivent leur second binage. Le trèfle y gagnerait sans doute beaucoup, et l'on aurait l'assolement suivant :

1. Blé suivi de navets,
2. Féveroles fumées,
3. Trèfle plâtré,
4. Blé,

5. Orge et pommes de terre,
6. Plantes commerciales et autres récoltes-jachères fumées ;

assolement qui réunit le retour du blé avec les avantages du système biennal, et qui pourrait contenter les partisans des deux systèmes. Il n'y aurait que le colza qui ne pourrait trouver place dans ce changement, à moins qu'on ne le semât ou qu'on ne le plantât dans les chaumes d'orge, ce que je conseillerais de faire dans tous les cas, et ce qui rendrait cet assolement possible dans ce pays sur toute espèce de terre à blé. Enfin, si l'on voulait cultiver exclusivement le colza comme plante commerciale (et le morcellement des terres voisines n'y mettrait aucun empêchement), il vaudrait mieux semer le trèfle dans le blé et le colza après le trèfle ; on aurait alors l'assolement suivant :

1. Blé,
2. Trèfle,
3. Colza,
4. Blé,

5. Orge ou pommes de terre,
6. Féveroles ou chanvre, dravière pour fourrage vert.

De tous les assolements, celui-ci me paraît le plus convenable pour le colza. Sur des terres où l'on se trouverait gêné par l'assolement triennal de ses voisins, il faudrait semer le colza après le froment et le trèfle parmi le colza. L'assolement que je propose aurait, sur une étendue de 96 arpents :

32 en blé,
12 en orge,
16 en trèfle,
4 en dravière,
12 en féveroles,
16 en colza,
4 en pommes de terre.

Le trèfle semé dans le colza qui a été biné deux fois à la houe ne peut être que très-bon, et, comme le colza quitte le champ de bonne heure, le trèfle donnera une excellente coupe à la première année et on pourra le retourner plus tôt pour y semer des grains d'hiver.

Nous avons dit, dans un autre endroit de cet ouvrage, que nous connaissions un moyen à l'aide duquel le cultivateur dont les voisins suivent l'assolement triennal pourrait passer à un meilleur système et donner un libre essor à son industrie ; ce moyen, nous croyons l'avoir découvert dans l'assolement de six ans, qu'on suit au Kochersberg.

Je suppose l'impossibilité d'introduire l'assolement biennal dans les pays dont les terres sont soumises au système triennal et, par conséquent, se trouvent divisées en trois soles, ce qui oblige chaque cultivateur à suivre strictement la méthode des autres, s'il ne veut s'exposer à voir ses récoltes endommagées par ses voisins ou bien à nuire lui-même à ces derniers.

Si ce cultivateur voulait s'affranchir de la marche suivie par ses voisins, il aurait souvent une récolte-jachère, tandis que les autres auraient des grains d'hiver : comment alors arriver à sa pièce, à moins que celle-ci n'aboutisse à un chemin ? Cet unique chemin même ne sera pas suffisant si la pièce ne touche pas par l'autre extrémité à un second chemin. Or, ce cas n'étant pas très-ordinaire, notre cultivateur devra donc tourner avec ses attelages sur son propre terrain, bien que sa pièce n'ait que dix à douze pas de largeur ; de cette manière, une partie du terrain ne pourra être labourée qu'à la houe ou à la bêche, ou bien elle restera en friche. Mais là ne se bornent pas les difficultés. Avant que les grains de printemps ou les récoltes-jachères soient mûrs, les voisins arrivent pour récolter les grains d'hiver; ils viennent ensuite avec leurs chevaux, leurs charrues, leurs herses pour préparer la terre pour une seconde récolte, ou bien ils envoient dans les chaumes leur bétail, soit seul, soit accompagné de tout le troupeau de la commune. Notre cultivateur ne peut donc songer à aucune amélioration durable tant qu'il reste sous le joug de l'assolement triennal ; le système biennal n'est pour lui qu'un beau idéal qu'il lui est permis d'admirer, mais qu'il ne peut suivre.

Il n'y a que l'assolement de six ans, tel qu'on l'observe au Kochersberg, qui puisse garantir de tous les inconvénients dont nous venons de parler. La marche des travaux y est à peu près la même que dans l'assolement triennal. Les récoltes de grains d'hiver et les récoltes-jachères coïncident, dans l'un comme dans l'autre, à la même année, et là où l'assolement triennal a de l'orge, l'assolement mixte a des féveroles ; les deux objets marchent ainsi de pair sans se nuire mutuellement ni dans leurs cultures, ni dans leurs récoltes : voilà pourquoi le plus petit cultivateur peut passer sans difficulté à cet assolement, même lorsque les terres sont extrémement morcelées et que tout le pays suit l'assolement triennal (1).

(1) M. Colardeau, pour parer aux inconvénients des terres enclavées, propose l'assolement suivant, modifié par M. de Dombasle :

| ASSOLEMENT triennal. | ASSOLEMENT ALTERNE. | | ASSOLEMENT triennal. |
|---|---|---|---|
| | 1<sup>re</sup> partie. | 2<sup>e</sup> partie. | |
| Blé. | Féveroles. | Blé. | Blé. |
| Avoine. | Blé. | Avoine. | Avoine. |
| Jachère. | Trèfle. | Pommes de terre. | Jachère. |
| Blé. | Blé. | Féveroles. | Blé. |
| Avoine. | Avoine. | Blé. | Avoine. |
| Jachère. | Pommes de terre. | Trèfle. | Jachère. |

De cette manière, la pièce enclavée se trouve divisée en deux par-

En un mot , je suis tenté de croire que cet asso-lement du Kochersberg est fait pour opérer peu à peu un changement total dans la culture d'un pays où l'on suit encore le système triennal , et pour bannir, à la longue , un assolement défectueux et malheureusement trop répandu. L'Alsace, qui a déjà fait tant de progrès en agriculture , et surtout cette partie si riche et si belle qui s'étend depuis Strasbourg jusqu'au Jura, et qui compte tant de cultivateurs éclairés auxquels le système triennal n'offre plus d'illusions depuis longtemps, puisque souvent ils s'en écartent eux-mêmes; l'Alsace, dis-je, ne sera pas la dernière à dire un éternel adieu à l'assolement triennal pour élever son agriculture à un plus haut degré de perfection.

ties; tandis que les terres voisines ont du blé, on met dans l'une des féveroles et dans l'autre du blé, afin que les travaux n'éprouvent pas d'obstacles ; lorsque l'assolement triennal a de l'avoine, l'assolement alterne a du blé et de l'avoine, et, quand vient le tour de la jachère, la première pièce porte du trèfle et la seconde des pommes de terre, etc. A la vérité, on n'évite pas toujours deux céréales de suite; mais, comme elles sont suivies immédiatement de deux récoltes sarclées, le sol est facilement nettoyé, et, de peur d'être gêné dans la récolte du blé à la seconde et à la cinquième année, on met la récolte en meulons der-rière les moissonneurs et on ne l'enlève que lorsque la récolte des voi-sins est coupée.                              ( *Note du traducteur*.)

# CULTURE DES PLANTES.



## CULTURE DES GRAINS D'HIVER.

L'excellent sol argileux qu'on rencontre partout dans le Bas-Rhin rend ce pays particulièrement propre à la culture du blé ; aussi y regarde-t-on cette céréale comme le principal produit : toutes les cultures lui sont subordonnées, ou, du moins, doivent lui servir de récoltes préparatoires. C'est lui qui forme la nourriture générale des villes, et celle aussi des campagnes, si l'on y ajoute l'orge ; cette denrée est donc la plus commune et celle d'après laquelle se règle le prix des autres espèces de grains.

## 1. *Espèces de blé.*

Le blé qu'on cultive ici est le blé ordinaire d'hiver, de couleur blanche ( gelbe ), sans barbes; on en trouve encore une autre espèce munie de barbes dans les environs de Lauterbourg, et peut-être aussi dans l'arrondissement de Wissembourg ; à Lauterbourg, on prétend que le blé sans barbes ne réussit pas aussi bien. « Chez moi, » dit Schrœder, « on cultive le froment rouge ( braunen ) ordinaire « qui rend plus de paille que le blé blanc; il ne « verse pas aussi facilement que ce dernier, et, de « plus, il est réellement plus lourd à cause de son « écorce moins épaisse. »

*Récoltes qui précedent le blé.*

On cultive le blé après le tabac, le chanvre, les féveroles, le maïs, les pommes de terre, les choux, l'œillette, la navette, le trèfle, et après la jachére : ce dernier cas est rare.

Le tabac est regardé comme la meilleure plante préparatoire pour le blé; on estime qu'après cette plante il rend un septième de plus qu'après toute autre récolte. Deux circonstances particulières y contribuent : d'une part, la fumure abondante et d'une bonne qualité, de l'autre, les labours répétés et soignés qu'exige cette culture. Lors même que la température ne permet de semer le tabac qu'à une époque avancée de la saison, on obtient toujours un très-beau blé, même après cette récolte tardive.

Le chanvre, considéré comme récolte prépara-toire pour le blé, ne le cède que bien peu au tabac, là surtout où l'on fume plus fortement pour le chanvre que pour le tabac.

On sait que le chanvre laisse le sol parfaitement net, même sans lui donner de labour, ce dont il peut se passer ; je crois néanmoins, d'après des ex-périences, que le blé qui suit le chanvre n'est pas tout à fait aussi estimé par rapport à la paille.

On prétend avoir observé également qu'après les choux, le blé rend moins de paille ; en revanche, on calcule que cent vingt gerbes donnent autant de grain que cent cinquante gerbes provenant du blé qui a succédé au tabac.

La jachère pure semble être encore jusqu'à présent la meilleure préparation pour un sol argileux. A Geudertheim, lorsque le fumier vient à manquer pour le tabac, et qu'on se voit forcé de faire une jachère d'été, on estime qu'on obtient ainsi un hectolitre de blé de plus par arpent de 20 ares (1).

Les féveroles sont généralement regardées comme une excellente préparation pour le blé; dans toute l'Alsace, cependant, on croit que le blé qui suit les féveroles rend moins que celui qu'on obtient après le tabac, le chanvre, l'œillette, et qu'il est de moins bonne qualité; de là vient peut-être, en partie, qu'au Kochersberg on place les féveroles dans la sole d'été, et qu'on intercale entre celles-ci et le blé une autre récolte-jachère.

Après le maïs, le blé donne un beau grain, mais seulement moitié moins en paille qu'après d'autres récoltes; cependant j'ai trouvé des localités où le blé après le maïs donne de beaux produits tant en grain qu'en paille, et d'autres localités où le maïs

______

(1) On a beaucoup écrit, dans ces derniers temps, contre la jachère. Elle n'est point, il est vrai, d'une nécessité absolue, et ne doit pas revenir tous les trois ans, ainsi qu'on le croit encore dans beaucoup de pays; de plus, elle ne convient nullement dans les terres sablonneuses; mais, lorsqu'on l'envisage comme un moyen d'ameublir certains sols tenaces et de purger la terre des mauvaises herbes, surtout du chiendent, on ne peut nier qu'elle ne soit souvent un moyen économique de parvenir à ce double résultat; nous ajouterons encore qu'elle permet une économie notable dans la fumure, qu'elle est la meilleure préparation possible pour toutes les récoltes, que les travaux d'attelages sont mieux répartis, les semailles mieux exécutées, et qu'elle laisse le sol parfaitement nettoyé et ameubli, ce qui exerce une influence remarquable sur toute la rotation. ( *Note du traducteur.* )

passe pour la plus mauvaise préparation de toutes pour le blé.

D'autres faits aussi contradictoires m'ont été fournis par rapport au trèfle. Quelquefois on le regarde comme la meilleure préparation possible pour le blé, et d'autres fois comme une récolte préparatoire médiocre pour le blé. Il en sera, sans doute, à cet égard, comme d'autres choses, c'est-à-dire qu'on a le trèfle tel qu'on le fait. Nulle part on n'a de beau blé après un mauvais trèfle ; on semble, en général, s'accorder sur ce point que le blé qui succède au trèfle rend plus de paille qu'après toute autre récolte.

De même, après la navette, le blé paraît plus riche en paille qu'en grain.

Dans plusieurs localités, on fait cas du froment qui vient après l'œillette, et on le préfère au blé qui succède au trèfle ou aux féveroles.

Les pommes de terre sont généralement regardées, et non sans raison, comme la plus mauvaise récolte préparatoire pour le blé. Ceux-là seuls qui ont beaucoup de fumier, et qui, après la récolte des pommes de terre, peuvent donner encore un peu d'engrais au sol, osent adopter cette rotation. Dans certaines localités de l'Alsace où l'on suit l'assolement biennal, et où le blé occupe la seconde sole, on ne craint pas de semer cette céréale après les pommes de terre ; dans le cas où l'on n'a pas assez de fumier pour ces dernières, on fume pour le blé.

Après la garance, on peut semer le blé même

dans un sol sablonneux, pourvu que le terrain ait de la fertilité : j'ai trouvé plusieurs exemples de cette rotation en Alsace, mais je n'ai jamais vu semer le blé après d'autres grains, si ce n'est après l'épeautre ; encore cette pratique est-elle très-rare.

### Préparation du sol pour le blé.

Aussitôt que les feuilles de tabac sont récoltées, on doit, sans perdre de temps, enlever les tiges, qui, sans cela, ne tarderaient pas à pousser de nouvelles branches et épuiseraient beaucoup le sol ; on met à part les tiges après avoir débarrassé les racines des particules terreuses qui y adhèrent, soit au moyen de la herse, soit de toute autre manière, afin qu'elles ne gênent pas le travail de la charrue ; plus tard, lorsque le blé est semé, on rapporte les tiges sur-le-champ, parce qu'on leur attribue un effet salutaire sur les jeunes semailles ; on les enlève ensuite au printemps pour les charrier définitivement à la ferme : quelques cultivateurs les enfouissent avant l'hiver, en même temps qu'ils préparent la terre pour recevoir le blé, et ils prétendent que celui qui enlève les tiges de tabac ôte au sol une charge de fumier, par arpent de 20 ares. Pour coucher les tiges dans les sillons, il faut une fille par charrue ; on a soin de placer les tiges en sens inverse de la direction de la charrue, sans cela elles sortiraient de terre : on fait tout le contraire lorsqu'on passe la herse sur le champ.

On ne donne ordinairement qu'un seul labour

après le tabac, les féveroles; on en donne trois après le maïs, les pommes de terre; après le chanvre, on laboure le champ une ou deux fois et, dans quelques localités, jusqu'à trois fois : le premier labour est profond, les deux autres sont superficiels; on enterre le blé par le dernier labour.

Comme on ne fume pas pour les féveroles, le maïs, pour les pommes de terre dans plusieurs localités où règne l'assolement triennal, on doit nécessairement fumer pour le blé. Après les féveroles, il faut quatre charges de fumier par arpent de 20 ares; il en faut huit après le maïs et les pommes de terre. A Bischeim, lorsqu'on fait succéder le blé aux pommes de terre, on fume le champ avec des plumes; il en faut six à huit sacs : cet engrais produit d'excellent blé; mais ses effets ne s'étendent pas au delà d'un an.

Il existe plus de variétés dans la manière de préparer la terre lorsque le blé succède au trèfle; mais d'abord distinguons bien si le trèfle est propre et vigoureux, ou bien s'il est chétif et infesté de mauvaises herbes : dans le premier cas, on ne donne ordinairement qu'un seul labour; dans le second cas, on en donne deux ou trois. Le trèfle bien réussi n'a pas besoin de fumier; mais, s'il est maigre, on doit lui en donner deux charges par arpent de 20 ares. Il est d'usage de laisser croître un peu la troisième coupe de trèfle avant de le retourner; le sol reçoit ainsi une espèce de fumure.

Lorsqu'on donne deux labours, on ne fait qu'écroûter le chaume de trèfle ; on l'enterre ensuite plus profondément ; si le champ est libre d'assez bonne heure, on préfère donner encore un troisième labour : les deux derniers labours sont plus profonds que le premier. A Hochfelden, on trouve que le blé rend plus en paille après un seul labour, mais qu'il donne plus de grain lorsque la terre a reçu trois labours. A Truchtersheim, on enfouit le chaume de trèfle à 3 ou 4 pouces de profondeur après y avoir répandu un peu de fumier ; on sème ensuite le blé sur ce labour et on l'enterre par un fort hersage donné avec une herse à dents de fer. A Wasselingen, on sème le blé d'une manière toute particulière, et qui m'a semblé digne d'être rapportée : une partie du blé est semée sur le chaume de trèfle avant que celui-ci ait été retourné ; on laboure alors très-superficiellement, puis on sème le reste du blé et on herse le tout vigoureusement : on dit qu'on obtient ainsi d'excellent blé. Ce procédé me semble neuf et très-convenable pour un sol léger ; je ne doute pas qu'on puisse, par ce moyen, obtenir du blé là où le sol a si peu de consistance qu'il n'en produirait pas s'il était traité par la méthode ordinaire.

*Choix et préparation du grain.*

Pour tous les grains, mais surtout pour le blé, de bons grains de semence sont un point capital. On sait que le blé est sujet à la nielle, et, bien que le germe de cette maladie n'existe pas dans la substance même du blé, les grains imparfaits et altérés par l'humidité y sont plus exposés que les grains mûrs, de bonne qualité et bien conservés.

J'ignore si l'on connaît en Alsace la maladie appelée carie (*steinbrand*); mais tous les renseignements que j'ai pris me portent à croire que la maladie qu'on y désigne sous le nom de *bust* n'est autre que la nielle (*staubrand*) : les grains qui en sont atteints se détruisent complétement, sans nuire, pour cela, aux autres grains qui sont sains; cette maladie ne peut donc se propager en aucune manière. Jusqu'ici, à la vérité, on n'a pu indiquer la source du mal; on sait, néanmoins, qu'un sol mouilleux ou trop riche, qu'une température alternativement chaude et humide, qu'une semence maltraitée, et peut-être aussi une certaine espèce de fumier sont autant de causes qui, réunies ou isolées, peuvent déterminer cette maladie (1). Ainsi, on trouve à Candel que le blé se nielle facilement après un trèfle fumé (2); voilà pourquoi, au lieu du blé, on sème de l'épeautre là où la pauvreté du sol oblige à appliquer une forte

(1) Un cultivateur sage et expérimenté de l'Alsace m'a assuré qu'il ne faisait jamais tremper son blé ; il laisse seulement mûrir complétement sur pied le blé destiné à servir de grain de semence. Il s'est complétement débarrassé de la nielle par ce moyen. Il est à remarquer que la nielle ne semble pas attaquer le blé semé avec du seigle, encore que celui-ci ne soit non plus trempé.     (*Note de l'auteur.*)

(2) On lient et on engraisse, à Candel, un grand nombre de porcs ; il y aurait à rechercher si ce n'est pas le fumier de ces animaux qui produit la nielle du blé semé sur un chaume de trèfle fumé.

(*Note de l'auteur.*)

fumure au trèfle. Toutefois, cette pratique n'est point une règle pour un autre sol ou une autre localité.

J'ajouterai ici quelques observations importantes faites par Schrœder : « Il est des années, dit-il, où « l'on ne voit que de loin en loin des champs qui « souffrent de cette maladie, tandis que ceux du « voisinage en sont exempts ; il est d'autres années, « au contraire, où la nielle est très-commune et « infeste toutes les terres du même propriétaire, « n'importe l'endroit où elles se trouvent situées. « Lorsque la nielle sévit sur tous les champs, c'est « évidemment à l'état de l'atmosphère qu'il faut « l'attribuer ; mais, dans tous les cas, il paraît que « le mal provient du mauvais choix de la semence « ou de la préparation du sol, ou enfin de ces trois « causes réunies.

« Que l'état de l'atmosphère, au moment où le blé « commence à épier, contribue particulièrement au « développement ou à l'éloignement de cette ma- « ladie, c'est pour moi un fait prouvé par des ex- « périences sans réplique, auxquelles j'ai eu l'oc- « casion de me livrer l'an passé, alors qu'il y avait « tant de nielle. J'avais fait préparer, avec tout le « soin possible, mon blé semé pendant l'automne « de 1803 ; j'ai bien trouvé, à la vérité, dans tous « mes champs, moins de nielle que dans ceux de « mes voisins, mais il y en avait encore assez pour « amener une diminution sensible dans la récolte « et pour rendre le blé clair : d'autres champs, où

« les grains furent préparés de la même manière,
« mais ne furent semés qu'après le 20 octobre, et
« qui, par conséquent, épièrent plus tard, eurent
« beaucoup de nielle et présentèrent une meilleure
« apparence ; enfin, du blé que je ne fis semer
« qu'au mois de novembre, et qui n'avait reçu au-
« cune préparation, épia très-tard et n'offrit aucun
« épi niellé. Pendant l'été de 1834, je fis défricher
« et fortement fumer 5 arpents, qui furent ense-
« mencés quinze jours avant la Saint-Michel, avec
« du blé niellé que j'avais récolté dans la même
« année et que je fis tremper fortement, mais sans
« le laver ; quelques épis niellés se montrèrent, par-
« ci par-là, dans ce champ, en 1805, mais ils ne
« firent aucun tort au reste de la récolte. Dans un
« autre champ qui avait porté du trèfle, et que je
« fis retourner lorsqu'il était en pleine fleur et qu'il
« avait un pied de haut, pour servir d'engrais vé-
« gétal, je semai, mais un peu plus tard, des grains
« également attaqués par la nielle ; je puis assurer
« que toute cette pièce, qui n'avait guère moins de
« 30 arpents, n'eut pas un seul épi niellé ; il en fut
« de même pour une autre pièce laissée en jachère,
« mais qui ne fut ensemencée que huit jours après
« la Saint-Martin et sans avoir été fumée : c'est
« dans cette pièce que je récoltai mon plus beau blé ;
« un seul pied me donna vingt-quatre épis qui ren-
« dirent huit cent quarante-six grains.

« De ces diverses expériences, je crois pouvoir
« tirer les conséquences suivantes :

« 1° On peut, sans inconvénient, employer comme
« semence du blé niellé, pourvu qu'il soit sain et
« bien mûr.

« 2° Le chaulage, n'étant pas un remède sûr,
« est conséquemment inutile.

« 3° Les semailles tardives, qui, par suite, n'é-
« pient que tard au printemps, paraissent moins
« sujettes à la nielle (1).

« 4° Le principe de la maladie ne gît pas dans le
« grain; celle-ci dépend d'une cause extérieure.

« 5° L'engrais paraît contribuer un peu à pro-
« pager cette maladie.

6° « L'engrais végétal, sous ce rapport, convient
« mieux que le fumier animal; on a donc tort de
« prendre encore une coupe de trèfle un peu avant
« les semailles, et de remplacer celle-ci par du fu-
« mier. »

Quoiqu'un grain bien nourri et bien sain n'ait
besoin d'aucun chaulage (2), point sur lequel s'ac-

---

(1) Ceci, à la vérité, n'est qu'une supposition ; car, si la cause du
mal tenait à un état habituel de l'atmosphère, il pourrait arriver que
cet état de l'air eût lieu quelquefois plus tôt, quelquefois plus tard, et ce
serait tantôt le blé semé de bonne heure, tantôt le blé semé tard, qui
échapperaient à son influence : il n'y a donc que des expériences répétées pendant plusieurs années qui puissent décider si les semailles
tardives sont garanties de la nielle.          (*Note de l'auteur.*)

(2) L'auteur n'entend parler ici que des effets du chaulage par rapport à la nielle ou charbon, et non point par rapport à la carie qui
paraît inconnue en Alsace. Quant à cette dernière maladie, on sait
que le chaulage est une opération très-efficace qu'un bon cultivateur
ne doit pas négliger. D'après M. de Dombasle, le meilleur mode de
chaulage consiste à faire emploi du sulfate de soude combiné avec la
chaux.          (*Note du traducteur.*)

cordent plusieurs bons cultivateurs de l'Alsace, et que cette pratique n'empêche point ou presque point le blé d'être niellé, j'en parlerai cependant ici parce qu'il est des cas où l'emploi du chaulage peut être utile à ceux qui ne veulent pas y renoncer. En Alsace, on se sert ordinairement, pour cela, de sel et de chaux. Le blé destiné à servir de semence se chaule quelquefois sur le sol ; on le recouvre de 1/24ᵉ de chaux éteinte et de 1/96ᵉ de sel par setier, le tout bien mélangé.

Le chaulage opéré de la sorte est certainement bon lorsqu'on prend assez d'eau pour couvrir le blé de quelques pouces, parce qu'alors beaucoup de grains légers imparfaits, ainsi que les graines des mauvaises herbes, viennent flotter à la surface, et qu'on peut les enlever avec une écumoire. Là où cette méthode est usitée, on a raison de s'y tenir ; il serait même à désirer qu'on y soumît tous les grains de semence : le sel, comme il vient d'être dit, fait que la chaux s'attache davantage aux grains, mais je doute qu'il produise lui-même quelque effet. Du reste, par le temps qui court, ce procédé est très-coûteux, et il vaut mieux remplacer le sel par des cendres, qui agissent d'une manière plus efficace. Après avoir lavé les semences, ou bien après les avoir plongées dans une petite quantité d'eau chaude ou froide, on prend, pour douze mesures de grains, une mesure de chaux éteinte à l'air et une demi-mesure de cendres de bois : les meilleures cendres qu'on puisse employer à cet effet sont celles qui proviennent des tiges de tabac ou de pavot; on étend la chaux mélangée avec les cendres sur les grains; on brasse le tout ensemble, de manière que chaque grain en soit couvert, et on le laisse en tas pendant huit ou douze heures; après ce temps, on l'étend pour le faire sécher, et on le met en sac lorsqu'il n'est plus humide.

On a coutume, en Alsace, de choisir toujours de nouveaux grains pour semence, parce que ceux de l'année précédente, non-seulement ne sont pas aussi bons, mais parce qu'ils sont plus exposés que les autres à la nielle et que les mauvais grains, ayant perdu leur faculté germinative pendant le cours de l'année, ne peuvent plus nuire aux autres grains.

Dans le Rieth, on change aussi tous les deux ou trois ans de semence, et l'on tire cette dernière de la rive gauche de l'Ill; par ce moyen, on obtient souvent un quart en sus par arpent de 20 ares. Le changement de semence est à conseiller partout où l'on n'a pas de véritable terre à blé, c'est-à-dire là où le blé peut bien réussir au moyen d'une culture soignée et raisonnée, mais où il n'atteint jamais toute sa perfection comme dans les véritables pays à blé : sur un tel sol, le blé deviendra, d'année en année, plus faible, et les récoltes qui en proviendront seront moins abondantes.

### *Époque des semailles de blé.*

L'époque la plus usitée pour les semailles de blé est huit jours avant et trois semaines après la Saint-

Michel. Quoique l'expérience ait appris que le blé
rend d'autant plus qu'il est semé de meilleure heure,
on ne suit pas cependant cette méthode, parce que
les mauvaises herbes envahissent les champs ensemencés si tôt; les semailles faites plus tard qu'à
l'époque ci-dessus indiquée réussissent rarement, et,
bien que le blé lève à merveille, il reste longtemps
vert et il a à peine le temps de mûrir pendant l'été,
aussi beaucoup de grains avortent-ils; de là ce proverbe alsacien : lorsque les semailles de la Toussaint réussissent, le père de famille n'en doit rien
dire à ses enfants.

Après le chanvre et le tabac, c'est le blé qui lève
le plus vite. Le blé qui succède au trèfle doit être
semé deux ou trois semaines plus tôt que tout autre;
sans quoi, il avorte facilement.

### *Quantité de semence.*

Elle varie, en Alsace, entre 2 et 3 setiers, elle s'é-
lève même, dans quelques localités, à 4 setiers; mais
la moyenne ordinaire est de 242 litres par hectare,
ce chiffre s'accorde assez bien avec la moyenne générale indiquée par Thaër pour toutes les nations et
tous les pays ; néanmoins cette quantité me paraît
trop considérable pour les bonnes terres à blé telles
qu'on en rencontre partout en Alsace : 2 setiers de
bonne semence sèche suffiraient l'un dans l'autre (1).

(1) Dans quelques localités, on sème, après le trèfle, un setier de
plus qu'après le tabac.            (*Note de l'auteur.*)

C'est une chose singulière de voir combien des villages voisins, placés sur le même sol, suivant le même mode de culture, diffèrent entre eux pour la quantité de semence, à tel point, que, dans l'un, on sème 193 litres, et dans l'autre 290 litres par hectare. Il règne, à cet égard, un abus dont conviennent les bons cultivateurs; aussi emploient-ils ordinairement moins de semence que leurs voisins. Mon but, ici, est d'appeler l'attention des bons cultivateurs sur la quantité de semence à employer, et de les inviter à faire des expériences afin de s'assurer s'ils ne sèment pas trop dru (1), et s'ils ne pourraient pas économiser quelques setiers de blé chaque année (2).

### Enfouissement de la semence.

Dans toute l'Alsace, on enterre sous raies une partie de la semence, tantôt le tiers, tantôt le quart ou la moitié de ce qu'on veut employer; on sème alors le reste sur le champ non labouré, et l'on fait

(1) En France, on sème, en général, 200 litres de blé par hectare lorsque la semaille a lieu à la volée, mais cette quantité ne peut être absolue pour tous les cas. Ainsi il faut plus de semence dans un sol médiocre que dans une bonne terre; les semailles précoces exigent moins de semence que les semailles tardives, etc. Quoi qu'il en soit, l'économie sur la semence n'est à recommander que là où l'on prodigue cette dernière, encore ne doit-on jamais perdre de vue ce vieux proverbe : *Mieux vaut semer dru que menu.*

( Note du traducteur. )

(2) Cette observation n'est pas non plus sans importance pour le gouvernement. En effet, en supposant qu'on n'économisât, l'un dans l'autre, qu'un hectolitre par arpent de 20 ares, il en résulterait, chaque année, une économie de 10,000 hectolitres de blé seulement pour le département du Bas-Rhin.  ( Note de l'auteur. )

passer la herse; il est cependant des localités où l'on enterre le tout à la herse.

On croit qu'en enterrant le blé sous raies on assure sa conservation pendant l'hiver et qu'on le défend ainsi contre les grands vents; cette méthode est également en usage dans le Rieth, sur un sol humide et argileux; on la regarde comme excellente pour un terrain bien cultivé; par contre, on la croit nuisible aux terres mal labourées. A Hochfelden, on ne sème sous raies que dans les sols légers, principalement lorsque la saison des semailles est sèche; de cette manière, le blé, au printemps, se trouve protégé contre les grands vents. On fait surtout usage de cette pratique dans les sols plats, dont la couche arable n'a que peu d'épaisseur et dont le sous-sol est graveleux. Suivant moi, on devrait enterrer sous raies toute la semence; ce procédé, du reste, n'offre d'inconvénients dans aucun sol, car le blé supporte très-bien une couverture de 3 pouces de profondeur.

Dans un sol comme celui de l'Alsace, on tient peu de compte de l'état de l'atmosphère pour les semailles; lors même qu'il pleuvrait toute la journée, on peut, quelques heures après, mettre la charrue dans le champ. Il est à remarquer qu'à Bofzheim et à Sassenheim, dans le Rieth, on préfère un temps humide et même pluvieux pour semer le blé.

*Traitement du blé pendant l'hiver.*

Il est des localités dans l'arrondissement de Saverne où l'on répand, pendant l'automne, des cendres de lessive sur le blé; on en met cinq à six mesures par arpent de 20 ares. A Lauterbourg, certains cultivateurs couvrent le blé qui est levé avec du fumier long.

Dans les bonnes localités de l'Alsace, on n'a pas besoin de s'inquiéter de la conservation du blé pendant l'hiver, si ce n'est là où l'eau ne peut s'écouler, et où la terre est enlevée par le vent dans les champs élevés et mal situés. Dans le rude hiver de 1812 à 1813, où le froid commença de si bonne heure et où le sol fut surchargé d'eau alors qu'une partie du blé commençait à pousser, qu'une autre ne faisait que germer, et qu'enfin une troisième partie n'était pas encore entièrement semée, le froid ne fit aucun mal et nous eûmes une des récoltes les plus abondantes.

### *Soin du blé au printemps.*

Nous avons exposé plus haut le traitement que reçoit le blé pendant l'hiver. Le cultivateur paresseux croit maintenant n'avoir plus rien à faire que d'abandonner le blé à sa propre végétation ; mais le cultivateur soigneux ne se contente pas de ces premiers soins, il cherche à achever l'édifice commencé, persuadé qu'il est que la nature récompense largement celui qui appelle le travail à son secours. Au printemps, on sarcle, on arrache, on enlève les chardons, mais le sarclage est loin d'être exécuté avec autant de soin que dans les Pays-Bas. Dans un grand nombre de localités, on se dispense de cette opération, ou bien on l'abandonne aux pauvres, qui en tirent quelque peu de nourriture pour leur bétail.

J'ai rencontré avec plaisir plusieurs localités où l'on est dans l'usage de herser le blé, opération si utile au printemps. On se sert, à cet effet, d'une herse à dents de fer et on donne le hersage avec toute l'énergie recommandée par Thaër. C'est peut-être par suite de cette pratique que les habitants de Brumath obtiennent un si beau blé, tous les deux ans, sur le même champ. Lorsqu'on veut mettre du trèfle dans le blé, on le sème avant le hersage. Cet usage de herser le blé n'est pas très-ancien ici. Ce fut le hasard auquel l'homme est redevable de tant de découvertes qui l'introduisit dans ce pays. Un cultivateur, après avoir semé du trèfle dans son blé, craignant qu'il ne vînt à pousser, se mit à le herser ; quelle ne fut pas sa surprise en voyant ce blé plus beau que celui qui n'avait point été hersé. L'année suivante, il répéta son expérience, et, comme elle eut un plein succès, l'usage de herser le blé au printemps devint général, non-seulement lorsqu'on y semait du trèfle, mais même lorsque celui-ci était semé seul.

Nous avons vu déjà que, dans certaines localités, on répandait, pendant l'automne, des cendres sur le blé; je suis persuadé que ces cendres, appliquées, au printemps, avant le hersage, seraient plus efficaces. Quoi qu'il en soit, un cultivateur soigneux devrait toujours avoir une provision de cendres soit de lessive, soit de charbon de terre, ainsi qu'une certaine quantité de colombine, pour répandre, au printemps, sur les champs de blé faibles ou souffrants, dans le but de ranimer leur vigueur; je me suis plusieurs fois bien trouvé de ce procédé.

### Effanage, pâturage du blé.

Le blé, dans un bon sol, végète souvent avec tant de force, qu'il est à craindre qu'il ne verse. En Alsace ainsi qu'ailleurs, on prévient cet inconvénient en effanant le blé ou en le faisant pâturer. L'effanage consiste à couper les feuilles avec une faucille, sans attaquer le collet de la plante, lorsqu'elles ont atteint environ la longueur de la main. Cette opération doit être faite par un temps beau et doux, mais jamais lorsque le vent du nord ou du nord-est souffle, parce qu'alors les semailles jaunissent. S'il survient des mauvais temps après l'effanage, il vaudrait certainement mieux n'avoir point effané, aussi doit-on bien réfléchir avant de se décider à l'entreprendre. « Du reste, dit Schrœder, les avan- « tages de l'effanage ne sont pas considérables, car « le blé effané émet ordinairement un chaume faible, « et les pluies d'orage des mois de juin et juillet le « font verser plus facilement que le blé qui ne l'a « point été; cette opération est cependant quelque- « fois nécessaire. »

Lorsqu'on ne peut pas faire exécuter l'effanage par ses propres valets et qu'on est obligé d'employer des femmes et des journaliers étrangers, il faut avoir soin de ne pas leur donner les produits de l'effanage et encore moins de les leur abandonner à titre de salaire; sans cela, la faucille pourrait bien couper plus avant qu'il ne·conviendrait aux intérêts du propriétaire.

L'effanage exige beaucoup de temps ; cette opération n'est pas sans difficultés lorsque la pièce de blé est considérable, il est alors plus facile de le faire paître par le bétail. Cela a lieu ailleurs au moyen des bêtes à laine ; mais, comme on n'en a pas une grande quantité en Alsace, on emploie, à cet effet, les chevaux, mais jamais les bêtes à cornes. En 1812, M. Riébel de Benfelden fit manger par ses chevaux, pendant une quinzaine de jours, un arpent de 20 ares de blé trop luxuriant ; et, comme ce moyen fut insuffisant, il fit encore effaner plus tard : ce blé devint ensuite un des plus beaux de toute la récolte.

L'effanage par les troupeaux doit avoir lieu avant le mois de mai ; on fait manger le blé près de terre et rapidement, c'est-à-dire qu'on y met tout d'un coup une grande quantité de bétail, mais on ne l'y met qu'une fois. Malheureusement MM. les bergers, qui s'inquiètent fort peu de la récolte, pourvu que la laine croisse sur le dos de leurs troupeaux et que ceux-ci se multiplient, érigent en système permanent un moyen qu'on ne doit employer que lorsque la végétation est trop luxuriante : avec de telles gens, la bonne Cérès perdrait les deux yeux à force de pleurer.

Dans une année telle que celle de 1813, où le blé

est extraordinairement fort, on aime assez en Alsace à le voir légèrement attaqué par le miellat et par la nielle ; ces maladies arrêtent en quelque sorte la végétation du blé et l'empêchent de verser. « Survient- « il, dit Schrœder, après cette invasion une tempé- « rature chaude et humide, la perte n'est pas grande; « elle est considérable, au contraire, lorsque la « température est froide et sèche. »

Le blé a encore un autre ennemi, auprès de Strasbourg, dans les sauterelles, qui se montrent ordinairement d'année en année, et qui font un tort considérable au blé lorsque le grain entre en lait. Ces insectes sont propres à la localité et ne viennent pas du dehors ; ils déposent leurs œufs dans les champs de luzerne, dans les herbes, le long des chemins, en un mot dans tous les endroits qui ne sont pas remués souvent, excepté près des villages. Depuis quelques années, cependant, ce fléau a diminué d'intensité, et c'est fort heureux, car nous en avons bien d'autres à supporter.

### Rendement du blé.

La récolte du blé a lieu en Alsace à l'époque de la canicule. Les récoltes tardives passent généralement pour les meilleures ; les récoltes précoces, forcées par une chaleur excessive, donnent rarement un grain bien nourri.

Il faut avoir soin que l'époque de la moisson ne soit pas trop reculée ; car, outre le danger qu'on court de perdre beaucoup de grains par un temps sec et un grand vent, le grain trop mûr n'est ni aussi beau ni d'aussi bonne qualité que celui récolté à temps. Dès que le grain, de laiteux qu'il était, s'est changé en farine, il est temps de le récolter, bien qu'il soit encore mou (1); mais, si le blé doit servir de semence, il est nécessaire de le laisser mûrir complétement. Et même, par un temps pluvieux, il vaut mieux laisser le blé parvenir à une maturité complète, non-seulement parce qu'alors on n'a point à craindre qu'il s'égrène, mais encore parce que le blé récolté de meilleure heure par un temps sec tombe plus tôt que le blé complétement mûr et récolté par un temps pluvieux.

Je ne suis pas à même d'établir d'une manière précise le rendement du blé en Alsace. Outre que le chiffre de ce rendement est souvent très-contradictoire, et qu'il n'est pas toujours conforme à la vérité, j'ai encore d'autres motifs pour ne pas me livrer, à ce sujet, à des recherches profondes. Toutefois, je suis fondé à croire qu'on peut évaluer en moyenne le rendement d'un hectare à 26 hectolitres de blé; ce rendement coïncide parfaitement d'après mes notes avec le rendement du blé dans les Pays-Bas. Thaër, dans ses principes d'agriculture raisonnée, regarde 12 hectolitres par arpent comme un bon rapport, 8 comme un faible rendement et 10 hectolitres comme une proportion moyenne dans les bonnes terres à blé.

(1) Il est entendu qu'il faut alors le laisser achever sa maturation dans la moyette avant de l'engranger. (*Note du traducteur.*)

De tous les grains, le blé est celui qui épuise le plus le sol. Celui donc qui veut semer beaucoup de blé doit se mettre en état de fumer fortement sa terre ; sinon, il fera mieux de ne pas faire revenir si souvent le blé. Ce n'est pas ce qui donne, tout d'un coup, les plus grands bénéfices, mais bien ce qui est le plus longtemps profitable, que recherche le sage : on ne peut prospérer qu'en suivant ce précepte.

## 2. *Seigle*.

Le seigle est aux terres légères ce que le blé est aux terres fortes ; là même où le sol est tellement sec et sablonneux qu'il n'y peut venir aucune sorte de grain, pas même du sarrasin, le seigle peut toujours réussir ; voilà pourquoi, dans certains pays, cette céréale est un véritable bienfait de la Providence ; mais, comme on le pense aisément, le seigle vient encore mieux dans les bonnes terres et paye largement sa rente par son grain et sa paille. Je conviens qu'un sol argileux qui contient de la chaux donnera plus de profit par la culture du blé ; mais, dans un sol léger et calcaire, le seigle sera certainement plus avantageux que le blé ; il offre, en outre, cet avantage sur le blé, qu'il épuise moins le sol et donne plus de paille que toute autre espèce de grain. Si nous considérons donc que cette double propriété d'épuiser moins la terre et de rendre plus de paille est un puissant moyen d'enrichir de nouveau le sol, nous n'aurons pas de peine à admettre que quatre récoltes de seigle n'épuisent pas plus le sol que trois récoltes de blé. Aussi le proverbe des **Pays-Bas**, qui dit que le cultivateur de seigle l'emporte sur le cultivateur de blé, pourrait bien être vrai, en supposant toutefois que le sol soit également propre à la culture de ces deux grains; mais, si le sol trop argileux ou trop humide ne convient pas au seigle, sans nul doute la culture du blé est plus avantageuse; voilà pourquoi en Alsace, sauf quelques localités, on s'occupe, exclusivement et avec beaucoup de raison, de la culture du blé, et l'on ne sème du seigle que là où le sol est trop pauvre pour le blé, ou du moins n'en cultive-t-on qu'autant qu'il en faut pour se procurer de la paille. Du reste, un autre inconvénient du seigle, c'est de n'avoir point un débit aussi prompt et aussi assuré que le blé; il arrive souvent que cette denrée n'est point demandée, et, sur le marché même de Strasbourg, on a beaucoup de peine à s'en défaire.

La préparation du sol, la quantité de semence et l'époque de la semaille sont à peu près les mêmes que pour le blé; seulement le seigle ne supporte pas le labour, il veut simplement être hersé, même sur une terre sablonneuse.

A Hoerdt, où le seigle, dans l'assolement biennal, succède à des récoltes sarclées, le sol, qui est de nature légère et ferrugineuse, n'est labouré qu'une fois; le seigle semé, on se borne à le herser; le fumier frais est enfoui par cet unique labour.

J'ai appris avec plaisir qu'à Hoerdt, au printemps, on donnait un fort hersage au seigle. Si donc cette pratique est possible et même utile dans un sol sablonneux, à plus forte raison le sera-t-elle dans une terre compacte. En général, la culture de ce village est fort intéressante; je ne puis m'empêcher d'adresser ici cet éloge à ses habitants.

Dans le Rieth, c'est-à-dire dans le pays situé entre l'Ill et le Rhin, on sème peu de seigle; encore le mélange-t-on, le plus souvent, avec d'autres grains. Il est souvent léger et ne rend que de la paille, ce qu'on attribue aux brouillards du Rhin : n'ayant point vu de seigle qui en fût attaqué, je ne saurais dire si ce mal provient de l'avortement, ou s'il est une conséquence du miellat.

### 3. *Méteil.*

Le méteil se rencontre en Alsace plus fréquemment que le seigle; on l'y désigne sous le nom de *molser*, c'est-à-dire mélange de blé et de seigle. Dans un sol qui convient davantage au blé, on a raison de prendre plus de blé que de seigle; le contraire doit avoir lieu si le sol convient mieux au seigle.

La réussite du méteil est, pour ainsi dire, plus sûre que celle de toute autre espèce de grain; il ne verse pas aussi facilement, et l'on assure qu'ainsi mélangés, le seigle n'est pas autant exposé au miellat et à l'avortement, ni le blé à la nielle. Bien que l'une de ces deux céréales souffre en quelque sorte un peu de la température, l'autre est le plus souvent préservée de ses mauvais effets, et végète avec d'autant plus de force; le produit est donc moins chanceux. Lorsque toutes deux réussissent, l'arpent de 20 ares donne une récolte telle qu'on ne saurait en attendre une semblable d'une pièce de blé pur. Il est prouvé que celui qui sème ensemble un hectolitre de blé et un hectolitre de seigle récolte davantage que s'il avait semé chaque espèce de grain séparément : la même chose a lieu à l'égard des bois composés d'essences variées ; ils réussissent mieux ainsi mélangés que lorsqu'ils ne sont composés que d'une seule essence.

Il est également digne de remarque, et j'en ai été témoindans les Pays-Bas, que, lorsqu'on sème du méteil immédiatement après du blé, ce mélange réussit à merveille, tandis que, si le blé était semé seul après du blé, il ne viendrait pas, ou du moins viendrait fort mal ; cependant je ne voudrais pas qu'on fît de ceci une règle générale pour les grains ; mais cette observation peut recevoir son application dans certains cas, même en Alsace. Ainsi, par exemple, dans les pays où le blé a péri par la grêle, par des débordements, ou lorsque diverses circonstances ont produit une grande diminution dans la récolte, et, par suite, ont fait augmenter le prix du pain, le méteil peut offrir une ressource précieuse ; on supprime alors l'orge l'année suivante, le méteil pouvant très-bien succéder au blé.

C'est ordinairement après les pommes de terre qu'on sème le méteil en Alsace ; mais il vaudrait mieux leur faire succéder de l'orge, ainsi que le cultivateur biennal peut toujours le faire. Cependant le méteil peut être placé avantageusement après les pommes de terre, là où le sol est tellement sablonneux que les grains d'hiver peuvent être semés sans inconvénient dans le mois de novembre. On sait que le méteil donne un pain très-sain, préférable même au pain de blé qui contient de l'orge. Outre que le seigle est plus nourrissant que l'orge, ses balles renferment, d'après Thaër, un principe aromatique qui semble favoriser la digestion et posséder une vertu particulièrement rafraîchissante et fortifiante pour l'organisme animal. A la vérité, ce principe disparaît en grande partie dans la farine soumise à un blutage soigné; mais on peut le rendre au pain, ainsi que l'odeur et la saveur qui le caractérisent, en traitant le son par l'eau chaude, et en se servant de cette eau pour faire la pâte.

## 4. *Épeautre.*

L'épeautre est une espèce de blé qu'on cultive fréquemment dans le Wissembourg et dans le Palatinat; cette plante se contente d'un terrain médiocre, et, mieux que le blé, elle peut supporter un excès de fertilité dans le sol. L'épeautre vient mieux après les navets qu'après le chanvre, aussi sème-t-on d'abord des navets après le chanvre, pour y mettre ensuite l'épeautre; et, lors même qu'on ne fume ni le chanvre ni les navets, l'épeautre réussit mieux à cette place que si on le semait immédiatement après le chanvre. En suivant cette rotation, on a, pour ainsi dire, les navets en sus, indépendamment de la récolte d'épeautre, qui est plus considérable. Toutefois, je ne prétends pas dire que ceci ait lieu dans toutes les localités, mais seulement que, partout où le chanvre et l'épeautre sont cultivés, il est bon d'essayer cette méthode. Je ferai observer encore qu'il s'agit ici de navets transplantés ; car le chanvre laisse le sol libre beaucoup trop tard pour qu'on puisse y semer ensuite des navets.

A Schleithal, on donne deux ou trois labours pour l'épeautre qui suit les navets ; s'il succède aux pommes de terre, ce qui arrive quelquefois à Inflingen, on ne laboure pas le sol, on se contente simplement d'enterrer l'épeautre par un coup de herse ; quelquefois, cependant, suivant la nature du sol, on l'enfouit à la charrue. Ce dernier procédé est même le meilleur à suivre si les pommes de terre n'ont pas été tenues propres pendant leur végétation. Lorsqu'on est obligé de fumer encore un peu après les pommes de terre, on conduit le fumier sur le champ avant d'emblaver, on sème ensuite l'épeautre, et on enfouit le tout par le labour.

En Alsace, comme partout, on emploie pour semence le double de ce qu'on prendrait en blé, parce que l'épeautre se sème dans sa balle ; on peut aussi le semer avec du seigle comme méteil (1), et, dans ce cas, je regarde comme avantageux de semer d'abord l'épeautre seul, puis de labourer et de semer

(1) M. de Fellemberg sème souvent ensemble du seigle et de l'épeautre.                                                           ( *Note de l'auteur.* )

ensuite le seigle en l'enterrant par un coup de herse. Ce mélange a cet avantage sur le méteil, que l'épeautre se laisse séparer sans peine du seigle, ce qui n'a pas lieu lorsque ce dernier est mêlé au blé.

Les balles d'épeautre adhérentes au grain forment un excellent fourrage pour les chevaux; mais j'ignore si on emploie cette céréale à cet usage en Alsace. Dans les pays où l'on fabrique des chapeaux de paille, la paille d'épeautre est recherchée pour cette industrie.

## CULTURE DES GRAINS D'ÉTÉ.

## 1. *Orge.*

Ce que le blé est aux grains d'hiver, l'orge, en Alsace, l'est aux grains d'été. Comme le sol lui convient particulièrement, elle remplace non-seulement l'avoine pour les chevaux, mais elle sert encore de nourriture principale aux hommes, cette céréale, mélangée avec la moitié ou le tiers du blé, formant le pain ordinaire des paysans.

### *Espèce d'orge.*

L'orge a deux rangs (*hordeum distichum*), ou la grande orge d'été, est presque la seule qui soit cultivée en Alsace; je ne me rappelle pas y avoir vu la petite orge; l'orge d'hiver s'y voit même rarement. Nous nous bornerons donc simplement à décrire la culture de la grande orge d'été.

*Place de l'orge dans l'assolement.*

Dans cette partie de l'Alsace où l'on suit l'assolement triennal, l'orge succède au blé : sole d'orge ou sole d'été y ont la même signification. Là où l'on veut avoir de l'orge, on se garde bien de semer des navets dans les chaumes du blé, lorsque l'orge doit remplacer cette céréale ; car, bien que les navets soient souvent sarclés deux fois avec soin, l'orge, cependant, y subit une diminution d'un tiers tant en grain qu'en paille.

Les meilleures récoltes préparatoires pour l'orge sont et seront toujours les récoltes-jachères sarclées, comme cela se pratique dans l'assolement biennal. Celles-ci, seules, peuvent procurer à l'orge cette terre travaillée et réduite en poussière qui favorise sa végétation et permet à ses racines de s'étendre librement. Après les récoltes-jachères, le sol est toujours net ; partant, l'orge n'a point à lutter contre cette foule de sanves, de raiforts, de coquelicots, qui lui sont si nuisibles. Du reste, les cultivateurs qui suivent l'assolement triennal, en Alsace, sont convaincus depuis longtemps que l'orge demande plutôt un terrain propre qu'un sol riche, et que le fumier, surtout s'il est frais, lui est plutôt préjudiciable qu'utile ; malheureusement, on peut leur appliquer le mot d'un ancien : Je sais ce qu'il y a de mieux à faire, et je fais tout le contraire.

*Préparation du sol pour l'orge.*

Pour avoir une belle orge, on regarde comme une

condition essentielle, en Alsace, que les chaumes de blé soient labourés immédiatement après la moisson. Si on laisse seulement passer un mois sans déchaumer, il y a une diminution sensible dans la récolte d'orge. Pour déchaumer, on laboure d'abord superficiellement ; on donne ensuite un second labour avant l'hiver ; enfin le troisième et dernier labour a lieu au printemps, aussitôt qu'on peut mettre la charrue dans les champs (1).

À Candel, le champ qui a rapporté des pommes de terre est retourné avant l'hiver, même dans l'assolement biennal ; on le laboure encore une fois au printemps, et le sol est nivelé avec la herse ; l'orge se sème un peu plus tard, on l'enterre par le labour, on sème alors le trèfle, on le herse ensuite, et on y fait passer le rouleau.

### Quantité de la semence.

On emploie un tiers ou moitié de semence de plus que pour le blé ; ainsi l'on prend 3 à 3 setiers et demi par arpent de 20 ares. Il y a des localités où, comme à Schillersdorf, l'on emploie 2 setiers, et d'autres où l'on emploie 4 et 5 setiers, et même davantage ; 3 setiers peuvent donc être regardés comme

---

(1) Ce procédé s'accorde parfaitement avec celui recommandé par A. Young. D'après cet illustre observateur, si l'on peut donner trois labours pour l'orge, et que la semence soit néanmoins en terre dans le mois de mars au plus tard, le sol n'en sera que mieux préparé ; mais, s'il faut, pour cela, différer les semailles de trois semaines ou d'un mois, il vaut mieux se contenter d'un seul labour et semer plus tôt.

( Note du traducteur. )

une moyenne, c'est donc 338 litres par hectare.

Dans le Rieth, on se trouve bien du changement de semence tous les trois ans, c'est-à-dire qu'on la tire d'une autre contrée.

Comme l'orge contient des mauvaises graines qui lui sont très-nuisibles, le cultivateur soigneux tâche de nettoyer autant que possible l'orge destinée aux semailles, en la faisant passer par un crible.

### *Époque des semailles d'orge.*

Dans tout le pays qui se trouve situé au sud de Strasbourg, l'époque des semailles a lieu vers la mi-mars ; plus tôt on sème, mieux cela vaut, aussi sème-t-on quelquefois dans le mois de février. L'orge semée tard n'est jamais aussi estimée que celle qui a été semée de bonne heure ; toutefois le pays qui longe à gauche la chaine des Vosges fait exception à cette régle ; on y sème l'orge à la même époque qu'au Kochersberg, c'est-à-dire un mois plus tard, vers la mi-avril. « A Schillersdorf, » dit Schrœder, « dans une terre forte et chaude, on « sème l'orge au mois de mars ou au commencement « d'avril ; dans un sol argileux et froid, on la sème « à la fin d'avril ; dans un sol sablonneux, on sème « au mois de mai.

« Dans un bon terrain, contenant de la chaux, « l'orge semée de bonne heure ne souffre pas du « froid. En 1788, les semailles d'orge étaient à « peine finies, qu'il gela et neigea en Alsace ; on eut « cependant une récolte excellente. En 1813, nous

« eûmes un froid très-rigoureux au printemps,
« l'orge était semée dans tout le pays, une grande
« partie même poussa sans que le froid lui fît le
« moindre mal ; plus tard, la récolte versait, tant
« elle était riche. »

Lors même que l'orge vient mal au printemps, il ne faut pas se désespérer ; cette céréale se remet très-facilement en juin : ce mois décide de sa réussite.

### Enfouissement de la semence.

On regarde comme nécessaire d'enterrer l'orge sous raies, voilà pourquoi un tiers de cette céréale est enfoui par le labour, tandis que le reste est simplement enterré à la herse. Mais il y a des pays, tels que Saverne, où tout est enterré à la herse, et il y en a d'autres, tels que Candel, où tout est enterré sous raies. Dans un sol léger, il est certainement avantageux d'enterrer l'orge complétement sous raies ; elle supporte aisément une couverture de 3 à 4 pouces de terre.

On n'est pas d'accord sur le temps qu'on désire pour les semailles de l'orge. Quelques-uns veulent une terre humide et même mouilleuse ; ils aiment que l'eau coule derrière la charrue, et, suivant eux, l'orge semée par un temps sec est visiblement inférieure. On trouve chez eux le proverbe suivant : Quiconque sème le seigle dans la poussière, l'orge dans la boue et le blé dans une terre motteuse, aura de tout en abondance. Dans d'autres localités, on sème l'orge dans un terrain sec, et le temps paraît d'autant plus favorable qu'il est plus sec.

« Pour semer les grains d'été, » dit Schrœder,
« le cultivateur, chez moi, choisit un beau temps.
« Si l'on sème l'orge dans la boue, elle est à moitié
« perdue, car chaque grain étant revêtu d'une croûte
« que la sécheresse rend dure comme un mur, toute
« végétation est impossible; ainsi donc, lorsqu'on
« veut semer l'orge, il faut que le temps soit beau
« et que la terre soit bien ressuyée. Mais, pour
« les grains d'hiver, tant de précautions ne sont pas
« nécessaires, surtout si la terre est forte. A l'épo-
« que des semailles, le temps est plutôt humide que
« sec, aussi la terre n'est-elle pas trop compacte;
« mais, quand bien même elle le deviendrait, il est
« permis d'espérer que les gelées d'hiver l'ameubli-
« ront suffisamment. »

A la vérité, il est difficile d'établir des règles générales en agriculture, même pour la culture d'une
seule plante, parce que les expériences sur lesquelles
elles reposent sont rarement comparatives; mais il
arrive très-souvent que ce qui semble un fait con-
tradictoire n'est que la conséquence de certaines
conditions différentes que nous ne connaissons pas
ou que nous ne prenons pas la peine d'examiner; de
là, cette opposition que nous rencontrons toutes les
fois que nous donnons nos propres expériences
comme un principe absolu et que nous voulons y
soumettre les autres; la plupart des commençants
tombent ordinairement dans cette faute, mais un
cultivateur judicieux l'évite avec soin.

Si nous prenons maintenant pour exemple la divergence d'opinions relativement au degré d'humidité qui est le plus favorable pour les semailles d'orge, nous trouverons que les deux pratiques ci-dessus indiquées sont fondées sur une longue expérience qu'on ne saurait révoquer en doute ; il n'en résulte nullement, pour cela, qu'on puisse semer indifféremment l'orge dans la poussière ou dans la boue, mais bien que telle méthode convient mieux dans l'une ou l'autre localité ; si cette différence ne tient ni au climat ni à la culture, elle doit dépendre nécessairement du sol ; c'est, en effet, ce qui a lieu en Alsace. Lorsque, dans les pays situés entre Strasbourg et Schelestadt, on sème l'orge dans une terre humide, c'est que cela n'a point d'inconvénients dans un sol argilo-calcaire qui se sèche et se pulvérise promptement à l'air, et peut-être même doit-on suivre cette méthode, de peur que ce sol, qui ne souffre jamais de l'humidité, ne devienne trop sec pour la réussite des jeunes semailles. Dans le Rieth, au contraire, où l'on a déjà à lutter contre l'humidité dans cette partie du pays qui longe, à gauche, la chaîne des montagnes, et dont le sol argileux est plus tenace, on se garde bien de semer l'orge dans une terre mouillée et l'on attend, pour cela, que le sol soit bien ressuyé. Cette différence dans la manière de procéder est donc justifiée, puisqu'elle résulte de circonstances particulières. Mais si, dans un sol argileux et tenace, il survient, aussitôt après les semailles, une pluie violente qui batte la terre, il faut her-

ser le champ dès qu'il est ressuyé, et cela, avant
même que l'orge ait levé, afin de rompre la croûte qui
gênerait la végétation.

### Soins pendant la végétation.

Dès que l'orge a atteint la hauteur d'un doigt, on
passe le rouleau ; un peu plus tard, on arrache les
chardons et le raifort, mais on est loin d'exécuter
cette opération avec autant de soin que dans les
Pays-Bas, et comme cela devrait se faire partout où
l'on suit l'assolement triennal. C'est aussi à cause
de cela que, dans certaines années peu favorables,
le raifort prend le dessus sur l'orge d'une manière
incroyable. J'en ai été malheureusement témoin dans
plusieurs endroits de l'Alsace. Dans un grand nombre de localités et notamment à Schillersdorf, on ne
sarcle pas du tout l'orge. « L'abus, » dit Schrœder,
« que les pauvres font du sarclage, lorsqu'on leur
« permet de faire de l'herbe dans les champs ense-
« mencés, est cause que les cultivateurs y ont re-
« noncé, quelque utile et nécessaire que serait cette
« opération aujourd'hui (1er juin 1805) que toutes
« les soles d'été sont envahies par le raifort blanc et
« jaune. » Au Kochersberg, on ne sarcle pas régulièrement ; mais je me suis convaincu que, d'après
l'assolement qu'on y suit, cette opération n'est pas
nécessaire.

On trouve encore au mois de juin, dans certaines
localités situées entre Strasbourg et Schelestadt,
une mauvaise herbe très-nuisible aux récoltes, c'est

le *rhinanthus crista-galli*; dans les Pays-Bas, je ne l'avais jamais rencontrée que dans les prairies humides, mais, ici, elle vient aussi dans l'orge. Il est d'autant plus difficile de se débarrasser de cette plante, qu'on ne l'aperçoit bien que lorsque l'orge est montée en épis; néanmoins il ne faut pas négliger de l'arracher, car le *rhinanthus crista-galli* mûrit de bonne heure, et il suffit de quelques pieds pour infester tout un champ.

Dans certaines localités de l'Alsace, on prétend avoir éprouvé d'excellents effets du plâtre répandu sur des champs d'orge maigre; dans d'autres, le plâtrage n'a produit aucun résultat.

### Récolte de l'orge.

La moisson a lieu tantôt avant, tantôt après et d'autres fois en même temps que celle du blé. Lorsque l'orge mûrit en même temps que le blé, on la récolte la première, parce qu'on n'emploie ordinairement que deux jours pour la faucher, ce qui n'occasionne pas un grand retard; elle peut rester pendant huit jours en andains. On préfère la laisser sécher complétement dans le champ, attendu qu'elle prend aisément une couleur foncée lorsqu'on l'engrange de bonne heure. L'orge n'est point liée; mais, la veille du jour où l'on doit la rentrer, on en forme, au moyen de fourches, des petits tas que l'on charge et qu'on enlève le lendemain matin à la rosée. A cet effet, la voiture est garnie intérieurement d'un grande toile, et comme par cette méthode il reste beaucoup d'épis sur le sol , on les ramasse avec des râteaux faits exprès. Ces râteaux ont de 14 à 15 décimètres de longueur ; les dents, faites en bois, ont 5 pouces et demi de longueur, elles sont à 1 pouce et demi de distance entre elles. Le manche a 7 pieds de long et forme , avec les dents, un angle de 45°. On convient, néanmoins, que, malgré le ratissage, on perd encore beaucoup d'orge lorsqu'on la ramasse sans la lier. On trouve que le faucillage de l'orge est trop dispendieux ; d'ailleurs ceux qui coupent ordinairement le blé ne veulent pas s'en charger au même prix.

### Rendement de l'orge.

On bat l'orge avant le blé et on la vend aussitôt que possible. On compte, en moyenne, qu'un hectare rapporte 29 hectolitres ; mais il n'est pas rare d'en obtenir le double dans les bonnes années. Un ancien cultivateur de Sulz, qui suivait l'assolement biennal, me cita comme exemple d'un rendement extraordinaire une récolte qu'il fit et qui lui donna cent gerbes d'orge et 29 setiers pour un ; l'orge avait été semée avec du trèfle dans un sol très-riche , et sa végétation avait été tellement forte qu'on s'était vu forcé de l'effaner deux fois.

L'orge est estimée moitié de la valeur du blé ; on l'emploie pour faire du pain, de la bière , et pour nourrir les chevaux. La paille sert de nourriture aux vaches et aux chevaux. Dans le Kochersberg, principalement, on sème souvent ensemble de l'orge et de la vesce, ce qui fait un excellent fourrage pour les chevaux : les cultivateurs du Palatinat désignent ce fourrage sous le nom de *etz-futter*.

## 2. BLÉ D'ÉTÉ ET AVOINE.

N'ayant que peu de choses à dire sur ces deux grains, nous les comprendrons dans le même paragraphe.

### Blé d'été.

Ce n'est qu'à Hoerdt que j'ai vu le blé d'été entrer régulièrement dans l'assolement; il est singulier qu'on cultive ici cette espèce de grain qui ne convient nullement à la nature du sol. D'après Thaër, le sol léger doit être riche en humus et suffisamment humide pour produire utilement des grains d'été ; c'est aussi mon opinion : néanmoins le sol ne jouit pas de ces qualités à Hoerdt, puisqu'on le fume tous les ans.

Jusqu'ici, je n'ai pu m'expliquer la réussite du blé d'été dans cette localité, si ce n'est par le fumier frais qu'on lui applique ; peut-être celui-ci communique-t-il plus d'humidité au sol aride et donne-t-il plus de consistance aux terres légères que le fumier ordinaire. Le blé d'été est sarclé ici avec de petites binettes de deux pouces de largeur sur 1 pouce et demi de longueur et à manche court. Hoerdt est le seul endroit de l'Alsace où j'aie vu sarcler le blé (1).

(1) M. de Fellemberg sème son blé d'été dans la première moitié de mai, et il regarde cette époque comme la plus favorable. Afin d'em-

*Avoine.*

Comme dans toute l'Alsace le sol est excellent pour l'orge, on n'y cultive l'avoine que rarement. C'est à Boïzheim, dans le Rieth, qu'on sème particulièrement l'avoine sur un terrain tourbeux nouvellement défriché. On laboure le sol une fois avant l'hiver et l'on y passe la herse à dents de fer au printemps ; on laboure derechef le champ après la récolte d'avoine, et, le printemps suivant, on sème de nouveau de l'avoine sans labour, et on l'enterre sous raies. Veut-on semer du chanvre à la troisième année, il faut alors fumer le sol ; on obtient ainsi une excellente récolte de chanvre.

A Sassenheim, situé également dans le Rieth, on aime mieux semer de l'orge que de l'avoine dans un sol sablonneux ; on réserve cette dernière pour les sols plus forts et plus humides, parce que, en agissant autrement, elle reste chétive. On emploie 6 setiers d'avoine par arpent de 20 ares.

« L'avoine orientale, » dit Schrœder, « n'est pas estimée (pourquoi? il ne le dit pas), bien que sa paille et son grain soient plus beaux que ceux de l'avoine ordinaire. On sème aussi quelquefois de l'avoine noire plus hâtive ; mais, comme elle s'égrène facile-

pêcher la semence de dégénérer, ce qui arrive tôt ou tard, il sème de temps en temps une partie de son grain avant l'hiver, et la récolte qu'il en obtient lui sert à renouveler les semences de blé d'été ; quelques personnes ont prétendu qu'il semait son blé d'hiver au printemps, mais c'est une erreur.               ( *Note de l'auteur.* )

ment à l'époque de sa maturité, on ne la cultive que par exception.

CULTURE DU MAÏS.

Le maïs, à qui le nom de blé d'Amérique conviendrait mieux que celui de blé de Turquie, est, après les pommes de terre, le don le plus précieux que nous ait fait le nouveau monde. Plût à Dieu qu'au lieu de l'or et des pierres précieuses il n'eût jamais produit que du maïs et des pommes de terre ! Leur importation n'aurait coûté ni sang ni larmes à l'humanité. Le maïs est aujourd'hui naturalisé dans toute l'Europe méridionale; sa culture s'étendrait même jusque dans tout le nord, si cette plante était moins sensible au froid : le climat de l'Alsace ne peut même l'en garantir complétement, on l'y cultive néanmoins sur une grande échelle. On peut porter à 1,900 hectares l'étendue du terrain qu'on affecte à cette culture dans le département du Bas-Rhin; elle rend environ 40,000 hectolitres. Le maïs a sa place régulière dans l'assolement; de même que les autres grains, il a son cours au marché et son débit est certain; aussi nous étendrons-nous un peu sur la culture de cette plante.

### *Espèce cultivée.*

On ne cultive, en Alsace, que le grand maïs jaune ordinaire : le petit maïs mûrissant presque un mois plus tôt, sa récolte serait plus sûre chez nous; mais, comme beaucoup de cultivateurs alsaciens trouvent que le grand maïs ne rend pas assez (1), le petit maïs leur serait moins avantageux. Parmentier pense que, du mélange de ces deux espèces, on pourrait en obtenir une troisième dont la culture serait peut-être plus profitable : il serait à souhaiter que des expériences fussent faites avec soin dans le but de vérifier si cette variété ne réunirait pas les défauts des deux autres; à savoir, de mûrir tard et de donner moins de produits.

### Du sol.

Une terre riche, plutôt légère que forte, est celle qui convient spécialement au maïs; du reste, il se contente aussi d'un sol médiocre et souvent même d'un mauvais terrain sablonneux, pourvu qu'on lui donne une bonne fumure. En Alsace, on regarde le maïs comme une plante très-épuisante; c'est pourquoi on la sème rarement dans un terrain de première classe, à moins que celui-ci ne soit infesté de mauvaises herbes et qu'on ne veuille le nettoyer par la culture du maïs : on place ordinairement cette plante dans les sols médiocres et plus souvent encore dans les terres sablonneuses.

### Place dans l'assolement.

Le maïs étant regardé ici comme une mauvaise préparation pour le blé, les cultivateurs qui suivent l'assolement triennal le placent dans la sole d'été et

(1) Cela tient peut-être à un calcul inexact.

*( Note de l'auteur. )*

le font suivre d'une autre récolte-jachère, telle que le tabac ou les féveroles. Je ne me souviens pas de l'avoir vu, dans aucun assolement, à la place de la jachère comme préparation pour le blé, mais bien comme précédant l'épeautre. Ceci ne cadre nullement avec ce que nous savons du midi de la France, où le maïs et le blé reviennent tour à tour sans interruption, ce qui, d'après Arthur Young, est le plus fort rendement que la terre puisse produire pour la nourriture de l'homme et des animaux; mais il existe une grande différence entre le sol et le climat de ces deux parties de la France. Là où l'on n'a point à craindre les gelées au mois de mai, et où l'on peut, par conséquent, planter le maïs un mois plus tôt que dans le nord de l'Allemagne, et où les chaleurs hâtent, en outre, sa maturité, la récolte peut être faite de bonne heure et l'on a tout le temps de préparer la terre pour le blé qui lui succède. En Alsace, il n'en peut être ainsi; ce n'est que là où l'on cultive le maïs, dans les terres sablonneuses, et où, par conséquent, le seigle peut être semé fort tard, qu'on place, sans inconvénient, cette céréale après le maïs.

Mais si le blé, placé immédiatement après le maïs, ne vient pas en Alsace, en revanche il réussit très-bien lorsqu'on le sème dans la seconde année qui suit cette récolte. Le maïs est la récolte préparatoire, par excellence, pour le tabac, les féveroles, et surtout pour le chanvre et l'orge, à tel point qu'on doit s'attendre à récolter 7 boisseaux d'orge après le maïs, tandis qu'elle n'en donne que 5 après le blé. Pourquoi cette vérité, reconnue par les cultivateurs triennaux eux-mêmes, ne leur ouvre-t-elle pas les yeux sur la routine dont ils sont esclaves? Mais non; bon gré, mal gré, les récoltes-jachères doivent suivre les grains d'hiver, ainsi l'exige le coran de l'assolement triennal. Toutefois, bien que le maïs, dans cet assolement, ne soit pas à sa place comme récolte-jachère, c'est cependant le meilleur moyen de rendre au sol la propreté qu'il a perdue, et de prévenir les mauvais effets d'une culture négligée.

### Préparation du sol.

Lorsque, dans l'assolement triennal, comme cela arrive quelquefois, le maïs occupe la place de la jachère, on est obligé de mettre un quart de fumier de plus que pour le froment; mais on ne fume pas lorsqu'il occupe la sole d'été ou qu'il remplace l'orge. Cependant, comme dans ce cas on sème ordinairement des navets dans le chaume de la céréale d'hiver qui précède le maïs, on fait bien, si l'on peut se passer des fanes de navets, de les rendre au sol en les enfouissant par un labour avant l'hiver : cet engrais produit un excellent effet sur le maïs. Dans les terres sablonneuses de Hœrdt et de Lauterbourg, on fume chaque fois pour le maïs, mais seulement dans la raie où l'on dépose la semence, et moins fortement que pour les pommes de terre : nous indiquerons plus loin la manière dont on s'y prend.

Dans un sol compacte ou argileux, on donne un ou deux labours avant l'hiver; au printemps, on laboure encore une fois le sol et l'on plante le maïs à la houe ou à la charrue : les trois premiers labours sont très-profonds (1). A Hoerdt, on ne laboure qu'une seule fois le sol, et cela au printemps; cependant, lorsqu'il est infesté de chiendent, on lui donne encore un second labour. On a fait l'expérience que le labour avant l'hiver, sur les terres sablonneuses peu consistantes, nuisait beaucoup au maïs; aussi ne touche-t-on point aux chaumes de seigle pendant tout l'hiver.

*Époque des semailles et préparation de la semence.*

On sème ordinairement le maïs à la Saint-George, c'est-à-dire vers la fin d'avril : il y aurait de l'imprudence à semer plus tôt, à cause des gelées du mois de mai; plus tard, il est à craindre que la récolte ne mûrisse pas; il faut également tenir compte de la chaleur du sol et de l'atmosphère; car, si la semence reste longtemps en terre sans germer, elle pourrit ou devient la proie des souris ou des grillons. Nous autres Européens, nous suivons trop en aveugles le *Messager boiteux* de Strasbourg et de Francfort ou les autres calendriers. Les sauvages d'Amérique, souvent plus sages que nous, se gui-

(1) Quand je dis très-profonds, j'entends par cette expression ce qu'on désigne ainsi en Alsace ; ces labours profonds seraient à peine regardés comme des labours moyens dans les Pays-Bas.

( Note de l'auteur. )

dent sur le grand calendrier de la nature ; ils jugent, d'après la végétation de certaines plantes ou d'après le passage de certains poissons voyageurs, de l'époque à laquelle ils doivent planter leur maïs.

Comme il est évident qu'un grain parfaitement mûr et bien développé doit produire une plus belle tige qu'un grain chétif, je conseille à mes collègues et amis de l'Alsace, s'ils n'ont déjà l'habitude de le faire, de ne pas prendre indistinctement toute espèce de grains pour semence, mais de choisir les épis les plus mûrs, ceux dont les grains sont le plus serrés, et, parmi ceux-ci, les grains qui occupent le milieu de l'épi comme étant et mieux faits et plus mûrs que les autres. On a remarqué que les grains de maïs qui ne sont pas arrivés à une maturité parfaite pourrissent en terre lorsqu'il survient des pluies continues après la semaille.

Autant qu'il est à ma connaissance, on plante le maïs sans faire subir aucune préparation à la semence ; quelques cultivateurs, cependant, assurent s'être bien trouvés de laisser leurs semences dans l'eau pendant plusieurs heures et de les mêler ensuite avec du plâtre pulvérisé. Il est certain que quelques heures de macération ne suffisent pas pour ramollir, même tant soit peu, un grain aussi dur que celui du maïs. Cette pratique, néanmoins, offre cela de bon, qu'on peut facilement enlever les grains légers qui surnagent, et qu'au moyen de l'humidité le plâtre s'attache aux semences. J'ignore si ce dernier favorise la germination du maïs ; mais il le préserve, du moins, des attaques des taupes et des grillons (1). Sans nul doute, un plus long séjour dans l'eau hâterait la germination du maïs ; mais, pour que cette germination précoce soit utile, il faut un concours de circonstances que l'homme ne peut ni prévoir ni changer, je veux parler de l'état de l'atmosphère. On pourrait également semer de bonne heure si l'on voulait obtenir une prompte germination, et on le ferait certainement si l'on n'avait à craindre les gelées du mois de mai. Il n'y a que les partisans exagérés de la culture du maïs qui puissent avancer que la gelée ne fait aucun tort à cette plante; c'est là une erreur aussi grossière que préjudiciable. Le plus sûr moyen d'empêcher le maïs de lever avant le temps voulu par la nature, c'est de ne pas faire tremper la semence. Néanmoins, si l'on était en retard pour faire les semailles, il pourrait être avantageux de recourir à ce procédé ( j'entends ici une macération de plusieurs jours ); d'un autre côté, s'il survenait une sécheresse, cette pratique pourrait être nuisible, parce qu'alors le germe, ne trouvant pas d'humidité suffisante dans le sol, serait exposé à périr.

*Enfouissement de la semence.*

En Alsace, on enfouit la semence soit avec la charrue, soit avec la houe. Le labour doit être très-

(1) Parmentier dit qu'on emploie à cet effet, dans le Roussillon, les cendres de bois vert lessivées, et qu'on plonge ensuite les semences dans la fleur de soufre : on peut aussi se servir d'une décoction de coloquinte ou d'ellébore blanc.　　　　　( *Note de l'auteur.* )

superficiel ; on n'ensemence qu'une raie sur trois, de manière que les lignes soient à 3 pieds les unes des autres ; la distance des plantes dans les lignes est à peu près la même. On ne met pas la semence dans le fond du sillon, parce que les chevaux pourraient l'enfoncer trop avant ; on la pose contre la bande de terre nouvellement retournée. On met ordinairement quatre à six grains ensemble ; de cette manière, il faut 36 litres de semence par hectare.

On sème ordinairement des haricots entre les plants de maïs, et on les enfouit par le même labour; mais, comme ils peuvent supporter une couverture plus épaisse, on les place au fond du sillon. On sème les haricots par touffes de cinq à six graines, de manière que chaque touffe soit placée entre quatre tiges de maïs. Dans quelques endroits, on n'observe pas autant de régularité dans la semaille, mais aussi on fait moins bien ; on sème les haricots à la volée , et on les enfouit par le labour en même temps que le maïs.

Les haricots dont il s'agit ici sont des haricots nains qui n'atteignent pas plus d'un pied de hauteur et n'ont pas besoin de tuteurs. Je ne conseillerais pas de planter la grande espèce comme quelques-uns le font : celle-ci, à la vérité, grimpe après le maïs; mais, dans les années humides, elle retarde la maturité des épis.

Lorsque le champ est ensemencé en maïs et en haricots ainsi qu'il vient d'être dit, on sème encore à la volée environ 6 litres de chanvre par hectare,

et l'on herse ensuite le tout. D'autres sèment le
chanvre en même temps que les haricots, et ils
l'enterrent en enfouissant le maïs. On sait que le
chanvre n'est point avantageux au maïs; mais, n'importe, il suffit que le cultivateur y trouve son profit.
Nous indiquerons la cause de cet usage en traitant
de la culture du chanvre. Cette triple récolte épuise,
sans contredit, très-fortement le sol ; mais le tas de
fumier répare cet inconvénient. A Sultz, on utilise
encore davantage le champ de maïs ; outre les haricots, on y plante des choux blancs, des choux-raves
et d'autres légumes ; ce champ devient ainsi le jardin de l'année, voilà pourquoi on n'épargne ni
main-d'œuvre ni fumier : ce champ est cultivé avec
le plus grand soin.

Si le maïs doit être planté à la houe, ce qui a lieu
dans les terrains sablonneux et quelquefois aussi
dans les terres compactes, on ne herse pas le champ
après le dernier labour au printemps, afin que le
planteur puisse se guider sur les raies. Celui-ci fait
alors des trous sur ces raies ; leur distance est dé-
terminée simplement par la longueur qu'il peut atteindre avec son instrument en plaçant le pied sur
la dernière touffe qu'il a plantée. De cette manière,
les distances dans les lignes sont d'un bon pas, et
celles des lignes entre elles d'un pas et demi. Les
trous ont 3 à 4 pouces de profondeur; c'est là qu'on
met le fumier. Vient alors le planteur, qui pousse
avec son pied la terre ou plutôt le sable, des deux
côtés sur le fumier, et place la semence, non pas

immédiatement au-dessus du fumier, mais tout auprès : il achève l'opération en couvrant la graine d'un peu de terre avec son pied.

### Sarclage et buttage du maïs.

Le maïs a besoin d'être biné et butté de même que le tabac. Dès qu'il a atteint la longueur de la main, on lui donne un premier binage, et, lorsqu'il a 10 pouces de hauteur, on le bine une seconde fois. En même temps qu'on bine le maïs, on commence à le butter légèrement, et on enlève les plantes superflues, on n'en laisse qu'une seule ou deux tout au plus lorsque la distance est grande ; enfin, quand le maïs a atteint un pied de hauteur, on le butte pour la dernière fois. Cette opération a lieu, en général, à la Saint-Jean. A Hoerdt, dans une terre sablonneuse, on sarcle et l'on butte le maïs jusqu'à quatre fois ; on a soin de ne pas biner par un temps humide. Le buttage est absolument indispensable dans la culture du maïs ; il ne saurait être trop énergique, tant pour favoriser la végétation de la plante et la garantir contre l'humidité que pour la défendre contre les coups de vent.

On fait souvent cultiver le maïs à la tâche ; dans une terre sablonneuse comme celle de Hoerdt, on paye 4 fr. par arpent de 20 ares, ce qui fait 80 fr. pour les quatre cultures d'un hectare. Ces frais sont considérables ; mais il serait injuste de les mettre entièrement à la charge du maïs, puisque l'avantage qui en résulte se fait sentir pendant plusieurs années sur les récoltes suivantes. On peut les réduire de beaucoup dans une exploitation un peu étendue, quand on fait faire ces cultures au moyen de la houe à cheval et du buttoir, ainsi que cela se pratique pour les pommes de terre : elles seront tout aussi bien et peut-être même mieux exécutées. A cet effet, on n'aurait qu'un léger changement à apporter dans la plantation, et il faudrait se procurer une houe à cheval et un buttoir. Dans une exploitation où l'on ne cultiverait qu'un seul hectare de maïs, le prix de ces instruments serait remboursé après la première ou la seconde année, par l'économie dans la main-d'œuvre, et cela d'autant mieux, que les mêmes instruments peuvent être également utilisés dans la culture des pommes de terre et du colza.

La manière de planter le maïs dans ce but est la suivante : on espace les lignes à 3 pieds de distance comme à l'ordinaire, avec cette différence, cependant, que les grains seront placés à un demi-pied de distance dans les lignes. Comme il n'est pas nécessaire d'exécuter cette opération avec une grande exactitude, on peut, au lieu de déposer péniblement la semence en terre, la jeter avec quelque précaution dans la raie : le semoir serait encore préférable si l'on en avait un à sa disposition. L'intervalle des lignes est alors biné avec la houe à cheval au lieu d'être sarclé à la main. Quand les plantes ont 8 à 10 pouces de hauteur, on arrache les pieds superflus, de telle sorte qu'il y ait 24 pouces de distance entre les plantes qui restent (1). Le buttage s'effectue en deux ou trois fois mieux et plus parfaitement avec le buttoir ou avec une charrue à double versoir qu'avec la houe à main ; ainsi le maïs, au lieu d'être placé sur des buttes isolées, occupe le sommet de longues crêtes qui s'étendent d'un bout du champ à l'autre. Je ne recommande cependant cette pratique que pour des pièces longues et étroites ou de la largeur ordinaire ; la méthode suivante est préférable pour des pièces carrées ou d'une grande largeur. Après avoir labouré et hersé le champ avec soin, on tire, avec une charrue sans versoir ou à versoir très-étroit, des raies très-peu profondes, à 3, et mieux encore à 4 pieds de distance l'une de l'autre ; on croise celles-ci par d'autres raies tirées en travers et à la même distance. A chaque point où ces raies se couperont, on plantera quatre ou cinq grains de maïs, qu'on couvrira d'un peu de terre et qu'on pressera légèrement avec le pied. De cette manière, on pourra faire passer les instruments dans tous les

(1) Je ne conseillerai jamais de mettre les lignes à 2 pieds et les plantes à 15 ou 18 pouces dans les lignes, comme l'indique Thaër ; car, outre qu'il serait très-difficile de cultiver le maïs à des distances aussi rapprochées, il ne mûrirait pas dans les années humides et épuiserait trop le sol, comme on en a fait l'expérience en Italie. On se priverait ainsi d'une partie des avantages qu'on se propose, en cultivant le maïs ; ce ne serait plus une récolte préparatoire pour le blé, et le proverbe qui dit que les semailles épaisses produisent de petites récoltes se trouverait vérifié. On pourrait cependant, pour se procurer une plus grande quantité de fourrage, mais en conservant toujours la distance de trois pieds entre les lignes, laisser monter jusqu'à un pied et demi les tiges intermédiaires avant de les arracher.

*(Note de l'auteur.)*

sens, et les cultures seront faites avec une grande perfection. Chaque butte de maïs pourra être isolée comme dans la culture à la main, mais on n'y laissera que deux tiges au plus. On ne peut intercaler ici ni haricots ni chanvre, attendu qu'il est impossible de les ménager autant avec des instruments conduits par des chevaux qu'avec la houe à main ; mais le maïs donnera une récolte plus abondante, plus sûre et moins dispendieuse, et la terre recevra, en outre, la meilleure culture qu'on puisse lui appliquer.

### Ébranchage et étêtement du maïs.

Le maïs émet près de terre des rejets latéraux qui produisent rarement des épis ou n'en donnent que de petits. S'ils ne privent pas la tige principale de sa force, ils épuisent certainement davantage le sol, aussi doit-on les arracher : ils forment un excellent fourrage pour le bétail. On ne laisse, en général, que deux épis à la tige principale, les autres sont enlevés en même temps que les pousses latérales. On peut, avec le produit de cet ébranchage, préparer un sirop excellent, meilleur même que celui qu'on obtient avec les betteraves.

Lorsque les pistils commencent à se flétrir, la fécondation est terminée, la sommité des tiges devient alors inutile ; c'est pourquoi on est dans l'usage de couper la tige un peu au-dessus de l'épi le plus élevé, en ayant soin cependant de ménager encore une feuille au-dessus de l'épi : cette opération se nomme *étêtement*.

Les cultivateurs alsaciens sont partagés d'avis sur l'utilité de cette opération. Les uns prétendent qu'il vaut mieux ne pas retrancher ces sommités, les autres soutiennent que l'on hâte ainsi la maturité de la plante, voilà pourquoi ils ont recours à ce procédé toutes les fois que l'année est retardée. Il est certain que par suite de cette blessure, la végétation de la plante est arrêtée, la circulation de la séve se trouve ralentie, les vaisseaux s'obstruent, et l'absence ou le non-renouvellement de la séve détermine une dessiccation plus prompte dans le fruit. Il en résulte une diminution notable dans le volume des grains, mais il vaut mieux avoir une récolte moindre, mais en bon état, qu'une récolte plus considérable en mauvais état. Il peut en être autrement dans les pays chauds, mais en Alsace, où le maïs ne vient pas toujours à maturité, je regarde l'étêtement comme utile. Dans tous les cas, la diminution dans la récolte en grains est bien compensée par la supériorité de ces sommités vertes, comme fourrage, sur des sommités sèches.

Le maïs est sujet ici à deux maladies : la première est la nielle, excroissance monstrueuse qui détruit parfois l'épi tout entier, elle est plus commune dans les années favorables au maïs que dans les mauvaises; comme elle n'attaque que quelques pieds, le mal n'est pas grand; le ver qui détruit souvent la moitié de la récolte est bien autrement nuisible; il attaque non-seulement l'épi, mais encore la tige qui le supporte, au point de la faire plier sous le poids de l'épi : celui-ci s'incline alors comme s'il était brisé.

## *Récolte.*

La récolte du maïs en Alsace a lieu à la Saint-Michel et quelquefois seulement vers la fin d'octobre. Il est facile de reconnaître le moment de la maturité ; les tuniques qui enveloppent l'épi deviennent blanches à leur extrémité, elles s'entr'ouvrent et laissent apercevoir le grain. Mais, si le froid survient avant cette époque, il faut récolter le maïs mûr ou non ; les feuilles se flétrissent, les grains se racornissent, et il n'y a plus à espérer de le voir mûrir davantage.

Comme les gelées des nuits d'automne se font sentir dans les situations basses plus fréquemment qu'ailleurs, il ne serait pas prudent chez nous de planter du maïs dans ces localités ; sans cet inconvénient, le maïs serait peut-être la plante la plus propre à être cultivée dans les marais et les étangs desséchés, où les grains ont coutume de verser.

On coupe les tiges près de terre avec la faucille ; on les transporte de suite à la ferme pour les dépouiller de leurs épis, et on les expose à l'air libre pour les faire sécher. Quelques cultivateurs, cependant, cueillent les épis pendant que les tiges sont encore sur pied ; celles-ci sont ensuite arrachées, mises en tas les unes contre les autres, et elles restent ainsi en plein air jusqu'à l'hiver.

*Mode de conservation et égrenage des épis.*

Le maïs, plus que toute autre espèce de grain, est sujet à s'échauffer ; ses grains, très-serrés les uns contre les autres, et les tuniques qui enveloppent l'épi, sont autant de causes qui rendent sa dessiccation très-difficile, alors même qu'il est parvenu à une maturité parfaite. Aussi, la première chose à faire dès que le maïs est rentré, c'est de le débarrasser de ses enveloppes ; mais, même dans cet état, l'épi ne peut être égrené, il faut que par une plus longue évaporation les grains aient perdu de leur volume.

Afin de les amener à cet état de siccité et de les conserver jusqu'au moment où l'on pourra s'en occuper sans nuire à d'autres travaux, on emploie, en Alsace, le procédé bien connu qui consiste à attacher plusieurs épis ensemble et à les suspendre sous des avances de toits ou sous des portes, en un mot, partout où ils peuvent être exposés à des courants d'air sans recevoir la pluie. Dans ce but, on relève les enveloppes qu'on a laissées après les épis, on les attache au moyen d'une ficelle et on les suspend à des perches ou à des clous par paquets composés de huit, dix ou douze épis réunis ensemble. C'est peut-être là la meilleure et la plus ancienne méthode de sécher le maïs ; c'est celle qui est usitée chez les sauvages de l'Amérique, d'où elle nous a été apportée par les Espagnols.

Mais lorsqu'on cultive le maïs en grand, ce procédé est non-seulement embarrassant, mais souvent encore impraticable ; aussi a-t-on adopté une autre méthode dans les colonies anglaises de l'Amérique. On construit en plein air, à proximité des habitations, de petits bâtiments qui, au lieu de murs solides, sont garnis de lattes ou simplement de perches. Ces dernières sont rapprochées les unes des autres de telle sorte qu'aucun épi ne puisse passer dans les intervalles. On peut, au besoin ou à volonté, donner aux bâtiments la hauteur et la longueur qu'on désire. Ceux des colons anglais ont ordinairement 17 à 18 pieds de long, mais leur largeur ne doit pas dépasser 2 ou 3 pieds ; s'ils étaient plus larges, l'air ne pourrait pas circuler librement à travers les épis, et le but qu'on se propose serait manqué. Le toit, composé de quelques planches posées les unes sur les autres, doit pouvoir s'ouvrir ou s'enlever pour recevoir les épis de maïs. Le plancher, également en lattes, se trouve à 3 pieds au-dessus du sol, autant pour que le tout soit plus exposé à l'air que pour préserver la récolte des rats et des souris. Cette élévation seule ne suffit pas cependant pour défendre le maïs contre les animaux, si l'on n'adapte pas à chaque pilier qui touche le sol, à 1 pied environ du plancher et horizontalement, des plateaux ronds en fonte, ou en tôle ou en bois, recouverts, en dessous, de fer-blanc mince. Il est nécessaire que ces plateaux débordent, afin que les rats ne puissent pas y atteindre. Il faut avoir soin de clouer les lattes en dedans du magasin et non à l'extérieur ; autrement, le poids de la récolte pourrait, plus tard, les faire sauter. Si l'on veut s'épargner la dépense de quelques portes nécessaires au bas du bâtiment pour extraire le maïs, on peut clouer, à l'extérieur, les lattes du plancher, afin de les enlever à volonté et de pouvoir arriver au maïs quand on veut l'égrener (1).

Si le maïs n'est pas mûr au temps de la récolte, il est très-difficile de le conserver et il a peu de valeur; ce qu'on peut faire de mieux, en pareil cas, c'est, quand on peut en rentrer une partie, de le couper avec le coupe-racines et de le donner au bétail; mais, si on en a une quantité trop considérable, il faut tâcher de le sécher au feu, ainsi que nous l'indiquerons tout à l'heure.

Dans les grandes exploitations, on peut, sans contredit, battre le maïs au fléau; mais, dans la petite culture, on l'égrène à la main; cette opération s'exécute avec moins de peine et plus vite qu'on ne pourrait le croire. Les uns frottent deux épis l'un contre l'autre; les autres, et c'est le plus grand nombre, se servent d'un fer ou d'une vieille lame de couteau qu'ils attachent en long avec le tranchant à l'extrémité supérieure d'un banc, de sorte que le dos du couteau dépasse le bois d'un demi-pouce; les domestiques sont occupés à cet ouvrage pendant l'hiver; deux personnes peuvent expédier un hectolitre en deux heures.

(1) Les cages hongroises ont vraisemblablement beaucoup de ressemblance avec les bâtiments décrits ici.    (*Note de l'auteur.*)

## Rendement, valeur et emploi du maïs.

Le rendement du maïs varie, en Alsace, entre 2 et 8 hectolitres par arpent de 20 ares; on en a quelquefois récolté 10 hectolitres et même davantage, ainsi la moyenne serait de 29 hectolitres par hectare : le rendement du maïs est donc le même que celui de l'orge (1), le maïs vaut un cinquième de plus que l'orge; d'autres le regardent comme égal en valeur aux féveroles, et, quoiqu'il souffre souvent du froid, son produit est plus certain que celui de ces dernières. De plus, un arpent de 20 ares en maïs, quand on n'y sème pas de chanvre, peut produire, en outre, plus d'un hectolitre de haricots blancs, qui ont autant de valeur que le blé; le produit d'un arpent de 20 ares, en maïs, est donc, à son produit en orge, comme 7 est à 5, c'est-à-dire que 5 arpents de maïs

(1) M. Andrieu, qui cultive le maïs en grand depuis trente et un ans, a récolté, dans vingt de ces trente et une années, 27 à 30 hectolitres par hectare; pendant neuf ans, 18 hectolitres ; il n'y eut qu'une seule année où la récolte manqua entièrement, mais ce fut par sa faute. Le produit moyen, dans ces trente et un ans, serait donc de 25 hectolitres et un sixième. La terre que cultive M. Andrieu est située à neuf lieues au sud de Paris ; le sol en est sec et composé d'une argile sablonneuse, n'ayant pas beaucoup de fond, et reposant sur un sous-sol imperméable. Il est remarquable que, d'après ce qu'il écrit à Parmentier, il ne fait herser que lorsque le maïs est hors de terre. Il paraît donc, d'après cela, que le hersage ne nuit pas aux jeunes plantes de maïs, il serait même très-utile et très-économique, en ce sens qu'il remplacerait un binage. Aussi ne fait-il biner que lorsque la plante a atteint un pied de hauteur; le buttage a lieu immédiatement avant l'époque de la récolte du seigle. Il emploie 4 à 5 décalitres de semence par hectare. Avant de commencer l'égrenage, il fait enlever une bonne partie des têtes des épis destinés à la reproduction : par ce moyen, il est sûr d'avoir une belle semence. ( *Note de l'auteur.* )

produisent autant que 7 arpents d'orge, et le fourrage que produit le maïs vaut au moins la paille d'orge. C'est donc à tort que les cultivateurs alsaciens, qui suivent l'assolement triennal, regardent le maïs comme trop peu productif pour leurs terres de première classe, puisqu'ils trouvent que l'orge et les féveroles sont dignes d'y figurer ; à la vérité, le maïs exige plus de façons que l'orge, mais aussi il laisse la terre parfaitement nette, tandis qu'on est souvent obligé de remédier au mal produit par la culture de l'orge. Du reste, je le répète, on aurait tort de mettre uniquement à la charge du maïs des cultures qui doivent agir pendant plusieurs années et sur plusieurs récoltes.

On fait rarement usage ici du maïs pour la nourriture de l'homme; on l'emploie exclusivement pour la nourriture des bestiaux, et surtout pour celle des porcs. D'après les cultivateurs alsaciens, c'est ce qu'on peut employer de mieux pour l'engraissement de ces animaux. Le maïs offre cet avantage, que les porcs ne s'en dégoûtent jamais, ce qui a lieu quelquefois pour les féveroles. Mais, quant à l'engraissement des bœufs, on prétend que le maïs n'est pas aussi avantageux, du moins lorsqu'on n'engraisse pas ces animaux pour sa propre consommation, parce que, ses effets n'étant pas assez visibles à l'extérieur, l'acheteur ne prise pas assez la bête qu'on a engraissée par ce moyen. Dans quelques endroits de l'Alsace, on le donne aussi aux chevaux en guise d'orge et d'avoine.

On pense généralement que le maïs qui a essuyé quelques gelées vaut mieux que le maïs frais ; il n'y a que les épis qu'on veut réserver pour semence qu'on n'expose pas au grand froid.

On regarde les enveloppes extérieures de l'épi comme un meilleur fourrage pour les vaches que le regain des prés. Les enveloppes intérieures sont recueillies avec soin, elles servent à faire de bons lits pour les domestiques. Tout ce qui provient du maïs, quelque sec qu'il soit, est agréable au bétail ; on le lui sert, l'hiver, dans les râteliers, soit entier, soit coupé avec le hache-paille et mêlé avec des pommes de terre découpées. Les cultivateurs qui ont suffisamment de fourrage emploient les tiges de maïs uniquement comme litière, ou les brûlent lorsque le bois leur manque.

*Emploi du maïs pour la nourriture des hommes* (1).

L'exemple de l'Amérique, de l'Italie, de l'Espagne et d'une grande partie de la France prouve que le maïs peut fournir une nourriture aussi saine qu'agréable ; mais quoiqu'il puisse être converti en pain, en y ajoutant une forte proportion de blé, il semble préférable de l'employer à d'autres usages culi-

---

(1) L'emploi du maïs pour la nourriture des hommes n'étant pas connu chez nous, tandis que des nations entières en font leur principale nourriture, mes concitoyens me remercieront peut-être de leur indiquer ici la préparation de quelques mets et de consacrer ce petit paragraphe à leur économie domestique. Comme je n'ai, par moi-même, aucune expérience à cet égard, j'emprunte tous mes renseignements à M. Parmentier. ( *Note de l'auteur.* )

naires, notamment pour la préparation des soupes
et des pâtes que les Français nomment *gaudes* et les
Italiens *polenta;* aussi nous contenterons-nous de
décrire ces deux mets.

En Bourgogne et en Franche-Comté, on fait sécher au four le maïs destiné à la nourriture des
hommes ou qu'on veut conserver longtemps en tas.
Par ce moyen, il est vrai, le maïs ne peut plus être
converti en pain, en y ajoutant d'autres grains, mais
il acquiert une saveur agréable que n'a point le
maïs des provinces méridionales; pour la préparation des mets et surtout pour faire des soupes, des
gaudes et des *polenta*, il l'emporte sur la farine
de toute autre espèce de grain. La farine du maïs
grillé est à celle du maïs qui ne l'a point été, comme
le café brûlé est à celui qui ne l'est point; aussi n'y
a-t-il que les pauvres gens qui manquent de bois qui
ne fassent pas griller leur maïs; la manière dont on
s'y prend est la suivante :

On chauffe le four un peu plus que pour du pain
de ménage, on l'époussète et on y introduit ensuite
les épis de maïs privés de leurs enveloppes. Au bout
d'une heure, on ouvre le four et on retourne les
épis avec une pelle de fer, de manière que ceux qui
étaient dessous se trouvent dessus; si on a de la
braise ardente à sa disposition, on la place à l'entrée
du four et on referme celui-ci. Quelques heures
après, on retourne de nouveau les épis et on referme
encore le four. Il faut vingt-quatre heures pour que
le maïs soit complétement desséché. En suivant le

procédé ci-dessus indiqué, on ne doit pas craindre de chauffer trop fort le four, parce que l'évaporation des nombreux épis de maïs qu'on y introduit en tempère promptement la chaleur. Il est bon d'égrener de suite le maïs à sa sortie du four, parce qu'alors cette opération s'effectue sans difficulté. On a essayé également d'égrener d'abord les épis de maïs avant de les mettre au four, mais on ne s'est pas bien trouvé de ce procédé.

On distingue, sous le nom de gaudes, la farine du maïs séché au four, d'avec celle provenant du maïs qui ne l'a point été, bien que cette dénomination ne s'applique, à proprement parler, qu'à la bouillie faite avec cette farine. Les gaudes forment, dans les deux provinces ci-dessus désignées, la principale nourriture d'hiver du paysan; elles composent son déjeuner de chaque jour, et aucun domestique ne voudrait servir dans une maison où on les lui supprimerait. Ce mets, pour être bien confectionné, doit être préparé avec un quart de farine et trois quarts de lait; on remplace assez souvent une partie du lait par de l'eau. La farine se délaye à froid et avec soin; on la porte alors sur un feu doux et on la laisse cuire pendant une demi-heure. La gaude est alors à point; quelques moments avant de la retirer du feu, on y met un peu de sel.

La préparation des *polenta*, en Italie, offre quelque ressemblance avec celle des gaudes. Pour 4 livres de farine de maïs, on prend 3 ou 4 pintes d'eau. Lorsque l'eau est bouillante, on y jette 2 ou 3 onces de sel, et l'on y met ensuite la farine de maïs, en ayant soin de remuer constamment avec une cuiller de bois, même après qu'on a versé toute la farine dans le vase : celle-ci ne tarde pas à s'épaissir et à s'attacher au fond du vase ; on prend alors la cuiller de bois à deux mains et l'on remue fortement ; au bout d'un quart d'heure environ, la polenta est achevée. Comme elle est très-épaisse et très-lourde, on ne la sert point dans un plat ainsi que la gaude ; on la verse sur la nappe qui couvre la table, et les domestiques se rangent autour pour en prendre leur part. Le peuple aime beaucoup la polenta ; on la vend sur le marché par morceaux d'une livre.

Pour rendre la polenta plus délicate et telle que l'aime la classe aisée, on la coupe par tranches ex-trèmement minces ; on la met ensuite par couches sur un plat avec du parmesan râpé et un peu de beurre et l'on saupoudre le tout avec du poivre, de la cannelle et du girofle : les Marylandais, amateurs bien connus de ce mets, y ajoutent encore de la ge-lée, du foie d'oie et des truffes.

On peut encore préparer un mets très-délicat avec les épis qu'on a enlevés de bonne heure, afin de faire profiter davantage les épis principaux ; il suffit d'enlever les grains de ces petits épis, de les fendre ensuite dans le sens de leur longueur et de les faire frire comme on le fait pour les artichauts.

On peut également confire les petits épis dans du vinaigre, ainsi qu'on le fait pour les cornichons. On commence par enlever les enveloppes, on les essuie avec un linge, on les plonge dans de l'eau froide et ensuite dans de l'eau bouillante, où on les laisse jusqu'à ce qu'ils soient ramollis, mais sans qu'ils aient perdu pour cela leur fermeté et qu'ils aient cessé de croquer sous la dent. Cette opération préliminaire terminée, on les met dans du vinaigre blanc; on introduit dans le bocal du sel, du poivre et un peu d'estragon; on soumet ensuite le maïs au feu et on l'y laisse jusqu'à ce que le vinaigre commence à bouillir. On retire alors le maïs du feu, on le met dans un vase et l'on verse le vinaigre après qu'il s'est refroidi.

Celui qui veut se livrer en grand à ce genre d'industrie, comme cela a lieu dans certaines localités, doit semer le maïs très-dru, afin que les épis ne deviennent pas plus gros que le petit doigt : la récolte ne laissera pas que d'être avantageuse, et cela d'autant plus qu'elle fournit en même temps une masse considérable de fourrage pour la nourriture d'automne (1).

## CULTURE DES LÉGUMINEUSES.

### 1. FÉVEROLES.

Cette récolte-jachère, dans une bonne exploitation, l'emporte, pour le sol argileux, sur toutes les autres légumineuses; sa réussite rend faciles le sarclage et les autres cultures qu'exige une jachère bien traitée.

(1) Thaër fait un grand éloge d'un traité spécial sur la culture et l'emploi du maïs par le docteur Bürger ; les circonstances fâcheuses dans lesquelles j'écris cet ouvrage ne me permettent pas de me procurer ce traité.　　　　　　　　(*Note de l'auteur.*)

Par ses racines vigoureuses, elle divise la terre trop compacte et l'expose aux influences de l'atmosphère. Les féveroles bien cultivées sont une des meilleures préparations pour le blé, et comme elles ne sont guère propres à la nourriture des hommes, le sol se trouve d'autant mieux de leur culture qu'on les fait consommer à l'étable et qu'elles rendent à la terre plus d'engrais qu'elles ne lui en ont emprunté.

En Alsace, on cultive les féveroles sur une assez grande échelle ; elles sont, ainsi que nous l'avons vu, la base des assolements du Kochersberg. Dans certaines localités, elles occupent environ la sixième partie du sol. Comme elles fournissent pour les chevaux un excellent fourrage préférable même à l'avoine, leur culture doit être prise d'autant plus en considération, que l'avoine ne peut servir de préparation à aucun autre grain, si ce n'est chez les cultivateurs ignorants qui épuisent leur terre, en l'infestant de mauvaises herbes.

On sème rarement ici les féveroles à la volée, on suit partout la culture en lignes, ce qui facilite singulièrement les binages. Nulle part, je dois le dire à l'honneur des Alsaciens, je n'ai rencontré de féveroles qui ne fussent pas binées.

Le champ destiné à porter des féveroles est ordinairement labouré avant l'hiver ; aussi ne donne-t-on point d'autre façon à la terre au printemps (1).

(1) La meilleure manière de préparer la terre argileuse pour les féveroles consiste à donner, avant l'hiver, un labour profond au sol, et à y faire passer l'extirpateur au printemps ; la terre alors se trouve parfaitement ameublie. (*Note du traducteur.*)

On sème aussitôt que possible, souvent en février; cette règle est généralement suivie; quoiqu'il y ait des années où les féveroles semées tard réussissent très-bien et où elles rendent, en général, plus de paille, l'expérience, cependant, indique qu'il vaut mieux semer de bonne heure; on aime qu'elles fleurissent avant les grandes chaleurs, parce qu'une floraison lente, pendant un temps un peu frais, leur est profitable.

On ne fume pas toujours pour les féveroles; mais il me semble que de cette manière le but de leur culture, comme récolte-jachère, est manqué. Le fumier appliqué aux récoltes-jachères n'est pas perdu pour les grains, et, par cela même qu'il agit sur le sol dans l'année de jachère, il fait lever les mauvaises herbes qui s'y trouvent ou qui y ont été apportées par le fumier. Cette mauvaise herbe est détruite par le sarclage, et le champ demeure net. Du reste, le fumier frais produit d'excellents effets sur les récoltes-jachères; or, plus les récoltes qu'on obtient sont considérables, plus la masse de fumier s'augmente au profit de l'exploitation, plus enfin la terre devient meuble. Le fumier peut nuire quelquefois, à l'époque de la formation du grain, à des féveroles semées très-dru et à la volée dans un bon sol, mais jamais à celles qui se trouvent convenablement espacées ou qui ont été semées en lignes. On prend autant de semence que pour l'orge, c'est-à-dire 338 litres par hectare; cette quantité de semence s'accorde parfaitement avec celle qu'on emploie dans les Pays-Bas, soit qu'on sarcle les féveroles comme dans le Brabant, soit qu'on ne le fasse pas, comme dans le Maas. La proportion qu'indique Thaër dans ses principes d'économie rurale me semble beaucoup trop faible pour un bon terrain et nullement à suivre lorsqu'on veut récolter autre chose que de la paille.

Dans certaines localités où l'on sème les féveroles à la volée, on les répand sur les chaumes non labourés et on les enfouit ensuite avec le fumier quand on fume. Lorsqu'on les sème en lignes, on les répand à la main dans les sillons; on n'ensemence que de deux raies l'une, de manière que les féveroles ne soient guère espacées qu'à la distance d'un pied : on égalise ensuite le terrain par un coup de herse.

Dès que les féveroles sont levées, on leur donne un second hersage; quinze jours après, on bine et l'on répète encore cette opération au bout de quinze jours; on s'arrange de manière que le dernier binage soit donné immédiatement avant la floraison et l'on butte en même temps les féveroles. On a soin de ne pas entrer dans le champ pendant la floraison. Dans quelques endroits, on se dispense même de donner le premier binage lorsque le champ a été bien hersé et qu'il est net de mauvaises herbes. L'expérience prouve que le hersage, quelque énergique qu'il soit, ne fait aucun tort aux féveroles; elles ne tardent pas à se remettre, alors même que les dents de l'instrument les ont atteintes.

Indépendamment du miellat et de la rouille auxquels les féveroles sont sujettes ici, de même que partout, elles ont encore parmi les mauvaises herbes un ennemi redoutable qui grimpe après leur tige et enveloppe toute leur surface, c'est la cuscute d'Europe (*cuscuta europæa*, Linn.), appelée ici drossel, et qu'il ne faut pas confondre avec l'orobanche majeure, comme je l'ai fait dans le 3ᵉ volume de mon traité sur l'agriculture belge : je ferai connaître cette dernière plante en parlant de la culture du tabac (1). Quel que soit, au reste, l'ennemi qu'on ait à combattre, si l'on a à craindre que les féveroles viennent à manquer, on n'hésite pas, dit Thaër, dans les pays où l'on connait la valeur du sol, à les retourner, parce qu'une mauvaise récolte de féveroles ne saurait remplacer la récolte de blé qui vient à manquer l'année suivante. Il est généralement reconnu, en effet, qu'il n'y a que les féveroles bien réussies (il en est de même pour toutes les légumineuses) qui soient une bonne préparation pour le blé, tandis que cette céréale manque presque toujours après des récoltes mal réussies.

On ne laisse pas les féveroles venir à une maturité complète, parce qu'alors elles deviennent tachetées.

(1) L'auteur ne parle point ici d'un autre ennemi non moins redoutable pour les féveroles, ce sont les pucerons. Le seul moyen d'arrêter leurs ravages est de couper avec une faucille la sommité des plantes. Cette opération, impraticable toutes les fois que les féveroles sont semées à la volée, s'exécute avec facilité dans la culture en lignes. Le moment le plus favorable pour l'effectuer est celui où les gousses ont acquis déjà une certaine grosseur ; mais, si la récolte était fortement attaquée par les pucerons, il ne faudrait pas hésiter à couper plus tôt les têtes des féveroles. Cette opération offre encore cet avantage, qu'il se noue un plus grand nombre de fruits et que ceux-ci mûrissent de meilleure heure. (*Note du traducteur.*)

Elles mûrissent très-bien en javelles ; on arrache les tiges ou bien on les coupe près de terre. Lorsqu'on craint qu'une partie de la récolte ne s'égrène par le faucillage, on exécute cette opération à la rosée. Les tiges sont placées de suite sur des liens de paille et on en forme des bottes trois ou quatre jours après la récolte. Ces bottes sont réunies au nombre de dix et plus les unes auprès des autres, et on les laisse ainsi sur le sol pendant plusieurs semaines.

En Alsace, on porte, en moyenne, le rendement des féveroles à 23 hectolitres par hectare, et on les regarde comme équivalant à une récolte d'orge. L'orge étant d'un usage plus répandu que les féveroles, le point de vue commercial peut être pris en considération ; mais, si on considère leur emploi comme nourriture pour les chevaux soumis à des travaux pénibles, les féveroles l'emportent de beaucoup sur l'orge. D'après Thaër, l'orge contient 67 et demi pour 100 de parties nutritives; or l'hectolitre pesant 132 liv. ne donnera que 86 liv. de matières nutritives. Les féveroles, au contraire, contenant 176 pour 100 de matières nutritives, et l'hectolitre pesant 198 liv., nous aurons ainsi 138 liv. de matières nutritives, c'est-à-dire un tiers de plus que dans un hectolitre d'orge. Un bon père de famille gagnera de la sorte un sac d'orge sur deux en vendant cette céréale pour acheter, avec cet argent, deux sacs de féveroles. C'est, du reste, une erreur de croire que les féveroles ne sont pas bonnes pour les chevaux. Cela peut être vrai pour de jeunes chevaux ou pour des chevaux de luxe; mais, quant aux chevaux qui exécutent de forts travaux, l'expérience prouve tout le contraire. On emploie encore, en Alsace, les féveroles pour la nourriture et l'engraissement des porcs, elles forment même la nourriture exclusive de ces animaux; elles équivalent à une quantité double d'avoine : on s'en sert dans les Pays-Bas pour engraisser les bêtes à laine. M. Bodmer, à Meistratzheim, regarde les féveroles comme une nourriture fort avantageuse pour les vaches laitières; il estime qu'une mesure (pas même un demi-minot) représente trois paniers de betteraves; aussi cherche-t-il à vendre ces racines pour se procurer de l'argent afin d'acheter des féveroles.

La paille des féveroles est également employée comme fourrage pour les chevaux, mais on ne l'estime guère sous ce rapport. Quelques cultivateurs croient que les vaches et les juments qui en mangent beaucoup sont sujettes à l'avortement : on s'en sert aussi pour faire du feu; les pauvres gens les achètent pour cet usage, la botte leur coûte 3 sous. On fait grand cas des gousses de féveroles, tellement même, qu'on les préfère aux balles de blé ; on les mélange aussi avec ces dernières et on les donne ainsi aux chevaux.

Les féveroles, en Alsace, passent pour une plante peu épuisante; aussi ne fume-t-on pas fortement le blé qui leur succède, même lorsqu'elles n'ont pas été fumées, parce qu'autrement il est exposé à verser. Le blé réussit parfaitement après les féveroles ;

mais l'orge qui suit ce blé éprouve un déficit considérable. C'est encore là une leçon pour nos compatriotes qui suivent l'assolement triennal ; quand donc mettront-ils à profit leur propre expérience ainsi que le résultat de leurs observations, et adopteront-ils un meilleur système ?

Enfin, pour compléter cet article sur les féveroles, je dirai, avec Thaër, que les féveroles réussissent encore sur un pré rompu. Lors même qu'on les sème sur un pré nouvellement retourné et qu'on les enfouit pêle-mêle, avec le gazon, elles se frayent aisément un passage à travers les couches de terre et préparent très-bien le sol pour la culture des grains.

## 2. HARICOTS NAINS.

Les haricots nains ou haricots blancs méritent certainement d'être cultivés en plein champ. Je comprends, sous ce nom, les espèces qui restent basses et qui n'ont pas besoin d'être ramées. Ils n'exigent pas plus de travail que beaucoup d'autres plantes adoptées par l'agriculture, telles, par exemple, que le maïs, les navets, les pommes de terre. Ces haricots sont cultivés depuis longtemps en Alsace par les cultivateurs ordinaires, ils en sont dignes sous tous les rapports.

Le haricot nain se laisse parfaitement intercaler parmi les plantes qui doivent être placées à une certaine distance entre elles et qui ne couvrent pas entièrement le sol, comme le maïs, l'œillette, les choux ; la végétation de ces plantes ne nuit point aux haricots, qui se contentent du peu de place qu'on leur accorde et qui serait perdu sans cela. J'en ai vu qui, placés parmi les topinambours et dans un sable extrêmement pauvre, ne laissaient pas apercevoir le sol, tant leur végétation était vigoureuse.

Les haricots, semés seuls en plein champ et bien traités, payent bien les soins qu'on leur donne; leur rendement est plus sûr et plus considérable en moyenne que celui des féveroles, et ils ont, de plus, le double de valeur : ces avantages les rendent donc tout à fait dignes de la grande culture. La manière dont on les cultive en grand est la suivante :

Le premier labour se donne avant l'hiver; à la fin de mars ou au commencement d'avril, on donne un second labour; on laboure une troisième fois vers le milieu d'avril, puis ensuite on roule. Il n'est pas nécessaire de fumer. Enfin, à la fin d'avril, on donne le labour de semaille et on enfouit en même temps la semence. On a soin, pour ce dernier labour, que les bandes de terre ne soient pas trop renversées les unes sur les autres : il se forme alors des sillons étroits entre les bandes; l'on y répand, en marchant, six ou sept haricots par chaque petit pas, et l'on presse la semence avec le pied. Les lignes sont à un pied les unes des autres, les haricots y sont placés à un pied et demi de distance; ils sont encore plus rapprochés dans certaines localités : lorsque la plantation est terminée, on fait passer la herse et le rouleau sur le sol.

Dès que les haricots ont poussé quelques feuilles,

on leur donne un premier binage avec une houe large, et plus tard on leur en donne un second avec une houe plus étroite, et on les butte en même temps.

La récolte a lieu à la rosée; on laisse les haricots javeler pendant plusieurs jours sur le sol, et on ne les rentre que lorsqu'ils sont bien secs ; on garnit l'intérieur de la voiture d'une toile, afin d'empêcher qu'ils ne s'égrènent en chemin. En général, on bat les haricots aussitôt qu'ils sont rentrés. On sème dans la proportion de 145 litres par hectare; le rendement ordinaire est de 29 hectolitres par hectare (quelquefois, cependant, il s'élève jusqu'à 40 hectolitres). Les haricots ont une valeur égale à celle du blé ; aussi fait-on autant de cas d'une pièce de haricots que d'une pièce de blé; la paille de ce dernier a cependant plus de valeur : il n'en est pas de même pour l'orge ; la paille de haricots, y compris les gousses, est plus estimée; on la regarde comme une excellente provende d'hiver pour les vaches et les moutons. Chaque botte de paille est coupée en deux parties avec le hache-paille ou avec une vieille faux placée horizontalement : on la donne au bétail soit pure, soit mélangée avec du foin ou de la paille d'orge.

### 3. POIS ET VESCES.

Je comprends ces deux plantes dans un même article, n'ayant eu que rarement l'occasion d'observer leur culture en Alsace.

## Pois.

Les habitants de Hoerdt cultivent les pois dans leur sol rouge et léger, avec ce soin remarquable qu'ils ont coutume d'apporter à toute espèce de culture. Leur assolement est biennal, comme nous l'avons déjà dit; les pois sont cultivés ainsi qu'il suit :

On ne déchaume point avant l'hiver; un seul labour, donné au printemps, sert à enfouir la semence; le sol n'est pas fumé et ne reçoit pas d'autre façon. Dès que les pois ont 2 pouces de hauteur, on les herse; lorsqu'ils ont atteint 4 pouces, on leur donne un premier binage; le second binage a lieu avant que les plantes se joignent entre elles. Le fer de l'instrument n'a pas plus de 2 pouces de large sur un pouce et demi de haut. On laboure le terrain aussitôt que les pois sont récoltés, et l'on y sème du colza qu'on enterre à la herse et qu'on enfouit plus tard comme fumure verte pour le seigle qui vient après. Dans une pièce de pois considérable, il serait bien difficile de biner ainsi qu'on le fait à Hoerdt, mais rien n'empêche qu'on ne puisse herser dans toutes les localités; cette opération est très-favorable aux pois, elle offre, en outre, l'avantage de détruire les mauvaises herbes. D'après Schrœder, l'époque la plus favorable pour les semailles de pois et de lentilles serait la mi-avril.

J'ai vu rarement ici semer ensemble les pois et les féveroles, bien que ce mélange ait lieu souvent dans d'autres pays.

Si la récolte de pois paraissait ne pas devoir être belle, on ne saurait mieux faire que de la faucher lorsqu'elle est en pleine fleur, pour la faire consommer par les vaches. Je ne connais pas de meilleur fourrage pour la sécrétion du lait, tant sous le rapport de la quantité que de la qualité ; le beurre qui en provient se distingue par une saveur aussi agréable que celle du beurre fourni au mois de mai par les vaches qui vont au pâturage. Dans le cas où les pois seraient rouillés ou attaqués par les insectes, il vaut mieux les enfouir que de les donner au bétail.

On sait que les pois n'aiment pas à être semés par un mauvais temps ; c'est pourquoi il est préférable de retarder l'époque des semailles plutôt que de compromettre la récolte en semant de bonne heure dans un sol détrempé par la pluie. Il est inutile de répéter ici que les chaumes des légumineuses, ainsi que ceux de toute espèce de grain, doivent être retournés aussitôt que la récolte est enlevée du champ.

## Vesces.

Ce n'est que dans quelques rares localités de l'Alsace que j'ai vu les vesces semées seules ; dans le Kochersberg, on les sème fréquemment avec l'orge, et, battues avec cette céréale, elles forment un très-bon fourrage pour les chevaux. J'ignore si l'on sème en même temps ces deux plantes mélangées ensemble, mais il me semble qu'il y aurait de l'avantage à semer d'abord les vesces en les enfouissant sous raies et à semer ensuite l'orge sans donner aucune autre façon à la terre, si ce n'est un coup de herse pour enterrer la céréale.

Les vesces méritent encore de fixer l'attention de nos compatriotes, principalement de ceux qui nourrissent, pendant l'été, leur bétail à l'étable. Il y a des années où le trèfle vient mal, et où, par conséquent, le cultivateur est fort embarrassé pour la nourriture de son bétail; les vesces, comme fourrage vert, présentent alors une grande ressource : lorsqu'on les destine à cet usage, on peut les semer de bonne heure ou tard, et même encore à la Saint-Jean. Ainsi, du moment qu'on s'aperçoit qu'on ne peut plus compter sur la récolte de trèfle, il faut convertir celle-ci en un champ de vesces, si l'on n'a pas de terrain libre pour le moment. Il est bon de ne pas semer toutes les vesces à la fois ; on divise le champ de trèfle en plusieurs pièces et l'on n'ensemence la seconde pièce que lorsque les vesces de la première pièce sont déjà levées, et ainsi des autres. De cette manière, on aura toujours du fourrage nouveau. Il convient d'attendre que les vesces soient en fleurs pour les faire consommer par le bétail; si on les destine aux chevaux, il est préférable d'attendre que la plupart des gousses soient déjà formées.

Les vesces récoltées en vert ont autant de valeur que le trèfle, et leur rendement est presque aussi estimé, bien qu'elles ne donnent qu'une seule coupe, tandis qu'avec le trèfle on obtient encore un regain. Lorsqu'on a surtout pour but de se procurer une plus grande masse de fourrage pour l'automne et l'hiver, on peut labourer de suite les pièces qui ont été ensemencées les premières et y semer des navets, ou bien du sarrasin si le sol est sablonneux ; on obtiendra, par ce moyen, une récolte de fourrage plus abondante que celle qu'on pourrait avoir du meilleur champ de trèfle ; mais, dans ce cas, il faut s'abstenir de semer des grains d'hiver dans un sol qui a donné une récolte de navets après une première récolte de seigle : les grains d'été, en revanche, y réussiront très-bien. Il en est tout autrement lorsque les vesces ont été pâturées sur place. Il est essentiel de labourer la terre immédiatement après que les vesces ont été fauchées ; si le sol est pris ainsi à temps, non-seulement il n'est point épuisé par les vesces, mais celles-ci l'améliorent sensiblement, il se trouve alors dans les conditions les plus favorables pour recevoir toute sorte de grains d'hiver et même le colza.

Enfin, si l'on a trop de vesces pour les faire consommer toutes en vert, on peut les convertir en foin, de même que le trèfle, en les fauchant à l'époque où les graines commencent à se former.

Je reviendrai plus tard sur cette culture, et, pour justifier à l'avance cette répétition, je dirai, avec mon illustre ami Charles Pictet, qu'on ne saurait trop parler de ce qui est bon ; c'est un devoir, et on ne doit jamais se lasser de le faire.

CULTURE DES RÉCOLTES-RACINES.

En Alsace, comme partout, les pommes de terre

occupent le premier rang parmi les récoltes-racines. Aussi utiles pour la nourriture des hommes que pour celle du bétail, elles ont l'immense avantage de nous préserver à jamais des horreurs de la famine. Pour écarter la peste de l'Europe, on établit des lazarets, et pour chasser la famine on plante des pommes de terre. C'est un pain tout fait ; il suffit de les mettre sous des cendres chaudes ou dans de l'eau bouillante pour pouvoir les manger. La mère de famille qui, à onze heures, ne sait encore que donner aux siens pour le repas du midi, court dans le jardin ou dans les champs ; elle remplit son panier de ces délicieux tubercules, et midi sonnant, les enfants s'attablent autour du plat de pommes de terre. Mais qu'ai-je besoin de m'étendre sur les qualités d'une plante, sans contredit, le plus beau présent que la terre puisse nous faire ? Bénie soit la Providence qui l'a donnée à notre siècle !

« Les pommes de terre, dit Schrœder, sont la « seule plante qui puisse remplacer le blé dans les « mauvaises années. Nous autres Alsaciens, nous « aurions bien souffert de la faim en 1804, alors « que les récoltes étaient loin de suffire aux besoins « de la population, et que la Lorraine, qui, dans les « bonnes années, doit venir à notre secours, ne « pouvait rien exporter, si, dans cette partie sablon- « neuse des montagnes chargée de population et qui « ne produit pas assez de blé pour assurer la subsis- « tance pendant un mois, la récolte de pommes « de terre n'eût été plus que suffisante. Beaucoup

« de ménages ne voyaient pas un seul morceau de
« pain pendant trois ou quatre semaines ; mais les
« pommes de terre, ce véritable pain naturel de l'Eu-
« rope, remplaçaient tout : on en eut jusqu'à la récolte,
« et l'on économisa ainsi plusieurs milliers de sacs
« de grains. Dans les années ordinaires, on voit les
« montagnards arriver, chaque jour, à Schillersdorf
« avec trente ou quarante sacs de pommes de terre
« pour acheter quelques setiers de grains avec le
« prix provenant de ces tubercules ; après une ré-
« colte aussi mauvaise, on n'en voyait pas un seul ;
« les grains étaient trop chers pour eux, et dans
« cette extrémité les pommes de terre étaient leur
« seule ressource. »

La pomme de terre est une des quelques plantes
qu'on peut faire revenir, sans inconvénient, sur le
même champ dans un court espace de temps. A Sultz,
il est certaines localités où les pommes de terre reviennent tous les deux ans sur le même champ ; à
Obernheim, quelques cultivateurs les font revenir
quatre et six ans de suite sans que la récolte dimi-
nue lorsqu'elles sont fumées de temps en temps, ce
qui n'a lieu que tous les trois ans. On dit qu'a Meistratzheim, on les a fait revenir six années de suite
sur le même champ sans qu'elles aient été fumées ;
on a même obtenu, après ces différentes récoltes de
pommes de terre, une récolte d'orge vraiment remarquable. On m'a cité ailleurs un champ qui, dans
l'espace de vingt années, ne porta qu'une seule récolte d'orge et dix-neuf de pommes de terre. Du

reste, le lecteur comprendra sans peine que mon but n'est point ici de recommander une semblable rotation ; je n'en fais mention que comme une exception à la règle, qui prouve plus en faveur des pommes de terre qu'en faveur du cultivateur.

On a remarqué généralement en Alsace que l'orge réussit parfaitement après les pommes de terre, tandis que le blé vient mal après cette plante. Les cultivateurs qui suivent ici l'assolement triennal ne veulent pas néanmoins profiter tous de ces observations ; ils tiennent, à tout prix, à leur cher système. C'est ainsi qu'on choisit ce qu'il y a de pire et qu'on agit contre sa propre conviction. Je dis *tous,* car parmi les cultivateurs qui suivent ici l'assolement triennal, il est beaucoup de gens instruits qui, sans renoncer pour cela à leur système, mais par amour pour les grains d'hiver, placent les pommes de terre dans la sole d'été ; d'autres, par un intérêt encore mieux raisonné pour le blé, mettent du chanvre, du tabac, de l'œillette dans la jachère après les pommes de terre. Là où cette pratique n'a lieu que tous les six ans, comme dans le Kochersberg, il n'y a rien à dire.

On fume pour les pommes de terre qui viennent dans la jachère, mais celles qu'on place dans la sole d'été, c'est-à-dire immédiatement après le blé, n'ont pas besoin d'être fumées. Pour les premières, on laboure une fois les chaumes d'orge avant l'hiver ; pour les secondes, on laboure deux fois les chaumes de blé : on ne donne qu'un seul labour au printemps, à moins, toutefois, qu'on ne plante les pommes de terre à la charrue.

La plantation des pommes de terre s'effectue le plus souvent avec la pioche, mais il est préférable de planter à la charrue : on suit quelquefois cette dernière méthode. On pratique des trous de quatre pouces de profondeur; les pommes de terre y sont mises entières ou coupées par morceaux, et on les couvre avec la terre tirée du trou qui suit. Comme la terre n'est point hersée après le dernier labour, les planteurs se guident d'après les raies. L'époque de la plantation commence avec le mois d'avril, souvent aussi elle a lieu en mars (1); plus tard, on donne un binage aux pommes de terre et on les butte deux fois. Dans certaines localités, on sème quelques navets parmi les pommes de terre, ainsi que du chanvre, pour servir de semence; on sème aussi des haricots nains entre les lignes.

Les habitants des pays de sable suivent une culture un peu différente; ils mettent le fumier dans les trous,

(1) Il n'est pas nécessaire de planter si tôt. Je connais des pays où les pommes de terre ne sont pas mises en terre avant le mois de mai et où l'on regarde cette époque comme la plus favorable pour la plantation*. ( *Note de l'auteur.* )

* Malgré l'autorité de Schwerz, nous pensons que les plantations précoces sont, en général, les meilleures lorsqu'on n'a point à craindre les gelées du printemps; des expériences positives prouvent que les pommes de terre, plantées en février, donnent plus de produits et contiennent plus de fécule que celles qui sont plantées dans le mois d'avril : cette méthode offre, en outre, l'avantage de laisser tout le temps nécessaire pour exécuter les travaux du printemps, époque à laquelle le cultivateur a souvent besoin de tous ses attelages. ( *Note du traducteur.* )

et prétendent que quatre charges de fumier, appliquées de cette manière, profitent plus aux pommes de terre que si l'on en répandait une quantité double sur tout le champ. Cette pratique s'accorde parfaitement avec ce que j'ai observé dans le pays de Waes. Il est incontestable que le fumier, ainsi ménagé, ne produit pas autant d'effet sur les récoltes suivantes que si toute la surface du champ avait été fumée; aussi, dans plusieurs localités de l'Alsace, préfère-t-on avec raison donner une fumure complète; toutefois, c'est principalement de la nature du sol que provient cette différence. Dans le pays de Waes, par exemple, dans la campine du Brabant, à Lauterbourg et à Hoerdt, en Alsace, il est des terres sablonneuses auxquelles, de même qu'aux enfants gourmands, on n'ose pas donner à la fois plus de nourriture qu'elles n'en doivent prendre; autrement, il ne reste rien pour le lendemain : un bon sol argileux, au contraire, ménage sa force, et celle-ci profite encore aux récoltes suivantes : voilà pourquoi on préfère avec raison fumer tous les ans, mais peu à la fois, une terre sablonneuse, plutôt que de lui donner une forte fumure à des intervalles éloignés; ce qui, du reste, ne veut pas dire qu'il faille prodiguer le fumier, mais bien qu'on doive l'employer sagement. J'ai trouvé encore à Schillersdorf et à Mulhouse une autre manière de fumer les pommes de terre.

« Lorsqu'en plantant les pommes de terre au prin-
« temps, dit Schrœder, on n'a pas assez de fumier à
« sa disposition, on attend l'époque du buttage pour

« mettre le fumier, et on le place alors autour des
« plantes avec la pioche. Si le fumier est court, le
« travail est très-facile; il devient un peu plus pé-
« nible lorsqu'on se sert de fumier long : dans les
« années humides, cette manière de fumer les
« pommes de terre produit d'excellents effets et
« augmente singulièrement la récolte. » J'avais
déjà vu employer cette méthode dans les Pays-Bas ;
on porte le fumier sur les plantes ou plutôt au milieu d'elles, et l'on y répand ensuite un peu de terre;
de cette manière, les tiges des pommes de terre se
trouvent couvertes, et nul doute que cela n'accroisse
la récolte.

J'ai trouvé de grandes différences entre la pratique du Lauterbourg et celle de Hoerdt, relativement
à la quantité de semence qu'on emploie et à la distance à laquelle on place les tubercules. A Lauterbourg, on plante les pommes de terre à un bon pied
de distance, et l'on jette deux ou trois tubercules
dans chaque trou (je pense toutefois que ce sont de
petits tubercules) (1); à Hoerdt, on n'en met qu'un
seul de moyenne grosseur et l'on place les pommes
de terre à un pas de distance les unes des autres. Le
terrain destiné à porter des pommes de terre n'est
point labouré avant l'hiver; l'expérience, en effet,
prouve que cela ne vaut rien : on ne donne même

(1) Il est préférable, dans tous les cas, de ne mettre dans chaque trou
qu'un seul tubercule, quelle que soit sa grosseur: les pommes de terre
trop volumineuses doivent seules être partagées par moitié.

(*Note du traducteur.*)

qu'un seul labour après l'hiver, à moins que la terre ne soit infestée de chiendent, auquel cas on en donne deux ; on bine trois fois les pommes de terre, celles-ci, du reste, reçoivent les mêmes façons que le maïs.

On plante partout, en Alsace, 23 hectolitres de pommes de terre par hectare, et on en récolte en moyenne, sur un bon sol, 290 hectolitres par hectare. On arrache ordinairement les pommes de terre avec la pioche et l'on emploie trois personnes pour ramasser les tubercules par chaque ouvrier qui les arrache. J'ai dit *sur un bon sol*, car je crois qu'en général on ne peut compter, en Alsace, sur plus de 40 boisseaux par arpent de 20 ares. Ce chiffre est bien inférieur à celui qu'on obtient dans les Pays-Bas, et je ne puis m'expliquer cette infériorité de l'Alsace que par l'habitude où l'on est de ne donner que des labours superficiels ; tandis qu'on laboure à 12 ou 14 pouces pour les pommes de terre dans les Pays-Bas, on laboure à peine à 6 pouces en Alsace ; sous ce rapport, la culture des pommes de terre a beaucoup à gagner dans ce dernier pays.

La manière de conserver les pommes de terre, pendant l'hiver, est la même que celle qu'on emploie pour les navets ; les fosses cependant sont moins profondes pour les pommes de terre et on les couvre avec une plus grande quantité de paille. Au commencement de l'hiver, on ne les charge que d'une mince couche de terre, afin que l'évaporation puisse avoir lieu ; mais, lorsque le froid devient rigoureux, on abrite les pommes de terre qui ne sont pas déjà couvertes, avec du fumier long ou avec des débris de chanvre ; au printemps, on met les pommes de terre à la cave.

## 2. TOPINAMBOURS.

Les topinambours ( *helianthus tuberosus* ) sont encore un présent du nouveau monde ; ils nous viennent du Brésil. Il paraît qu'ils furent connus, en Europe, avant les pommes de terre, puisque le docteur Lœber, dans l'*Anchora sanitatis*, publié en 1669, en parle comme d'un légume déjà employé à cette époque, et qu'il en fait mention sous le nom de *flos solis glandulosus*. L'importation des pommes de terre en aura probablement fait abandonner la culture dans la plupart des pays ; aussi n'en voit-on plus que par-ci par-là dans les jardins. En Alsace, cependant, on les cultive encore en plein champ ; cette culture est principalement répandue aux environs de Haguenau, de Bischweiler et dans quelques autres endroits.

Dans ces localités et dans tous les autres pays, les topinambours sont extrêmement utiles, non-seulement parce qu'ils se contentent d'un mauvais terrain (non qu'ils n'en méritent un meilleur), mais parce qu'ils réussissent dans des sables où la plupart des autres plantes ne viendraient pas. C'est ainsi que la Providence étend ses bienfaits jusque sur les déserts les plus arides ! C'est réellement un malheur pour les habitants du Brabant et de la Westphalie de ne pas connaître cette plante si utile : puisse ma voix arriver jusqu'à eux et accroître ainsi leurs ressources !

La culture des topinambours diffère peu de celle des pommes de terre. On les plante en lignes, et, suivant la grosseur des tubercules, on en met un ou deux dans chaque trou ; les plantes sont placées à la distance de 3 pieds carrés les unes des autres. L'époque de la plantation a lieu en mars ou jusque vers la mi-avril, temps auquel les topinambours commencent à pousser. Il en faut un sac et demi par arpent de 20 ares. Les trous sont faits avec la pioche ; on y place le tubercule après y avoir jeté une poignée de fumier et on le recouvre de 2 ou 3 pouces de terre, ou, pour mieux dire, de sable. Les topinambours n'exigent pas autant de fumier que les pommes de terre, ils n'épuisent pas non plus autant le terrain.

En général, on ne laisse les topinambours qu'une seule année dans le même champ ; l'année suivante, on y plante des pommes de terre qui viennent supérieurement à cette place et qui, par les binages qu'elles exigent, détruisent cette foule de rejets qu'on observe toujours après les topinambours (1). Mais, si l'on veut en obtenir plusieurs récoltes successives, il n'est pas nécessaire de planter de nouveaux tuber-

(1) La méthode indiquée par l'auteur pour empêcher les tubercules de se reproduire nous paraît dispendieuse ; il vaudrait mieux, suivant nous, semer des vesces après les topinambours ; par ce moyen, on arriverait plus économiquement au même but ; et surtout on épuiserait moins le terrain.　　　　　　　　　　*(Note du traducteur.)*

cules; il suffit de fumer légèrement au printemps,
après l'enlèvement de la récolte, et de labourer le
champ; les topinambours repousseront d'eux-mêmes et garniront suffisamment la terre; néanmoins,
dans les exploitations bien tenues, on préfère ensemencer de nouveau le champ et l'on met alors du
fumier dans les trous.

Lorsque les topinambours ont atteint une certaine hauteur, on leur donne un binage; deux ou
trois semaines après, on les butte; j'ai dit plus haut
qu'on semait quelquefois des haricots nains entre
les plantes.

Comme les topinambours résistent très-bien au
froid, et comme ils se conservent mieux en terre que
de toute autre manière, on ne les arrache qu'au fur
et à mesure des besoins de l'exploitation, et l'on retarde ordinairement la récolte jusqu'au printemps,
époque à laquelle ils présentent souvent de grandes
ressources. L'arrachage a lieu dès le premier printemps, aussitôt qu'on peut entrer dans les terres;
mais comme on les fait consommer avant et après ce
temps, à mesure qu'on les arrache, la récolte se
continue souvent jusqu'à la fin d'avril. Tout ce qui
reste alors est enlevé en même temps et porté à la
cave. L'arrachage s'effectue avec la pioche, comme
pour les pommes de terre. Les tiges, ainsi que les
feuilles du topinambour, forment une excellente
nourriture pour les moutons; on s'en sert aussi pour
faire du feu. Les topinambours rendent quarante,
cinquante et même jusqu'à soixante sacs par arpent

de 20 ares; bien réussis et dans un champ médiocrement fumé, ils peuvent rendre jusqu'à quatre-vingts sacs qui, donnés au bétail, équivalent à vingt sacs d'avoine. On estime que chaque sac vaut 2 fr.

Les topinambours sont un excellent fourrage pour les chevaux et les moutons; 10 litres forment la ration d'un cheval; coupés crus et mélangés avec un peu de son, ils remplacent l'avoine. Pour les bêtes à cornes, on mélange les topinambours avec des pommes de terre ou avec des betteraves: cette nourriture est regardée comme très-saine et surtout comme très-favorable à la sécrétion du lait; mais il est rare qu'on les donne seuls, car le bétail s'en lasse aisément. Ils peuvent encore être employés à la nourriture des hommes; préparés de même que les artichauts, ils en ont le goût, aussi leur donne-t-on le nom d'artichauts de terre (*erd-artischocken*).

### 3. Navets.

On connaît mieux dans les Pays-Bas que dans l'Alsace, dit Arthur Young dans son voyage en France, l'art d'obtenir une seconde récolte du champ. J'ai moi-même reproduit cette assertion d'après cet illustre observateur, mais nous avions tort l'un et l'autre; c'est pourquoi j'en demande pardon à mes compatriotes, car, s'ils ne l'emportent pas, sous ce rapport, sur les Belges, du moins ne leur sont-ils pas inférieurs: la description de leur culture du navet, comme seconde récolte, en fournira la preuve.

Les navets (je parle ici de ceux qu'on sème dans les chaumes) forment, en Alsace, la principale nourriture d'hiver, et il en serait de même dans tous les pays, si l'on appréciait leur utilité pour les petites cultures. Dans un pays très-peuplé ou dans une contrée où, la culture étant portée à un haut point de perfection, le sol a une grande valeur, on trouve que les navets, comme récolte-jachère, ne rendent pas assez (1); et, en effet, ils ne sauraient lutter contre les pommes de terre, les choux, ni contre les plantes commerciales, dans le cas où l'on voudrait utiliser le sol de cette manière. Mais, si l'on peut obtenir les navets en seconde récolte, cette addition doit être prise en considération, et sa valeur est alors d'autant plus grande, que la population est plus considérable, le prix du sol plus élevé, et qu'il importe davantage d'en tirer le plus grand parti possible. Sous ce point de vue, la plus grande culture elle-même ne doit pas hésiter à mettre la charrue tout de suite dans les chaumes, afin de se procurer, pour l'hiver une provision de fourrage excellent et peu coûteux. Combien donc cette culture sera-t-elle plus importante pour le petit cultivateur, qui souvent n'a point assez de terrain et qui ne compte pour rien son propre travail, s'il peut seulement se procurer le fourrage d'hiver pour sa vache, de la conservation de laquelle dépend toute son existence.

---

(1) Un sol sablonneux comme celui du Norfolk pourrait peut-être faire exception ici, et seulement encore à cause de la localité et de certaines circonstances particulières. (*Note de l'auteur.*)

L'espèce de navet (1) la plus généralement cultivée en Alsace est le navet ordinaire, de forme ronde un peu aplatie; on y a aussi une variété fusiforme qui se conserve plus longtemps que le navet rond, et enfin une autre variété noire, qu'on prendrait plutôt pour un radis d'après sa forme et sa couleur : cette dernière est celle qui a le plus de saveur; elle résiste très-bien aux gelées, quoiqu'en pleine terre.

Dans toutes les localités, on sème les navets après le blé, et quelquefois aussi après l'orge : dans ce dernier cas, ils ont plus de qualité, mais ils rendent moins.

Dès que la récolte est enlevée, il faut retourner de suite le chaume de la céréale; de là le proverbe alsacien : Quiconque veut semer des navets, qu'il mette la charrue derrière la récolte. On ne donne qu'un seul labour et l'on sème immédiatement sur labour frais; on enterre ensuite la semence par un coup de herse; on sème environ la valeur d'un verre à boire par arpent de 20 ares. A Bischeim, on fume les chaumes de blé avec des plumes qu'on enfouit à la charrue : on dit qu'on obtient ainsi de beaux navets.

(1) Depuis que l'ouvrage sur l'agriculture belge a paru, plusieurs personnes se sont adressées à moi pour savoir si les navets d'août étaient une autre espèce. L'expérience prouve que tous les navets, à l'exception peut-être du navet de Suède ou rutabaga, appartiennent à la même espèce; la différence qu'on observe entre eux provient de la nature du sol, qui convient plus ou moins aux navets, suivant les différents pays.                    (*Note de l'auteur.*)

Mes notes m'indiquent Merlenheim, sur la Queich, comme le seul endroit où l'on herse les navets lorsqu'ils sont levés, pratique que, dans le Brabant, on regarde comme extrêmement importante dans cette culture, et qu'on exécute avec tant d'énergie, que celui qui conduit la herse n'ose pas regarder derrière lui. Partout, en Alsace, les navets reçoivent un et souvent deux binages ; je n'ai, du moins, souvenance que d'un seul champ où les navets n'étaient pas sarclés : on donne à ce sarclage le nom de *ruhren*, remuer ; on pourrait l'appeler également *auf und um ruhren*, soulever et remuer autour, car les navets n'ont point de repos : la houe les pousse, tantôt à droite, tantôt à gauche, et ils sortent tellement hors de terre, qu'ils semblent n'y tenir que par un fil. Les navets, dit-on, doivent être tourmentés si l'on veut qu'ils réussissent. En même temps qu'on les sarcle, on les espace à un grand pied les uns des autres. Un des avantages du *remuement*, c'est qu'on travaille seulement la terre autour des navets, et qu'on met ainsi la terre meuble en contact immédiat avec les plantes ; on forme, par ce moyen, de petites buttes au pied des plantes, et il n'est pas nécessaire de sarcler, parce que les navets étouffent les mauvaises herbes par leur végétation. Chaque navet, placé comme dans une espèce d'entonnoir, croît alors pour son propre compte ; il lui faut peu de jours pour se remettre. Le *remuement* d'un arpent de 20 ares, exécuté à la tâche, coûte de 4 à 5 francs.

On arrache les navets à l'époque de la Toussaint; on les dépouille de leurs feuilles sur le champ même; mais on ne les coupe pas trop avant, afin que les navets puissent encore pousser, comme cela a lieu quelquefois, dans les fosses où on les conserve : on prétend que, de cette manière, ils se gardent facilement. Tout ce qui ne peut être utilisé comme fourrage est répandu sur le sol en guise de fumure verte. Dans les pays où l'on cultive la garance, on se sert des feuilles du navet, principalement pour couvrir le champ de garance à la première année; au printemps suivant, on y répand encore de la terre : cette sorte de fumure produit, dit-on, des effets étonnants sur la garance.

On évalue ordinairement le rendement d'un arpent de 20 ares, en navets, à 150 paniers : il n'est pas rare d'avoir des racines qui pèsent 5, 6 et même 8 livres; on les emmagasine dans le champ même, en les divisant en plusieurs tas composés chacun de 24 ou 30 paniers. A cet effet, on creuse un trou d'un pied et demi environ dans le sol; on y entasse les navets sous forme de pyramide; on les entoure d'un lit de paille (trois tas exigent deux bottes de paille), et l'on recouvre le tout d'un pied et demi de terre. Il est essentiel de laisser une ouverture au sommet de chaque tas, afin que l'humidité puisse s'évaporer : on ferme cette ouverture avec de la paille, et, s'il fait froid, on y met encore une couche de terre.

C'est une erreur de croire que les navets n'épuisent pas le sol. Dans les Pays-Bas, on est tellement convaincu du contraire, qu'on regarde une terre non fumée, mais qui n'a point porté de navets après le blé, comme meilleure pour le chanvre qu'une terre ensemencée en navets, lors même que ceux-ci ont été fumés. On pense de même en Alsace; voilà pourquoi les bons cultivateurs ne sèment point de navets dans les chaumes du blé lorsque cette céréale doit être suivie par de l'orge, attendu que celle-ci rendrait, par hectare, 4 à 6 setiers de moins qu'une orge qui n'aurait pas remplacé de navets. L'expérience a prouvé que, lors même qu'on laisserait les navets se décomposer sur le sol et qu'on les enfouirait ensuite, l'orge qui viendrait après laisserait encore quelque chose à désirer.

On jette aussi quelquefois un peu de graines de navets parmi les pommes de terre lorsque celles-ci ont reçu un premier binage; on ménage alors ces navets au moment du buttage, ou bien on les enlève là où ils font obstacle : ces navets sont consommés pendant l'été.

A Sultz, on sème également des navets sur le trèfle plâtré. Après avoir pris une première coupe de trèfle, on attend que le regain ait atteint quelques pouces de hauteur, on le retourne encore et l'on y sème des navets; ceux-ci, dit-on, viennent à merveille; mais qu'est-ce qui ne réussit pas après le trèfle?

On ne connaît point encore en Alsace le navet de Suède ou rutabaga.

## 4. Carottes.

La culture des carottes est loin d'être aussi répandue qu'elle pourrait l'être dans un pays aussi laborieux que l'Alsace. D'après le peu de terrain que l'on consacre à cette culture, je dois conclure qu'elles ne sont destinées qu'à l'usage des hommes, tandis qu'elles fournissent encore, pour toute espèce de bétail, une nourriture aussi saine qu'avantageuse. Quant à leur valeur nutritive, elles l'emportent, à poids égal, sur toutes les autres racines et sur toute espèce de fourrage vert. Les pommes de terre seules font exception ; car, d'après Thaër, 266 livres de carottes ne représentent que 200 livres de pommes de terre. Mais, si l'on tient compte, en même temps, comme cela doit être, de la qualité et de la quantité, on trouve qu'un arpent qui ne rendrait que 64 quintaux de plus que la semence, peut donner 144 quintaux de carottes. Si l'on réduit maintenant ces quantités d'après leurs parties nutritives, on trouve qu'un arpent de 20 ares, en carottes, donne, pour le bétail, une nourriture qu'on peut regarder comme représentant 54 quintaux de foin, tandis que le rendement d'un arpent de 20 ares, en pommes de terre, ne peut être porté qu'à 32 quintaux. Deux arpents de carottes donnent donc plus de fourrages que trois arpents de pommes de terre.

Les vaches nourries avec des pommes de terre donnent un lait plus aqueux et moins savoureux que lorsqu'elles sont nourries avec des carottes : c'est le meilleur fourrage qu'on puisse donner aux brebis portières ainsi qu'aux agneaux. Elles sont un excellent régime pour les chevaux et remplacent très-bien l'avoine à leur égard ; de plus, on n'a pas besoin de les faire cuire. Je puis les recommander sous tous les rapports, et cela avec d'autant plus d'assurance que je me suis convaincu de leurs avantages par les diverses expériences auxquelles je me suis livré moi-même à ce sujet. On m'a donné, à Obernheim, les renseignements suivants sur la manière dont on y cultive les carottes : les chaumes d'orge sont retournés avant l'hiver, et l'on applique au sol une masse aussi considérable de fumier court que pour le chanvre; le fumier est enfoui de suite, ou bien on le laisse étendu sur le sol pendant l'hiver. Je regarde cette dernière méthode comme préférable pour le fumier long ; la première vaut mieux pour le fumier court. Au printemps, ou même au mois de février, s'il y a moyen, on donne au champ un labour aussi étroit que possible; on sème les carottes sur le labour frais ; on l'enterre à la herse et l'on fait ensuite passer le rouleau.

On pourrait très-bien se dispenser de labourer au printemps, surtout lorsqu'on a déjà donné un labour profond à l'automne, car le mauvais temps empêche souvent d'exécuter cette opération, et il arrive plus d'une fois qu'on se trouve gêné pour préparer la terre pour la grande orge. Mais ce ne sont pas les Alsaciens qui donnent des labours profonds à leurs terres, et par là j'entends une profondeur de 10 à 12 pouces, leurs charrues, en effet, ne sont pas construites pour cela; et cependant les labours profonds sont indispensables dans la culture des carottes. L'expérience m'a prouvé que les plantes à racines pivotantes s'enfoncent souvent à 2 ou 3 pieds de profondeur dans les sols qui leur conviennent; ces plantes, dis-je, demandent plutôt un terrain profondément labouré qu'un sol fortement fumé, mais peu profond. Le labour renvoyé après l'hiver offre cet avantage qu'on peut semer les carottes d'aussi bonne heure qu'on le désire, lors même que la terre serait encore couverte de neige : la germination des graines n'en souffre nullement; il suffit, pour qu'elles lèvent, que la terre ait un certain degré d'humidité. La graine de carotte ne doit pas être enterrée profondément; mais, si la terre est sèche, il est avantageux de passer la herse sur le champ avant de semer; on enterre ensuite la semence par un tour de rouleau, sans qu'il soit nécessaire de herser de nouveau. Lorsqu'en suivant cette méthode on n'a pu fumer le champ avant l'hiver, ce qui arrivera le plus souvent, on y répandra, quelques jours après avoir semé les carottes, du fumier long, qu'on enlèvera plus tard avec des râteaux, à l'époque du sarclage. Les binages sont indispensables pour cette plante; c'est aussi ce qui rend sa culture difficile. Le sarclage et l'arrachage sont, il est vrai, plus faciles lorsqu'on sème les carottes en lignes; mais cette manière de semer exige plus de frais; toutefois, on ne devrait jamais cultiver les carottes autrement. Le premier sarclage s'exécute, en Alsace, avec une houe de 2 pouces de largeur; plus tard, on se sert d'un instrument plus grand, et l'on donne ainsi un ou deux binages. De toutes les plantes, les carottes sont celles qui exigent davantage d'être sarclées : je connais, néanmoins, des pays où cela ne se fait pas.

On arrache les carottes au mois d'octobre avec la houe, et l'on retranche le collet des racines : pour les conserver, on les met dans des fosses, dans des caves, ou bien on les étend par lits sur une couche de sable.

On ne cultive guère, ou, pour mieux dire, on ne cultive pas les carottes en seconde récolte : je ne les ai vu cultiver ainsi qu'à Haguenau, où on les sème dans le seigle, comme cela a lieu si souvent dans les Pays-Bas. Elles sont antipathiques au colza, au lin, à l'œillette et aux féveroles; mais, en général, on fait suivre ces plantes par des grains d'hiver : c'est aussi après du blé ou du seigle que je voudrais semer les carottes. Je renvoie, pour la description de leur culture, à mon ouvrage sur l'agriculture belge, où elle est traitée dans tous ses détails.

Il existe encore en Alsace une autre manière de planter les carottes et de les obtenir comme en seconde récolte; elle consiste à semer les carottes avec des choux : dans ce but, on fume plus fortement que pour toute autre culture, et, autant que possible, avant l'hiver. La terre reçoit trois ou quatre labours. Pour semer, on mêle les deux espèces de graines; dès que les choux sont arrachés pour être repiqués ailleurs, on fait passer la herse à travers les carottes, et, plus tard, on les sarcle avec la grande houe.

### 5. Betteraves.

La culture de cette plante, à laquelle les Alsaciens ont donné le nom de turneps, est connue depuis longtemps ici; mais elle n'y a pas fait pour cela de grands progrès. Les grands cultivateurs, surtout, ont pour cette plante une aversion qui n'est pas tout à fait sans fondement; j'en connais dans les Pays-Bas qui partagent également cette opinion, et qui, après avoir été les plus chauds partisans de cette culture, se sont mis plus tard à la décrier.

Dire que les betteraves, loin d'épuiser la terre, l'améliorent, c'est là une fable à laquelle croient seulement ceux qui font de l'agriculture dans leurs cabinets (1) : considérées comme fourrage, elles ne favorisent ni la production de la graisse, ni celle

(1) A Bischeim, lorsque le blé doit succéder aux betteraves, il faut fumer pour la céréale, bien que les betteraves aient été déjà fumées, ce qui n'a pas lieu pour les pommes de terre.    (*Note de l'auteur.*)

Cela ne dépend-il pas plutôt du sol que de la betterave elle-même ? Dans les départements du Nord et du Pas-de-Calais, on ne craint pas de semer du blé après les betteraves et sans fumer de nouveau ; seulement on a soin que les semailles de blé ne soient pas faites trop tard ; il est inutile d'ajouter ici que, dans ces départements, les betteraves sont fumées et binées avec le plus grand soin.

    (*Note du traducteur.*)

du lait (1), et deux corbeilles de carottes valent mieux que trois corbeilles de betteraves. Toutefois, leur culture offre certains avantages qui ne sont point à dédaigner dans de grandes exploitations. Cultivées avec soin, elles donnent, dans les années sèches, un produit plus considérable que les pommes de terre et que les carottes; leur plantation et leur récolte exigent moins de travail que ces dernières, et ce travail est mieux réparti; leurs fanes (j'entends par là celles qu'elles donnent à l'automne) ont plus de valeur que celles des carottes. Les betteraves se conservent plus longtemps que toute autre espèce de plante fourragère, à tel point même qu'elles permettent d'attendre jusqu'à la première coupe de trèfle. Enfin il est plus sûr, pour une grande exploitation, d'avoir différentes espèces de fourrages à sa disposition que de se borner à une seule récolte de ce genre, car l'année n'est pas toujours favorable à chaque espèce de plante.

Les betteraves aiment un sol légèrement compacte; dans une terre sablonneuse, il vaut mieux s'en tenir aux navets et aux pommes de terre (2).

(1) Nous pensons que l'auteur est ici trop absolu. Dans tous les pays où l'on se livre à la fabrication du sucre de betteraves, on remarque que les résidus sont une excellente nourriture pour les bêtes à l'engrais; à plus forte raison, la betterave jouit-elle de cette propriété lorsqu'on n'en a point extrait du sucre. C'est la meilleure nourriture qu'on puisse donner aux brebis qui allaitent; dans les environs de Paris, les nourrisseurs en font une grande consommation pour leurs vaches.

(*Note du traducteur.*)

(2) Nous sommes de l'avis de l'auteur quant aux pommes de terre, mais personne n'ignore que les navets exigent, pour réussir, une cer-

En général, on repique les betteraves en Alsace; ce mode, d'après ma propre expérience, est incontestablement supérieur à tout autre procédé; seulement il faut que la pépinière soit préparée de bonne heure et avec soin, afin qu'on puisse déjà avoir du plant en mai ou, au plus tard, dans la première moitié de juin.

Le repiquage peut, il est vrai, avoir lieu plus tard; ainsi, en Alsace, on met le plant en place, comme seconde récolte, après le colza ou même après l'orge; mais ces repiquages tardifs ne valent jamais ceux qui sont faits de bonne heure, et comme ils arrivent en même temps que la fenaison, à une époque où tous les bras sont occupés, les travaux se nuisent mutuellement.

Quelques personnes objectent contre le repiquage que les racines provenant de graines semées sur place deviennent plus grosses que celles qui ont été repiquées, et, comme point de comparaison, elles citent les betteraves plantées plus tard à la main dans les endroits vides, au milieu des betteraves semées sur place. Sans doute, dans ce cas, les betteraves repiquées restent toujours bien au-dessous de celles qui ont été semées; mais ces personnes ne réfléchissent pas que, lorsqu'on repique des betteraves dans les places vides d'un champ qui

taine humidité dans l'atmosphère : nous pensons donc que les betteraves, qui résistent fort bien à la sécheresse, sont préférables aux navets dans la plupart des cas; leur valeur nutritive est aussi bien plus grande. *( Note du traducteur. )*

a reçu son dernier labour six semaines auparavant,
et qui a été foulé à l'époque du premier sarclage
donné aux betteraves semées sur place, ce champ
n'est point nouvellement labouré ni préparé comme
celui où l'on a semé d'abord les betteraves en place.
Mais ces betteraves, plantées dans les endroits
vides, n'ont point été tirées d'une pépinière formée tout exprès ; on s'est contenté de les prendre
dans le champ même, là où les plantes se trouvaient
trop rapprochées les unes des autres. Un enfant
même comprendrait comment ces plantes, qui ont
été dérangées au milieu de leur végétation pour être
repiquées, ne peuvent plus rattraper les autres
betteraves : il en est tout autrement des plantes venues dans une pépinière établie tout exprès et qui
ont une grande avance, tant pour la grosseur que
pour la force, sur celles qui ont été semées en
plein champ.

En Alsace, on coupe les feuilles ainsi que l'extrémité de la racine du plant ; cette dernière opération est souvent utile lorsque la plante est pour-
vue d'une longue racine et que le repiquage se fait
à l'aide d'un plantoir ; mais, lorsque le repiquage
doit s'exécuter à la charrue, je pense qu'il vaut
mieux ne pas toucher à la racine, parce que, autrement, les betteraves sont plus sujettes à four-
cher.

Les betteraves, comme toutes les autres récoltes-
jachères, doivent être sarclées ; elles reçoivent deux
binages : le premier a lieu lorsque les plantes ont

commencé à reprendre ; le second se donne avant
que les betteraves ne couvrent complétement le sol.
Elles ne commencent à profiter d'une manière sensible qu'après le dernier sarclage ; on ne découvre
pas la racine, ainsi que cela a lieu dans d'autres
pays où l'on regarde cette opération comme nécessaire à leur réussite. C'est là un préjugé, je m'en
suis assuré par plusieurs expériences.

Je ne saurais indiquer un meilleur procédé à ceux
qui veulent se servir du plantoir pour repiquer les
betteraves que la méthode suivante : après avoir défoncé le sol et l'avoir bien préparé, on met la terre
en ados et l'on y plante la betterave. Chaque fois
que l'on sarcle, une partie de la terre retombe dans
les sillons, mais on est toujours à même, plus tard, de
la relever avec le buttoir ; dans ce dernier cas, il
n'est pas nécessaire de donner un second binage,
mais il faut de nouveau faire passer le buttoir entre
les lignes : de cette manière, l'ouvrage marche plus
vite et est mieux exécuté que lorsqu'on donne deux
binages à la main.

L'effeuillage des betteraves, cette pratique nuisible qu'une extrême nécessité peut seule faire excu-
ser, est malheureusement usité en Alsace ; j'en ai
fait voir tous les inconvénients dans mon traité sur
l'agriculture belge, j'y renvoie ceux qui ne seraient
pas encore convaincus de ses défauts.

Dans le temps que j'écrivais cet article sur la betterave, je fis un voyage dans le Palatinat, où cette
plante est cultivée sur une grande échelle. Dans ce

pays, on emploie les betteraves comme fourrage pour les chevaux et surtout pour engraisser les bêtes à cornes; on les donne mêlées avec des pommes de terre crues et hachées, et l'on prétend que, par ce moyen, ces dernières sont plus saines et plaisent davantage au bétail. Je fais donc ici amende honorable aux betteraves, et je n'hésite plus à les recommander tout spécialement aux cultivateurs alsaciens.

## 6. CHOUX.

Dans plusieurs endroits de l'Alsace, les choux sont l'objet d'une culture considérable; mais ils ne servent qu'à la nourriture de l'homme et à la préparation de la choucroute : voici la manière dont on les cultive.

On élève les choux en pépinière et on les y sème ordinairement avec des carottes. Le champ dans lequel le plant doit être repiqué reçoit cinq ou six labours et on lui applique neuf à dix charges d'engrais; c'est-à-dire qu'on fume plus fortement que pour toute autre culture. Chaque plant est espacé à un pied de distance en tous sens, de sorte qu'il en faut vingt mille par arpent de 20 ares. La plantation s'effectue avec la houe. En même temps qu'on repique les choux, on verse du purin dans chaque trou et l'on rabat la terre, puis on l'appuie avec le pied autour des plantes; plus tard, on leur donne deux binages et on les butte. Lorsque les choux réussissent, il n'est pas rare d'en rencontrer dont les têtes pèsent jusqu'à 20 et 25 liv.; un arpent de choux bien réussis peut valoir 400 fr.; le blé qui succède aux choux est généralement bon, mais il ne rend pas beaucoup; l'orge, au contraire, réussit à merveille à cette place.

## CULTURE DES PLANTES FOURRAGÈRES HERBACÉES.

### 1. TRÈFLE ROUGE OU A LARGES FEUILLES.

Dans toutes les parties de l'Alsace où j'ai pris des informations sur l'époque à laquelle le trèfle fut introduit dans cette province, on en a fait remonter l'importation à l'an 60 ou 70 du siècle dernier, et partout on est convenu, à l'unanimité, que l'agriculture et le sol se sont considérablement améliorés depuis ce temps. On obtiendrait, je pense, la même réponse dans le Palatinat et sur les deux rives du Rhin, si l'on interrogeait les cultivateurs de ces pays.

« Le trèfle rouge ou trèfle espagnol, dit Schrœ-
« der, a été introduit chez nous il y a près de cin-
« quante ans ; mais sa réussite complète ne date
« réellement que de 1775. En 1759, mon père,
« alors en voyage dans le Hundsruck, rapporta de
« ce pays les premières graines de trèfle et de lu-
« zerne. Le trèfle vint à merveille, aussi fut-il
« bientôt adopté et eut-il de nombreux amateurs.
« On lui réservait les meilleurs sols, on le conser-
« vait pendant trois ou quatre ans; chaque hiver, on
« le couvrait avec soin d'une couche de fumier, et
« après cette période de quatre ans on le retournait.
« On sentit tout de suite le prix de cette plante pré-

« cieuse, et l'on en comprit bien vite toute l'impor-
« tance ; mais comme on la croyait très-délicate, at-
« tendu que, chaque hiver, malgré la couverture de
« fumier qu'on lui appliquait, il en périssait quelques
« pieds par le chiendent qui l'étouffait, personne
« n'osait en semer plus de 10 ares.

« En 1775, j'essayai pour la première fois de ne lais-
« ser durer le trèfle qu'une seule année en le mettant
« à la place de la jachère, et je voulus lui faire suc-
« céder du blé sans donner d'autres façons à la terre.
« Ce procédé était nouveau, aussi mes compatriotes
« se mirent-ils à rire ; je les laissai faire. Le champ
« soumis à cette expérience était un des plus mau-
« vais, la preuve en est qu'il ne m'avait coûté
« que 80 fr. Il n'avait reçu qu'un léger labour et
« qu'une légère fumure ; néanmoins il me donna
« une magnifique récolte de blé, et la terre se trouva
« parfaitement nette de mauvaises herbes. Cette fois,
« on ouvrit les yeux ; messieurs les rieurs cessèrent
« de se moquer et suivirent bientôt mon exemple.
« Cette épreuve fut décisive. A compter de ce jour,
« la culture du trèfle fit de plus en plus des progrès,
« à tel point même que, aujourd'hui où j'écris
« ceci, toute la sole de jachère est ensemencée en
« trèfle (1), et n'afflige plus les regards par sa triste
« nudité. »

(1) Il faut bien se garder de croire que le trèfle occupant la sole de
jachère revient ainsi tous les trois ans. L'expérience a démontré que
le trèfle ne pouvait, en général, revenir aussi souvent et que la terre se
couvrait tellement de mauvaises herbes, que les céréales qui lui succédaient payaient à peine les frais de culture. Les assolements de l'Al-

Grâces soient rendues ici à l'illustre Shubart et au conseiller aulique Leo, qui, les premiers, ont introduit la culture du trèfle en Allemagne ; grâces surtout soient rendues, en Alsace, au digne Philippe Schrœder, ministre à Schillersdorf, et à son brave père, lesquels ont introduit à leur tour le trèfle dans le pays, et ont enseigné sa culture à leurs compatriotes : ils leur ont ainsi procuré d'immenses ressources.

Je ne crains pas d'être taxé de témérité en disant que la prospérité de l'agriculture est intimement liée à la culture du trèfle, et que, si l'agriculture belge s'est maintenue depuis si longtemps à ce haut point de perfection où nous la voyons encore aujourd'hui, c'est que la culture du trèfle est pratiquée depuis un temps immémorial dans les Pays-Bas : pour mon compte, je suis convaincu que, tant que l'agriculture de l'Alsace n'aura point pour base la nourriture à l'étable et la culture du trèfle, elle ne pourra soutenir la comparaison avec l'agriculture des Pays-Bas. Si jamais on venait à apprécier dans ce pays la culture du trèfle comme elle le mérite, j'ose dire que les Alsaciens ne verraient plus sans gémir ces immenses pâturages qui subsistent encore chez eux comme les restes de coutumes barbares, et qui déshonorent à la fois leur industrie et leur agriculture.

Un puissant obstacle s'opposa, avant la révolution,

sace nous ont fait voir plus haut que, toutes les fois que la jachère était supprimée, elle se trouvait remplacée par le trèfle et ensuite par des récoltes sarclées : le trèfle seul, en effet, ne suffit pas pour constituer un bon assolement, il faut encore le concours des récoltes sarclées.

( Note du traducteur. )

à l'introduction, ou, pour mieux dire, à la réussite du trèfle en Alsace. Une avarice mal entendue exigeait la dîme d'une récolte dont l'unique avantage consistait dans l'amélioration médiate ou immédiate du sol, et qui, pourtant, favorisait les intérêts de celui qui avait le bénéfice de la dîme sur les grains. Le mode de perception de cette dîme sur le trèfle rendait le mal encore plus grave. Plusieurs de ces messieurs faisaient prendre la contenance du terrain et marquaient chaque dixième toise comme leur appartenant ; ils s'arrogeaient leur part comme bon leur semblait et détruisaient ensuite, avec leurs gens et leurs voitures, les neuf autres dixièmes sur lesquels ils n'avaient aucun droit. D'autres choisissaient, par exemple, dans une pièce de 40 toises, les 4 meilleures toises, soit qu'elles fussent situées au milieu ou à la fin de la pièce. On portait plainte, il est vrai, mais ces messieurs obstenaient gain de cause et trouvaient appui auprès du *conseil souverain* de Colmar; en un mot, le faible cédait au plus fort et l'intérêt général disparaissait devant l'avidité de quelques individus : c'est ainsi que la plus utile de toutes les plantes agricoles fut battue en brèche et que la culture du trèfle fut étouffée à son berceau. Revenons à la manière dont on cultive le trèfle en Alsace.

Partout on sème le trèfle dans la sole d'été; néanmoins on le sème souvent aussi dans la sole d'hiver : on le sème en février, aussitôt que la terre est dégelée, quelquefois aussi en mars et même en avril.

On choisit pour cela un temps un peu humide; on
ne herse ni avant ni après la semaille; si le temps
est à la sécheresse, on roule après avoir semé; il
vaudrait mieux, cependant, herser le blé avant et
après la semaille : cette opération, ainsi que nous
l'avons déjà dit, est très-profitable au blé. Lorsqu'on
place le trèfle dans la sole d'été, on le sème de suite
après avoir labouré et hersé l'orge et l'avoine, et
on l'enterre ensuite au moyen d'une herse renver-
sée. A Schillersdorf, on se sert aussi du rouleau
pour cet effet (lorsque le temps est pluvieux, la plupart des cultivateurs ne font passer ni la herse ni le
rouleau); on sème encore le trèfle lorsque l'avoine
et l'orge ont 3 à 4 pouces de hauteur; dans ce cas,
on fait ordinairement passer le rouleau, mais on ne
herse pas. La première méthode est préférable dans
un terrain sujet à se dessécher. Quelquefois, lorsque le printemps est sec, le trèfle ne lève pas; il ne
faut pas perdre tout espoir pour cela; il est rare, en
effet, que le mois de juin se passe sans pluie.

Dans les Pays-Bas, on sème souvent le trèfle dans
le lin et l'on s'en trouve à merveille; il réussit également très-bien dans le colza, les féveroles et même
d'après Thaër, dans le sarrasin : cette dernière
plante offre une grande ressource pour les terres
sablonneuses.

Il faut 4, 6 ou 8 livres de graines de trèfle par
arpent de 20 ares; suivant Schrœder, 2 litres et
demi sont la meilleure proportion. Du reste, ceci
dépend beaucoup de la qualité de la semence, de

l'adresse du semeur ainsi que de la propreté et de la préparation du sol. Selon que l'une ou l'autre de ces conditions se trouve plus ou moins bien remplie, il faut plus ou moins de semence. Lorsqu'on sème le trèfle dans une récolte déjà poussée, il faut plus de graines que si l'on semait le trèfle en même temps que la plante qui doit le protéger pendant la première année.

En Alsace, on emploie, en général, le plâtre comme engrais pour le trèfle ; ce n'est même que depuis cet usage que la culture du trèfle a fait des progrès sensibles. Ce que les cendres de tourbe sont à la Belgique, le plâtre l'est au cultivateur alsacien; on prétend même, dans certaines localités, que le trèfle ne peut se passer de cet engrais et que, lorsqu'on ne le plâtre pas, il devient jaune, que ses tiges durcissent et répugnent au bétail; mais on pense en même temps qu'il faut le donner avec plus de précaution que s'il n'avait pas été plâtré : toutefois, la météorisation occasionnée par le trèfle n'est point un effet immédiat du plâtre, elle n'est que le résultat de l'extrême développement qu'a pris le trèfle par suite de l'application de cet engrais.

Le plâtre, cependant, ne suffit pas dans un sol maigre, ou, en d'autres termes, pour un trèfle chétif, il faut encore un peu de fumier. Ce n'est qu'à Saverne que j'ai vu répandre quelquefois du fumier long pendant l'hiver sur le trèfle ; on croit l'empêcher, par ce moyen, d'être déchaussé. Après un trèfle fumé, le blé est plus beau qu'après un trèfle qui n'a été que plâtré.

Dans certaines localités, on pense que le plâtre agit encore sur les récoltes suivantes (1); dans d'autres endroits, au contraire, on regarde comme nécessaire de répandre un peu de fumier sur les chaumes du trèfle avant d'y semer du blé. En général, on emploie le plâtre dans la même proportion que le blé; chaque setier de plâtre ne revenant qu'à 5 ou 6 sous, ce qui fait 24 sous par arpent de 20 ares, il est impossible de se procurer un engrais à plus bas prix : heureux les pays qui ont des carrières à plâtre ! Schrœder trouve trop forte la proportion ci-dessus indiquée. « En général , dit-il, on répand trop de «plâtre sur les champs de trèfle; des expériences « sans réplique m'ont convaincu qu'il suffisait d'em- « ployer les deux tiers de ce que l'on prend en blé; « le surplus ne produit aucun effet, c'est donc une « pure prodigalité. »

On sème le plâtre au printemps, lorsque le trèfle commence à couvrir la terre ; cette opération s'effectue, autant que possible, à la rosée ou par un temps humide, afin que le plâtre puisse s'attacher aux feuilles. Quelques cultivateurs choisissent, à cet effet, un temps pluvieux ; mais peut-être ont-ils tort. Dans les arrondissements situés au nord de Strasbourg, on répand le plâtre en deux fois; on en sème la moitié ou les deux tiers aussitôt que la ré-

---

(1) Cette expression ne me semble pas tout à fait exacte. Ce n'est pas le plâtre qui agit sur les récoltes suivantes, mais bien le trèfle dont la végétation, devenue plus vigoureuse par suite de cet engrais, laisse une plus grande richesse dans le sol. ( *Note de l'auteur.* )

colte de grains est enlevée, et l'on répand le reste au printemps. Il faut au surplus, par cette méthode, quelques setiers de plus que lorsqu'on sème le tout au printemps. A Bergzaverne, on prétend qu'il y a plus d'avantage à répandre le plâtre quand le trèfle a déjà commencé à pousser dans la récolte, mais alors on ne plâtre plus avant le printemps suivant.

« Meyer, ainsi que plusieurs autres cultivateurs, dit
« Schrœder, veulent qu'on répande le plâtre avant
« l'hiver ou au mois de février; d'après ma propre
« expérience, cela dépend de ce que l'on veut faire
« du trèfle : si l'on doit s'en servir de bonne heure,
« comme fourrage, ou s'il doit être converti en foin.
« Dans le premier cas, ils ont raison ; dans le second
« cas, au contraire, je pense qu'il vaut mieux ne pas
« répandre le trèfle avant le mois d'avril lorsque le
« printemps est chaud, ou même avant le mois de
« mai, si le printemps est froid. »

Dans beaucoup d'endroits de l'Alsace, on n'ose pas répandre le plâtre par un temps froid, ni lorsque les plantes sont chargées de glace, parce qu'alors cet engrais ne produit aucun effet sur le trèfle ; il en est de même lorsqu'il survient du froid deux ou trois jours après qu'on a plâtré, c'est pourquoi l'on attend que le temps soit doux. Dans d'autres localités, au contraire, on ne tient aucun compte de la température ; il serait donc nécessaire d'entreprendre de nouvelles recherches à ce sujet. On m'a assuré que dans le Rieth, on regardait le plâtre comme nuisible dans un terrain argileux et humide.

On a rarement assez de trèfle en Alsace pour convertir la récolte en foin, c'est pourquoi on le fait consommer en vert; dans ce cas, on le fauche deux ou trois fois; quelquefois on ne prend qu'une seule coupe et l'on enfouit la seconde. On ne garde le trèfle que pendant un an, à moins que le sol ne soit excellent. Si le trèfle est mal venu, je pense qu'on ne saurait mieux faire que de le retourner après avoir pris une première coupe ou même avant, et de semer ensuite des pois qui y réussissent très-bien. Autant un trèfle bien réussi est avantageux pour le sol, autant un trèfle mal réussi lui est nuisible; si donc on remplace le trèfle mal réussi par des pois ou des vesces fauchés en vert, non-seulement ce dernier fourrage présentera plus de profit, mais la terre sera encore mieux préparée pour recevoir des grains d'hiver que si ceux-ci succédaient à un trèfle infesté de mauvaises herbes.

Le trèfle, cultivé comme porte-graines, donne encore de beaux bénéfices. « Il y a quelques années, « dit Schrœder, un paysan de Schillersdorf récolta « 5 hectolitres de graines sur sa pièce de trèfle et « vendit chacun de ces hectolitres 120 fr. Il est des « années où la graine de trèfle est encore plus chère, « principalement lorsqu'il y a beaucoup de com- « mandes à l'étranger; j'en ai vu le prix s'élever jus- « qu'à 192 fr. Le trèfle destiné à porter graines ne « doit pas être trop vigoureux, il vaut mieux même « qu'il soit un peu maigre. J'ai vendu, il y a deux « ans, pour la somme de 8 fr., la première coupe

« d'une pièce de trèfle maigre ; je gardai la seconde
« parce que personne n'en voulait, elle me donna
« huit setiers de graines dont je retirai 112 fr. »

L'ennemi redoutable du trèfle, la cuscute d'Europe (*cuscuta europæa*), dont j'ai déjà parlé en
traitant des féveroles et qui cause tant de dégâts en
Flandre, commence aussi à se répandre en Alsace.
Cette mauvaise herbe ne s'élève que tard et ne fait
aucun tort à la première coupe de trèfle ; mais, en
général, elle enveloppe tellement la seconde coupe,
qu'il est impossible d'en tirer le moindre parti. Je
crois devoir recommander ici à mes compatriotes de
faire attention à cette plante, afin que leurs enfants
n'aient pas à se repentir un jour de la négligence et
de l'indifférence de leurs pères. Déjà, dans certaines
parties de la Flandre, on ne peut plus semer le trèfle
que dans le lin, parce que les sarclages qu'exige cette
plante servent en même temps à détruire la cuscute ;
mais la culture du lin étant peu répandue en Alsace,
il faut recourir à un autre procédé.

A la vérité, on a inventé une machine pour séparer la cuscute des graines de trèfle ; mais le cultivateur peut arriver au même but sans faire cette
dépense, s'il veut, toutefois, se donner un peu plus
de peine. Ses champs ont-ils été préservés jusqu'alors de la cuscute, qu'il produise lui-même sa
graine de trèfle, ou bien qu'il tâche de s'en procurer auprès des cultivateurs dont les terres sont
exemptes de ce fléau ; mais, s'il n'est pas dans ce
cas, il ne lui reste d'autre ressource que de faire

trier sa semence par son monde, et, dans la supposition où il n'en viendrait pas entièrement à bout, il fera bien d'en nettoyer une assez grande quantité pour pouvoir en ensemencer une pièce à part. En semant son trèfle dans du lin et en le réservant, l'année suivante, comme porte-graines, il peut être assuré que celui-ci ne contiendra pas de cuscute. Là où l'on ne cultive pas le lin, je conseillerai de semer la graine de trèfle nettoyée dans les féveroles, parce que cette plante favorise la végétation de la cuscute. Il faut avoir soin de ne pas laisser cette plante venir à maturité; mais, dès que la cuscute commence à envahir les féveroles, on coupe ces dernières près de terre et on les fait consommer en vert par le bétail : je serais bien trompé si, les années suivantes, il paraissait de la cuscute dans le trèfle (1). On devrait, dans le cas que je propose ci-dessus, supprimer le hersage du trèfle au printemps, quoique cette opération lui soit d'ailleurs si utile et qu'on n'en sente pas assez le prix en Alsace. J'engagerai ici les cultivateurs dont les champs sont envahis par la cuscute à ne point convertir en fumier les gousses ni les balles de féveroles, et à ne

(1) Le seul moyen efficace qu'on ait proposé jusqu'ici, pour détruire la cuscute, consiste à cerner, par une tranchée, l'endroit attaqué ; on enlève ensuite la croûte supérieure de cette partie du champ de trèfle ou de luzerne, on la dresse en tas sur le sol et l'on y met le feu ; quelque temps après, on ensemence de nouveau. Si le champ de luzerne était fortement infesté de cuscute, nous pensons qu'il vaudrait mieux le retourner et n'intercaler, pendant quelques années, que des vesces, de la minette ou des récoltes sarclées parmi les récoltes de grains.

( Note du traducteur. )

point les employer comme fourrage, parce que, suivant toute probabilité, les graines de cuscute passent, sans être digérées, à travers le canal intestinal des bestiaux, et sont ainsi apportées de nouveau dans les champs. Le seul moyen de se préserver de la cuscute consiste à jeter au feu tout ce qui provient d'un tel champ de féveroles; on ne réserve que les semences.

Le trèfle, de même que tout ce qui est bon, a aussi ses détracteurs. Il existe encore parmi les cultivateurs quelques vieux entêtés, partisans outrés de l'ancien régime, qui prétendent qu'autrefois on récoltait plus de blé que maintenant; de là leur proverbe : Quiconque sème du trèfle, change son blé en herbe. Cela peut être vrai si l'on fait revenir le trèfle trop souvent, par exemple tous les trois ans, ou si on le cultive mal; mais l'abus que l'on fait d'une bonne chose ne saurait lui ôter de ses qualités. Quant à donner un produit en grains plus fort que celui-ci, 1° jachère pure, 2° blé, 3° orge, nous ne contestons nullement l'infériorité du trèfle à cet égard; mais ces messieurs comptent-ils donc pour rien le trèfle, et un arpent de 20 ares en trèfle bien réussi ne vaut-il pas au moins autant que la moitié d'un bon arpent de blé, et combien compte-t-on d'exploitations rurales qui puissent, de nos jours, se soutenir sans trèfle, luzerne ou sainfoin ? Il n'est donc pas étonnant que les adversaires mêmes du trèfle cultivent cette plante tout comme leurs voisins. Le feraient-ils, s'ils n'étaient eux-mêmes convaincus de l'injustice de leur accusation, ou pourraient-ils, en se passant du trèfle, continuer leur culture améliorée? Leurs discours feront d'autant moins de convertis, que le prédicateur lui-même trouve bon de ne pas suivre sa propre doctrine.

### LUZERNE, SAINFOIN, SPERGULE.

De même que, dans un bon sol, toute espèce de plantes croît et prospère, de même la luzerne et le sainfoin réussissent en Alsace; cela tient non-seulement à la couche supérieure, mais encore au sous-sol de cet heureux pays.

On cultive la luzerne dans le Rieth ainsi que dans les arrondissements de Saverne et de Wissembourg. Ce n'est que dans la plaine située entre l'Ill et la chaîne des montagnes que la luzerne n'est point cultivée, ou, du moins, ne l'est que fort peu, non que le sol ne puisse convenir à cette plante, mais parce que le morcellement et la valeur excessive des propriétés ne comportent pas facilement, dans l'assolement triennal, un fourrage qui, pour être assez productif, doit occuper le sol pendant plusieurs années. Du reste, les vastes pâturages communaux sont un obstacle à sa culture ainsi qu'à celle du trèfle, et il est vraiment fâcheux pour l'agriculture qu'on puisse, avec leur secours, se passer de ces prairies artificielles.

« Bien que la luzerne l'emporte sur tous les au-
« tres fourrages, dit Schrœder, cette culture est

« fort négligée chez nous; elle trouverait cepen-
« dant, dans plusieurs localités, le sol qui lui con-
« vient par excellence. Des expériences mal faites
« ont détourné mes voisins de cette culture : on
« semait la luzerne trop clair et dans une terre
« remplie de mauvaises herbes. Nulle part la lu-
« zerne ne réussit mieux que dans un champ qui,
« l'année précédente, a porté de la garance, et qui,
« par conséquent, se trouve net de mauvaises her-
« bes et profondément défoncé. Il y a plus de vingt
« ans, je semai de la luzerne sur une pièce de ga-
« rance et je la fis sarcler pendant le cours de sa
« végétation; elle crût avec tant de rapidité que,
« dès la première année, je pus la faire faucher
« cinq fois : les trois dernières coupes me donnè-
« rent un riche fourrage. La seconde année, j'ob-
« tins plus de fourrage de cette pièce de luzerne
« que je n'en aurais retiré d'une pièce de trèfle
« trois fois plus étendue : la luzerne avait cinq
« pieds de haut. »

Aucun pré, aucun trèfle ou fourrage quelconque
ne saurait égaler, pour le rendement, une luzernière bien tenue, ni la surpasser en qualité. On
m'a assuré avoir obtenu à Molsheim quarante quintaux de foin d'une pièce de luzerne de 20 ares :
cela vient à l'appui des 60 quintaux qu'on dit avoir
obtenus en Allemagne sur un champ de même étendue. De ce qu'on peut faucher la luzerne de trois à
cinq fois, il résulte que cette plante fourragère est
de la plus haute importance pour toute exploitation

où l'on connaît la valeur du fumier et où l'on tient le bétail à l'étable. Partout où la luzerne peut venir (et il n'y a malheureusement que trop de pays où elle ne réussit pas), un bon cultivateur doit en avoir un certain nombre d'arpents; c'est là son premier fourrage vert en attendant que le trèfle puisse être fauché (1). Après avoir pris une première coupe de trèfle, il peut, de nouveau, faire faucher sa luzerne; pendant ce temps, la seconde pousse de trèfle pousse, et tandis qu'on la fait consommer par le bétail, la troisième coupe de luzerne est bonne à faucher et permet de nourrir ainsi le bétail jusqu'aux gelées. Une exploitation qui serait basée sur la culture du trèfle, et à laquelle la luzerne viendrait, par circonstance, prêter son appui, n'aurait nullement besoin d'aller ailleurs chercher du fumier.

En Alsace, on sème la luzerne dans l'orge ou dans le blé; elle dure cinq, six et même huit ou dix ans dans quelques endroits; cependant on ne la garde, en général, que pendant cinq ou six ans (2). La luzerne est plâtrée, chaque année, de même que le trèfle : je doute qu'on la herse; cette

(1) Toutes circonstances égales, c'est le trèfle qui précède la luzerne; l'Alsace ferait ici exception à la règle générale. Du reste, quand on suit le système de nourriture à l'étable, il est prudent d'appeler encore à son secours les vesces, en semant celles-ci à différents intervalles.

( Note du traducteur. )

(2) Et cela vaut toujours mieux, à moins que la luzerne n'ait été semée sur des champs très en pente ou sur des coteaux rapides, auquel cas on la fait durer aussi longtemps que possible.

( Note du traducteur. )

opération, cependant, lui est très-utile et souvent même nécessaire au printemps. Le hersage est d'autant meilleur qu'il est plus énergique : la première année seule exige un hersage modéré. Il est encore très-avantageux de herser la luzerne chaque fois qu'on vient de la faucher, surtout lorsqu'elle contient beaucoup d'herbe ; cette opération n'est pas nécessaire après la dernière coupe d'automne.

Dans certains endroits, on retourne le champ de luzerne avec la houe, et dans d'autres endroits avec la charrue. Dans une localité dont j'ai oublié le nom (je crois que c'est à Wasselingen), on emploie la méthode suivante pour défricher la luzerne : après avoir pris une coupe dans la dernière année, on laisse pousser la seconde à six pouces de hauteur, et l'on donne ensuite un labour aussi profond que possible, afin que la luzerne soit complétement enfouie. Le champ reste dans cet état pendant l'été, l'automne et l'hiver ; au printemps suivant, on y sème de l'avoine sans donner de labour ; et on l'enfouit par un hersage : la terre, à cette époque, est réduite en cendres ; l'avoine y réussit à merveille. Cette excellente pratique ne saurait être trop recommandée (1). Nul doute que le chanvre, le lin, le tabac ne viennent aussi très-bien dans une terre ainsi préparée.

(1) Il vaudrait mieux, suivant nous, herser le champ en long et en travers, afin de le niveler avant de semer l'avoine ; la semence se trouverait ainsi plus uniformément répartie ; on enterrerait, du reste, l'avoine par un ou deux hersages suivis d'un tour de rouleau si l'on craignait la sécheresse. ( *Note du traducteur.* )

Je ne puis me dispenser de parler ici d'un abus dont j'ai été témoin : aux portes de Strasbourg, là où le terrain a une si grande valeur et est si bon qu'on y voit des champs entiers de choux-fleurs et d'asperges, j'ai rencontré des champs de luzerne qui n'indiquaient plus que par quelques touffes éparses çà et là ce qu'ils avaient été autrefois; ils étaient tous infestés de chiendent : c'est là, j'ose le dire, un crime de lèse-nature dont un Belge ne se rendrait pas coupable. Pour toute excuse, on m'a dit que ces terres appartenaient à des gens riches : la richesse doit-elle donc tout gâter !

La luzerne, de même que le trèfle, a un ennemi redoutable dans la cuscute; ses ravages augmentent chaque année. Déjà, dans certaines localités du Rieth, comme à Markolsheim, l'on s'est vu forcé d'abandonner la culture de la luzerne et de la remplacer par le sainfoin.

### SAINFOIN.

Bien que le sainfoin ne vaille ni la luzerne, ni le trèfle pour l'abondance des produits, d'après l'opinion générale, il l'emporte sur les deux autres, quant à la bonté de son fourrage. Le sainfoin ne donne ordinairement qu'une forte coupe; le regain ne peut qu'être pâturé (1). Il y eut, toutefois, excep-

---

(1) La variété dite à deux coupes ne donne également qu'une coupe et un bon pâturage; elle convient surtout aux mauvaises terres, ses tiges sont plus dures que celles du sainfoin ordinaire.

(*Note du traducteur.*)

tion à cette règle en 1813. Cette année-là, dans le Rieth, on fit deux coupes complètes, dont chacune avait 3 pieds de hauteur. Le sainfoin, jusqu'ici, n'a été cultivé que dans le département du Haut-Rhin. Dans les Vosges, là où le sol est calcaire, il serait bon de s'occuper de la culture de cette plante ; elle procure de grandes ressources dans plusieurs parties montagneuses du Luxembourg : c'est elle qui forme la base des assolements dans le Palatinat.

## SPERGULE.

Spergule (*spergula arvensis*). Cette plante, véritable trésor pour les pays sablonneux, n'est point connue, à ce qu'il paraît, même dans les parties les plus arides de ce département ; je n'aurais donc pas à en parler si je ne désirais doter mes compatriotes de cette culture. Là où la terre sablonneuse ne permet pas la culture du trèfle, la spergule offre de grandes ressources : sans cette plante, la Campine du Brabant serait encore un désert inhabité.

Loin de nuire en seconde récolte, comme les navets, aux grains qui lui succèdent, la spergule améliore notablement la terre lorsqu'on la fait manger sur place, et elle forme ainsi une excellente préparation pour les grains d'hiver : enfouie comme fumure verte, elle fournit un engrais plus énergique que le colza et les fanes de navets ; c'est pourquoi je n'hésite pas à la recommander à tous les Alsaciens qui cultivent des terres sablonneuses ; j'espère qu'ils écouteront mes conseils et qu'ils tenteront au moins quelques expériences à ce sujet.

« J'ai remarqué, dit l'observateur Schrœder,
« une espèce de luzerne qui croît dans nos environs
« et mérite qu'on essaye sa culture, c'est le *medi-*
« *cago ciliaris*. Ce n'est, il est vrai, qu'une plante
« annuelle, mais elle croît promptement ; son
« feuillage est abondant, et elle est très-recherchée
« par les bestiaux. En 1805, j'essayai de la semer
« avec de la spergule dans un chaume de blé ; nous
« étions alors à la mi-août, et, dès le 24 septem-
« bre, je pus la faire faucher. De cette seule expé-
« rience on peut conclure que, semé plus tôt, le
« *medicago ciliaris* aurait pu donner au moins une
« voiture de fourrage à la Saint-Michel ; mais, cette
« année-là, le blé mûrit très-tard, c'est ce qui em-
« pêcha de semer plus tôt cette luzerne. Comme
« elle rend beaucoup de graines, il n'est pas né-
« cessaire d'en laisser une grande étendue venir à
« maturité. Des expériences répétées pourront
« seules décider si cette plante mérite ou non
« d'être cultivée. »

### DES PRAIRIES.

La grande chaîne de montagnes qui, d'un côté, ferme l'Alsace, non-seulement détermine une multitude de vallées, mais elle leur verse encore la vie et la fécondité par une foule de sources et de rivières. Que deviendrait l'agriculture dans la plupart des endroits si ceux-ci n'avaient point de prairies ? L'art peut, il est vrai, suppléer à ce qui manque dans bien des localités moins favorisées du ciel; l'homme peut, à la sueur de son front, se procurer les ressources qui lui ont été refusées, mais heureux celui que la nature n'a point condamné à de rudes labeurs, encore qu'elle lui laisse toujours quelque chose à faire, même en le comblant de ses faveurs! La plus belle prairie exige toujours quelques soins, n'y eût-il qu'à extirper les mauvaises herbes, à combler les inégalités du terrain, à détruire les taupinières, à amener l'eau des sources et des rivières aux plantes altérées, à assainir les endroits marécageux et à fumer les parties maigres; mais dans combien de localités les sources et les rivières ne coulent-elles pas sans profit pour l'agriculture? Est-il donc écrit que l'homme voudra toujours jouir sans se donner la moindre peine?

Pourquoi, dans ce paragraphe important, ne puis-je vanter le peuple dont je décris l'agriculture? Il existe, il est vrai, quelques irrigations en Alsace, mais l'art de les pratiquer y est inconnu. A Bergzaverne, cependant, j'ai trouvé plusieurs irrigations bien conduites; certains villages profitent un peu également des eaux du canal de Bruche; dans quelques endroits, on fume les prairies maigres avec la boue des chemins de la ferme, avec les débris du chanvre, les balles de grains, ou avec des cendres lessivées; mais qu'est-ce que cela prouve, si ce n'est qu'il y a partout des gens qui se réveillent plus tôt que d'autres; mais, en général, on peut dire que la culture des prés en Alsace n'est point au niveau de l'agriculture de ce pays.

Il est vrai, l'amélioration des prés, surtout lorsqu'il s'agit d'une grande surface, ne dépend pas toujours uniquement du simple particulier ; c'est ici le cas, ou jamais, où le gouvernement doit venir au secours des intérêts privés. Il est des arrondissements qui pourraient être arrosés en totalité, si l'on avait les moyens de les mettre en communication avec une rivière ou le bras d'un petit fleuve ; dans d'autres localités, tout un pays est submergé parce qu'on ne peut donner à l'eau une issue en creusant un vaste fossé d'écoulement : mais cette communication, cette issue, dépendent rarement de la bonne volonté des particuliers, car souvent les dépenses excèdent leurs ressources. L'exemple du Palatinat prouve tout ce qu'un gouvernement paternel peut faire pour le bien de ses sujets.

N'ayant recueilli par moi-même que peu d'observations sur la culture des prés en Alsace, je laisserai parler sur ce sujet le digne ministre Schrœder.

« La commune de Schillersdorf, nous dit-il, a
« beaucoup de bons prés naturels ; c'étaient eux qui
« formaient la principale richesse des habitants avant
« la révolution, la guerre et la vente des biens natio-
« naux. Cette culture, combinée avec celle du trèfle,
« avait fait augmenter la quantité du bétail ; aussi
« obtenait-on plus de fumier, et, par suite, plus de
« produits, et le sol se trouvait-il plus amélioré.
« La plupart de ses prés sont situés sur la pente des

« coteaux ; le sol en est compacte, aussi le fourrage
« y est-il abondant et de bonne qualité. Les princi-
« pales plantes qui entrent dans leur composition
« sont : le trèfle blanc, le trèfle rouge, le pied-
« de-lièvre, l'ivraie vivace, la flouve odorante, la
« fétuque des prés, l'houlque laineux et le lotier
« corniculé.

« Nos prés, occupant le plus souvent le penchant
« des coteaux, ne peuvent être arrosés que par
« l'eau qui arrive des terres situées plus haut ;
« chacun alors de chercher à détourner un peu
« l'eau de son voisin pour l'amener sur ses prés.
« C'est là toute la pratique des irrigations à Schil-
« lersdorf ; les prés situés dans les bas-fonds sont
« abandonnés à la nature, et chaque année ils se
« trouvent suffisamment engraissés par le débor-
« dement d'un canal qui traverse le village. Les
« prairies situées sur les hauteurs ne possédant
« pas cet avantage, on vient à leur secours à l'aide
« d'un peu d'engrais ; on choisit, pour cela, les
« boues de ferme, de route, la poussière de la grange
« et les débris du chanvre.

« Le hasard m'a fait connaître, il y a quelques
« années, un engrais excellent dont j'ai fait usage de-
« puis avec le plus grand succès. Au sommet du coteau
« sur lequel se trouve ma propriété, j'avais ense-
« mencé une pièce avec du lotier corniculé et quel-
« ques bonnes espèces de graminées dont j'avais
« récolté les graines dans les prés. Dès la seconde
« année, la terre était couverte d'un gazon épais.

« Tout près de là, un paysan cultivait un champ
« fort étendu de pommes de terre; il fit transporter,
« à mon insu, les fanes sur mon pré nouvellement
« formé. Je craignais que l'herbe ne vînt à pourrir
« ou ne fût étouffée sous cette épaisse couverture,
« mais le mal était déjà fait. Je laissai donc les fanes
« de pommes de terre sur cette partie de ma pièce et
« je fumai le reste, partie avec de la terre, partie
« avec de la colombine. Au printemps, on enleva
« les fanes de pommes de terre et on en fit de la li-
« tière pour le bétail. L'herbe vint à merveille dans
« toute la pièce, mais nulle part elle ne fut plus
« belle que là où l'on avait mis les fanes de pommes
« de terre ; elle avait jusqu'à 3 pieds de haut dans
« ces endroits-là, et le lotier corniculé était si touffu,
« qu'on ne pouvait toucher la terre en y marchant ;
« on se serait cru sur un tapis de verdure. Depuis
« ce temps, je n'ai cessé d'employer les fanes de
« pommes de terre à cet usage, et j'en ai toujours ob-
« tenu d'aussi bons résultats. Les feuilles de pommes
« de terre, le mucilage des tiges dissous par l'air et
« par la pluie, donnent un engrais qui semble l'em-
« porter sur toute autre matière fertilisante. Les
« fanes sèches ne sont pas perdues ; elles servent, au
« printemps, de litière pour le bétail, et cependant,
« malgré cet exemple frappant, en présence même
« des faits, mes voisins se bornent à admirer les
« riches récoltes que j'obtiens sur ce coteau sec, et
« ils n'en continuent pas moins de transporter leurs
« fanes de pommes de terre dans leur cour.

« L'année dernière, voulant fumer une grande
« étendue de terrain avec le peu d'engrais que j'a-
« vais à ma disposition, je fis étendre ma colombine
« dans un grenier, afin qu'elle pût sécher complé-
« tement. Une fois sèche, je la fis réduire en poudre
« et la passai ensuite au tamis. On choisit une ma-
« tinée où le temps était calme et où il tombait une
« petite pluie pour répandre en couches minces la
« colombine sur l'un de mes prés, ainsi que sur une
« pièce de blé et de trèfle. Je n'avais que 9 setiers
« de colombine pour 30,000 pieds carrés ; on peut
« juger par là que cet engrais agissait moins par
« sa quantité que par ses propriétés stimulantes
« et par la faculté qu'avaient les plantes de l'absor-
« ber. La vigueur et la croissance rapide de la végé-
« tation attestèrent bientôt l'énergie de cet engrais ;
« le blé fumé avec la colombine s'élevait à un demi-
« pied de plus que celui qui n'avait pas été fumé de
« cette manière ; il en fut de même pour le pré et la
« pièce de trèfle dont je n'avais fumé exprès que la
« moitié avec de la colombine. Il est essentiel, lors-
« qu'on fait usage de cet engrais, de choisir un
« temps calme et pluvieux, ou bien un jour de rosée
« pour le répandre.

« Quoique nos prés soient généralement bons, il
« en est cependant, dans les bas-fonds, dans les-
« quels on trouve beaucoup de prêle (*equisetum*);
« les bêtes à cornes et les moutons ne veulent pas du
« foin qu'on y récolte, parce qu'il leur blesse le pa-
« lais et, par suite, les empêche de manger ; les che-

« vaux, au contraire, s'en nourrissent avec avidité :
« ils ne touchent pas au foin qui contient une grande
« quantité de renoncules (1).

« Parmi les plantes que recherche le bétail, je
« placerai en première ligne l'ivraie vivace (*lolium*
« *perenne*), l'houlque laineux (*holcus lanatus*),
« la flouve odorante (*anthoxanthum odoratum*),
« la fétuque des prés (*festuca pratensis*), le pa-
« nicaut des prés (*alopecurus pratensis*), le trèfle
« des prés (*trifolium pratense*), le trèfle rampant
« (*T. repens*), le trèfle champêtre (*T. campestre*),
« le trèfle couché (*T. procumbens*), la spergule
« (*spergula arvensis*), et enfin le lotier corniculé
« (*lotus corniculatus*).

« L'ivraie, ainsi que l'houlque, abondent dans
« nos prés ; la fétuque donne de riches récoltes, mais
« il faut la faucher pendant la floraison, sans cela
« ses tiges deviennent trop dures (2).

« Le trèfle blanc forme un fourrage excellent soit
« en vert, soit en sec ; il se laisse faner aisément et
« convient très-bien aux vaches et aux moutons et,
« de plus, il ne météorise pas : semé dru, il donne

(1) Ces prés souffrent d'un excès d'humidité ; le meilleur moyen
d'en extirper les prêles, les renoncules, les laîches et autres plantes
aquatiques, consiste à pratiquer des saignées, à entretenir avec soin
les fossés d'écoulement et à répandre de la chaux sur les prés : on ne
tardera pas à voir les meilleures plantes à fourrage remplacer ces
mauvaises herbes.                    (*Note du traducteur.*)

(2) Il en est de même pour toutes les plantes qui entrent dans la
composition des prairies ; fauchées à l'époque de leur floraison, elles
donnent un foin très-savoureux ; elles épuisent, en outre, bien moins la
terre que lorsqu'on les laisse venir en graines : la plupart des cultivateurs pèchent souvent contre cette règle.     (*Note du traducteur.*)

« une bonne coupe dès la seconde année. D'après
« mes observations, il vaut mieux semer ce trèfle à
« l'automne dans le blé d'hiver, plutôt que de le se-
« mer au printemps. Il rend beaucoup de grains,
« aussi les fermiers du Palatinat en font-ils un
« grand commerce. Cette plante réussit surtout
« dans les terres blanches, elle pourrait donc être
« cultivée avec avantage dans plusieurs localités de
« l'Alsace ; la seconde pousse est d'autant plus assu-
« rée, que la première est restée faible par suite d'un
« temps défavorable.

« Le trèfle champêtre et le trèfle couché se trou-
« vent fréquemment dans nos prés ; ils forment un
« excellent fourrage pour les moutons.

« Mais, de toutes les plantes fourragères dont nos
« prés se composent, je donne, sans contredit, la
« préférence au lotier corniculé. De tous temps, les
« prés où il est en abondance ont passé pour les
« meilleurs ; néanmoins on a toujours négligé cette
« plante dans la formation de nouvelles prairies. Il
« donne une herbe très-fine, très-abondante et très-
« touffue ; il vient dans toute espèce de sol ; ses ra-
« cines pénètrent très-avant dans la terre, aussi
« reste-t-il vert, même lorsque les autres plantes
« souffrent de la sécheresse ; un excès d'humidité ne
« l'empêche pas de pousser ; il résiste très-bien à un
« pâturage continu ; enfin il se reproduit de lui-
« même, à l'aide des nombreuses semences que ren-
« ferment ses gousses.

« L'expérience m'a tellement convaincu de l'uti-

« lité de cet excellent fourrage, que je ne saurais
« trop recommander sa culture à mes compatriotes.
« Je ferai seulement observer ici qu'il vaut mieux
« semer le lotier corniculé avant l'hiver, dans le blé
« d'automne, plutôt que de le semer dans le blé de
« printemps. Lorsqu'on suit cette dernière mé-
« thode, il reste faible pendant la première année,
« et il faut alors attendre une année de plus. Au
« contraire, si on le sème parmi le blé, dans un sol
« bien fumé, on peut s'attendre à une bonne récolte
« dès la seconde année, surtout si on le fume un peu
« à l'automne et si l'on y répand du plâtre au prin-
« temps. Une pièce de la contenance de 60,000 pieds
« carrés, dans laquelle je semai, il y a deux ans, du
« lotier corniculé dans la céréale d'hiver avec un
« mélange de plusieurs autres graines, me rendit,
« cette année, trente bonnes voitures de foin et au-
« tant de regain, c'est-à-dire 120 quintaux de foin;
« une autre pièce voisine, dans laquelle je semai du
« lotier parmi l'avoine, ne me donnera une récolte
« satisfaisante que l'année prochaine.

« On peut donc, en suivant la première méthode,
« se procurer, dès la première année, une prairie
« durable avec quelques graines de foin et du lotier
« corniculé; tandis que, par le procédé ordinaire, il
« faut quatre ou cinq ans avant que le terrain soit
« bien enherbé.

« Il est aisé d'amener le lotier à l'état de fructifi-
« cation, mais il n'est pas facile d'en recueillir la
« graine. S'il ne pleut pas trop longtemps pendant

« la floraison, le lotier donne beaucoup de semen-
« ces; il fleurit pendant un mois ou six semaines,
« de sorte que la maturation s'effectue inégalement.
« Il ne faut pas attendre, pour récolter, que les grai-
« nes soient tout à fait mûres; car, les gousses
« s'ouvrant très-facilement, on serait exposé à per-
« dre la meilleure partie de la semence. La seconde
« coupe doit être préférée comme porte-graines;
« on attend, pour récolter, que la plus grande par-
« tie des gousses aient pris une teinte jaunâtre; on
« choisit un beau temps pour faucher, et, au lieu
« de laisser les plantes en javelles, on les roule en
« tas sur elles-mêmes; de cette manière, les graines
« qui ne sont pas encore mûres achèvent leur ma-
« turité au moyen de la fermentation qui s'opère
« dans les tas.

« C'est après la seconde coupe qu'on fait pâturer
« les prés en Alsace. Le regain enlevé, on laisse huit
« ou quinze jours d'intervalle avant d'y mettre le
« bétail, afin que l'herbe ait le temps de repousser
« un peu. Tous les troupeaux sont conduits à la fois
« sur les prés, et nul n'a le droit de faire paître son
« bétail dans un endroit spécial.

« Le pâturage d'automne ne laisse pas que d'avoir
« une certaine valeur, si l'on examine que plusieurs
« centaines de bœufs ou de vaches y sont nourris
« depuis la mi-septembre jusqu'à la fin d'octobre,
« que les vaches y donnent plus de lait et que le bé-
« tail à l'engrais y prend de la chair; cet avantage
« est surtout précieux pour la classe pauvre, et com-

« pense les inconvénients qui résultent de cette mé-
« thode (1); car on ne peut nier que le pâturage
« d'automne ne soit préjudiciable aux prés. L'expé-
« rience prouve qu'une prairie qui n'a point été
« pâturée après la recolte du regain rend plus de
« foin que celle qui l'a été, lors même qu'on fau-
« cherait encore une fois après avoir enlevé le re-
« gain. » Le pâturage d'automne est surtout nuisible
lorsqu'on conduit les chevaux et les moutons dans
les prés par un temps humide. Ces animaux défoncent
le terrain, l'eau y forme des flaques, et les racines
des plantes pourrissent pendant l'hiver. Les moutons ne devraient jamais entrer dans les prés lorsque
le sol a été détrempé par les pluies, parce qu'alors
ils y causent un tort considérable : cette pratique
n'offre pas d'inconvénients par un temps sec.

Le pâturage de printemps devrait être interdit à
toute espèce de bétail, et cela, d'autant plus, qu'il
est plutôt nuisible qu'utile aux troupeaux et que les
intérêts des propriétaires se trouvent lésés. Passé le
15 mars, l'entrée des prés devrait être fermée aux
moutons lorsque le temps est humide; mais si la
saison est sèche, le pâturage peut se prolonger sans
inconvénient jusqu'au 15 avril.

(1) Indépendamment des inconvénients matériels qu'entraîne la
vaine pâture, elle cause encore un mal moral très-grave. Les enfants,
en effet, qui sont ordinairement chargés de la garde des troupeaux,
s'accoutument à l'oisiveté; par suite de leur désœuvrement, ils com-
mettent bientôt des délits dans les propriétés situées dans le voisinage
des prés et finissent, la plupart du temps, par se livrer au vagabon-
dage : ce motif seul suffirait, suivant nous, pour condamner l'usage de
la vaine pâture, d'ailleurs si préjudiciable. (*Note du traducteur.*)

## CULTURE DU CHANVRE.

Ce que le lin est pour la Flandre, le colza pour le Brabant, la vigne pour les bords de la Moselle, le chanvre l'était jadis et l'est encore en partie pour l'Alsace. C'est grâce à cette plante que le cultivateur peut payer le loyer élevé de ses terres, acquitter les droits du fisc et fournir à ses propres besoins. Ces avantages, il les doit non-seulement au bénéfice qu'il retire de sa récolte, mais encore au temps et à la main-d'œuvre qu'exige cette plante. Le petit cultivateur, en effet, a besoin d'utiliser ses moments perdus, et, sans la culture du chanvre, bien des bras resteraient sans occupation dans un pays aussi peuplé que l'Alsace. De tout temps l'exportation du chanvre a été un objet principal de commerce pour la ville de Strasbourg; cette culture, comme nous le verrons tout à l'heure, faisait entrer une quantité considérable de numéraire dans le royaume.

D'après un relevé fait en 1778 par l'intendant de la province, il résulte que la récolte du chanvre blanc s'élève à elle seule, dans certaines localités, à 40,000 quintaux, c'est-à-dire à 4 millions de francs. Parmi les 149 villages qui se livrent à cette culture, on en compte 73 qui cultivent le chanvre blanc, et 76 qui cultivent le chanvre gris. En admettant que ce dernier ne produise que moitié de ce que rend le chanvre blanc, on trouve que le Bas-Rhin produit 60,000 quintaux de chanvre. Dans l'année 1802, où la récolte manqua par suite de l'extrême sécheresse, le produit du chanvre blanc fut porté à 25,000 quintaux; si l'on ajoute à ce chiffre la récolte du chanvre gris, évaluée d'après le produit ci-dessus indiqué, on aura un total de 37,500 quintaux; la moyenne des années 1778 et 1802 serait donc de 48,750 quintaux, soit 50,000 quintaux.

Chaque cultivateur met à part sur sa récolte de chanvre tout ce qu'il peut faire filer pendant l'hiver par son monde; le chanvre est filé dans l'Alsace sur des métiers de tisserand : ce travail est évalué à un million et demi, somme énorme pour une province vouée exclusivement à l'agriculture, et qui, par cela même, exige tant de bras! Une voilerie, située près de Strasbourg, emploie 1500 quintaux de chanvre; plusieurs départements voisins tirent aussi quelque peu de chanvre de l'Alsace, encore ne recherchent-ils que le chanvre gris.

La quantité de chanvre employée dans le pays ne s'élève guère qu'à 20,000 quintaux; il reste encore, chaque année, 30,000 quintaux de chanvre sérancé qui, ne trouvant pas de débit dans l'intérieur du royaume, doivent nécessairement être exportés en Allemagne et en Suisse. Chaque quintal de chanvre représentant une valeur de 75 fr., il en résulte que cette exportation à l'étranger introduit 2,250,000 fr. dans le département, et par conséquent dans le royaume.

Ces renseignements, établis d'après des faits positifs, sont tellement d'accord avec la vérité, qu'à l'époque où l'exportation du chanvre fut défendue, comme, par exemple, en 92, l'Alsace ne fut point soumise à cette prohibition. Ce ne fut qu'en l'an ix de la république qu'on crut devoir assujettir aussi l'Alsace à cette mesure, dans l'intérêt de la marine ; aussi, depuis cette époque, la culture du chanvre a-t-elle diminué, chaque année, en Alsace. Voilà pourquoi en 1811 il y eut 20,000 quintaux de moins qu'en 1778. Un seul endroit, Bischweiler, qui comptait encore 60 fabriques et 800 ouvriers employés à la préparation du chanvre, n'a plus aujourd'hui que 42 fabriques, qui ne peuvent occuper plus de 150 personnes : espérons que le retour de la paix relèvera cette branche importante de l'agriculture alsacienne et lui rendra sa prospérité d'autrefois.

Voyons maintenant comment on cultive et l'on prépare le chanvre en Alsace.

## SOL.

On choisit pour le chanvre un bon sol, plutôt léger qu'argileux ; ce dernier, cependant, n'est point dédaigné toutes les fois qu'il jouit d'une certaine fraîcheur. Dans plusieurs endroits de l'arrondissement de Wissembourg, on lui consacre le meilleur terrain, c'est-à-dire une argile mêlée de sable noir. Le chanvre, néanmoins, vient très-bien dans un sable légèrement humide, et même dans une terre sablonneuse ordinaire, lorsque la température est favorable. J'ai dit déjà, dans mon ouvrage sur l'agriculture belge, qu'il réussit encore sur les terrains marécageux, ainsi que dans les étangs soumis à la culture.

## PLACE DANS L'ASSOLEMENT.

Dans l'assolement triennal, c'est toujours dans la jachère, et par conséquent après l'orge qu'on place le chanvre ; mais les cultivateurs judicieux le sèment toujours après les pommes de terre, le maïs, les choux, qui occupent alors la sole d'été au lieu de l'orge. Nulle place ne convient mieux au chanvre dans l'assolement. Le chanvre réussit parfaitement après un trèfle de plusieurs années ; il vient bien encore après un trèfle d'un an, même lorsqu'on ne fume que légèrement ; on a alors l'assolement suivant :

1. Blé,
2. Trèfle,
3. Chanvre,
4. Blé,
5. Orge,
6. Féveroles.

## PRÉPARATION DU SOL.

La terre destinée à porter du chanvre ne peut jamais recevoir trop de labours, ni être trop ameublie. En général, on donne cinq et quelquefois jusqu'à six labours. Les deux premiers ont lieu avant l'hiver : lorsqu'on ne peut les donner tous les deux à cette époque, on donne alors un labour de plus au printemps. On ne laboure pas aussi profondément pour le chanvre que pour le tabac, mais je suis convaincu qu'il serait plus avantageux de donner le dernier labour avant l'hiver aussi profondément que possible, et de répandre ensuite le fumier en couverture; on enfouirait ce fumier au printemps à une profondeur moyenne, et la terre se trouverait parfaitement ameublie par l'action de l'air et des gelées (1).

Les deux derniers labours ont lieu immédiatement avant la semaille; on les donne aussi superficiels et aussi étroits que possible, parce qu'ils ne doivent servir qu'à ameublir la surface du sol. On a bien soin, pour le chanvre, de ne jamais labourer par un mauvais temps. Lorsque le chanvre succède au trèfle, on déchaume superficiellement avant l'hiver, on herse, on répand du fumier et on l'enfouit; après les pommes de terre on herse le sol, on y met du fumier, et on ne donne qu'un seul labour avant l'hiver.

#### ENGRAIS.

Les choux exceptés, nulle autre récolte n'est plus fortement fumée que le chanvre. Partout on emploie huit charges de fumier par arpent de 20 ares, c'est-à-dire : deux voitures de plus que pour le tabac; j'ai trouvé des localités où l'on mettait jusqu'à dix

(1) Nous sommes complétement de l'avis de l'auteur; ce n'est pas tant le nombre des labours que leur opportunité qu'il importe surtout d'observer. Dans les terres fortes, les labours avant l'hiver présentent le moyen le plus efficace d'ameublir parfaitement le sol ; les gelées sont le meilleur auxiliaire qu'on puisse employer dans ce cas. Nous pensons donc qu'au lieu de donner cinq ou six labours pour la culture du chanvre, il vaudrait mieux déchaumer après la récolte et donner ensuite un labour très-profond à l'entrée de l'hiver : on répandrait le fumier en couverture pendant les gelées et on l'enterrerait au printemps par un labour superficiel : un coup d'extirpateur achèverait de préparer la terre pour les semailles du chanvre.　　　　(*Note du traducteur.*)

voitures de fumier. La moitié du fumier est répandue
avant l'hiver, l'autre moitié l'est au printemps. La
fumure avant l'hiver est généralement regardée
comme plus efficace que celle du printemps. Dans
certains endroits de l'arrondissement de Saverne, au
lieu d'enfouir le fumier au printemps, on le répand
sur le sol après avoir semé le chanvre : ce procédé
me semble nouveau et mérite d'être examiné (1).

Bien qu'on emploie toute espèce de fumier pour
la culture du chanvre, on donne cependant la préférence aux fumiers de cheval et de mouton. On a
remarqué que le fumier ordinaire d'écurie donne
un chanvre vigoureux, mais dont la hauteur n'offre
rien d'extraordinaire; au contaire, si l'on fait usage
de fumier dégagé de toute espèce de paille, par
exemple, de deux charges de ce dernier contre six
charges de fumier ordinaire, le chanvre atteint jusqu'à 7 et 8 pieds de hauteur. Toutes les fois qu'on
ne fume qu'avec ce fumier pur, quatre charges suffisent parfaitement, mais aussi l'orge rend moins
à la troisième année de l'assolement triennal, ce qui
n'arrive pas avec d'autres fumiers.

Outre les engrais dont on fait généralement usage
en Alsace, on emploie encore dans plusieurs localités
des feuilles décomposées et surtout des rognures de

---

(1) Depuis que ceci est écrit, j'ai su qu'en Suisse on employait le
fumier de la même manière. Plus tard, on arrose le champ avec du
purin et l'on donne au sol des hersages répétés, on sème ensuite; on
enterre la semaille par un trait de herse, et l'on répand enfin, sur toute
la surface du champ, du fumier ordinaire, mais qui a longtemps fer-
menté et qui, du reste, est court.            ( *Note de l'auteur.* )

cornes, des soies de porc, des chiffons et des débris de pelleteries. On en met quatre sacs par arpent de 20 ares ; le sac coûte de 6 à 7 fr. : on regarde cet engrais comme préférable à tout autre. A Bischeim, on met six voitures de fumier pour le chanvre, et on enfouit l'engrais par le premier ou le second labour; lorsqu'on donne le troisième labour, on répand encore 8 à 10 sacs d'orge germée sur le champ : le sac se paye à Strasbourg de 2 fr. 50 c. à 3 fr. Dans quelques endroits, on prétend avoir éprouvé de bons effets du plâtre ; dans d'autres, au contraire, on assure n'en avoir obtenu aucun résultat.

A la Queich, le chanvre ne reçoit pas de fumier, mais on lui applique des gazons lorsqu'on en a une quantité suffisante. Ces gazons sont mis en tas dans l'année qui précède, et on les répand sur le sol pendant l'hiver; cette saison passée, on brise ces gazons avec la houe, puis on les enfouit. Les champs de chanvre qui avaient été fumés de cette manière l'emportaient réellement sur ceux qui avaient reçu du fumier ; à la vérité, par cette méthode, il faut six fois plus de gazon que si l'on employait du fumier, mais il agit plus énergiquement et se fait sentir pendant plus longtemps sur les récoltes suivantes : je ferai observer ici que ces tas de gazons ne contiennent ni chaux ni d'autres engrais ou stimulants.

## SEMENCE.

En Alsace, on arrache en même temps les pieds mâles et les pieds femelles, et l'on n'attend pas, pour récolter, que les graines soient complétement mûres, parce qu'alors la filasse aurait moins de qualité; il suit de là que la semence n'est point propre à la reproduction. C'est aussi pour cette raison qu'on cherche à se procurer de la graine en semant quelques pieds de chanvre entre le maïs ou les pommes de terre. Ces pieds isolés, exposés de toutes parts à l'air et à la lumière, ont ainsi une grande vigueur, et, par suite, la semence qu'ils produisent acquiert une haute perfection. Moins bonne est la méthode de quelques cultivateurs qui, après avoir enlevé leur récolte, réservent sur le bord du champ plusieurs rangées de chanvre dont ils ôtent les pieds mâles. Ce chanvre, à la vérité, y gagne plus d'air et d'espace, et répare, par une végétation plus prompte, le retard que lui a fait éprouver une semaille trop épaisse; mais ses graines ne peuvent avoir la perfection des semences venues au milieu du maïs et des pommes de terre. Cette méthode, du reste, offre de graves inconvénients pour les terres qui avoisinent immédiatement le chanvre réservé; les récoltes situées à gauche des bords où l'on a conservé le chanvre rendent visiblement moins; ces inconvénients sont d'autant plus sensibles que le bord où l'on a réservé du chanvre est plus large, et le dommage est d'autant plus considérable que les pièces sont plus longues et plus étroites, disposition qui existe presque partout en Alsace.

J'ai eu occasion d'observer moi-même ce fait sur un champ de tabac : la première rangée, contiguë au chanvre, était complétement perdue; la seconde était un peu moins mauvaise; la troisième n'était pas encore bonne : les inconvénients du voisinage du chanvre se faisaient donc sentir à 5 et 6 pieds de distance dans le champ de tabac. Un honnête homme ne devrait pas faire un semblable tort à son voisin, puisqu'il peut se procurer avec tant de facilité la semence en suivant un autre procédé.

Malgré tout le soin qu'on apporte, en Alsace, à se procurer une bonne semence, on préfère cependant celle qui vient de la rive droite du Rhin; aussi, quand la graine du pays vaut 30 francs l'hectolitre, la semence étrangère vaut-elle de 36 à 40 francs. Dans un petit nombre de localités, on change tous les ans de semence; dans d'autres, on ne le fait, par économie, que tous les trois ou quatre ans. A Candel et à Lauterbourg, villages particulièrement renommés pour la culture du chanvre, on ne tire pas de graines de l'étranger, on se sert de celle qui est venue parmi le maïs et les pommes de terre. Si celle-ci ne suffit pas, et si l'on est obligé d'avoir recours à la graine produite dans la chènevière, il faut avoir soin de ne pas mêler les deux graines ensemble, parce que cette dernière est plus tardive que celle qu'on obtient dans les champs de maïs ou de pommes de terre.

On extrait la graine destinée à servir de semence en frappant les têtes de chanvre contre une herse placée sur un chevalet; de cette manière, les graines seules qui sont bien mûres tombent; celles dont la maturité n'est pas complète restent au bout de l'épi ; ces dernières sont ensuite battues pour être livrées à un autre usage : on ne peut que donner des éloges à un semblable procédé.

### ÉPOQUE ET MODE DE SEMAILLE.

Le chanvre n'admet pas d'interruption dans sa végétation ; il souffre lorsque le mauvais temps ou le froid arrête sa croissance ; il est donc très-important de saisir, pour la semaille, un temps favorable, ce temps n'étant pas le même chaque année. Souvent, deux pièces situées près l'une de l'autre, et cultivées exactement de la même manière, présentent un chanvre très-différent, par cette seule raison que l'un a été semé un peu plus tôt que l'autre. L'époque ordinaire des semailles est la mi-mai, dans le Rieth ; cependant on sème déjà à la fin d'avril ou au commencement de mai.

Relativement à la quantité de semence qu'on emploie, mes notes me fournissent des données très-diverses : cette quantité varie entre 125 et 300 litres par hectare. Là où l'on n'arrache pas d'abord les pieds femelles, la première proportion est trop minime ; elle est trop forte, au contraire, là où on les enlève.

De même que tout est semé sous raies, en Alsace, de même aussi on sème de cette manière le tiers du chanvre avant le dernier labour, que l'on donne, à cet effet, aussi superficiel et aussi étroit que possible : les deux autres tiers de la semence sont semés sur labour frais ; on fait ensuite passer la herse sur le sol, et quelquefois encore on donne un tour de rouleau.

Puisqu'on ne fait pas garder ici le chanvre avant qu'il soit levé, il faut en conclure que les moineaux ne causent pas autant de dégâts dans les chènevières de l'Alsace que dans celles des Pays-Bas : les coups de vent sont aussi plus rares ; ces derniers sont surtout à redouter lorsque le chanvre n'a pas encore 2 ou 3 pieds de hauteur. L'orobanche rameuse (*orobanche ramosa*), qui cause tant de tort dans les champs de tabac, se montre bien aussi dans le chanvre, mais elle n'y occasionne pas de grands dégâts ; c'est pourquoi l'épithète de meurtrière du tabac conviendrait mieux à cette plante que celle de meurtrière du chanvre (*hanfmürger*) qu'on lui donne ici. Pendant l'été de 1840, par suite du débordement du Rhin, plusieurs localités du Rieth eurent, pendant trois semaines, leur chanvre couvert d'eau jusqu'à la hauteur de 2 pieds, sans que cela leur ait nui d'une manière sensible.

### RÉCOLTE.

La récolte du chanvre a lieu douze à quatorze semaines après les semailles, par conséquent vers la fin d'août.

Dans aucun endroit je n'ai vu enlever d'abord les pieds mâles de chanvre. On sait qu'une chènevière se compose moitié de pieds mâles et moitié de pieds femelles ; les premiers atteignent toute leur

perfection, aussitôt après avoir répandu leur pollen, tandis qu'à cette époque les pieds femelles ne
sont encore parvenus qu'à la moitié ou aux deux
tiers de leur hauteur. Dans certains pays, ce moment est aussi celui qu'on choisit pour arracher les
pieds mâles, et l'on attend, pour récolter les pieds
femelles, que la semence ait complété sa maturité :
c'est sans doute le parti le plus avantageux qu'on
puisse tirer du chanvre, parce que les deux plantes
sont arrachées précisément à l'époque de leur plus
grand développement. Toutefois, il paraît que les
Alsaciens, qui ne manquent ni de bras ni de zèle,
ne trouvent pas leur compte à suivre ce procédé.
Par suite de l'économie de temps et de main-d'œuvre qu'on se procure en arrachant d'abord les pieds
mâles, leur méthode d'enlever tout le chanvre à la
fois perd, il est vrai, de son prix, mais on ne peut
nier qu'il n'en résulte quelques avantages pour la
récolte elle-même. En effet, retarde-t-on la récolte
dans l'intérêt des pieds femelles, les pieds mâles
souffrent considérablement de ce retard, surtout si
le temps est humide : or ce sont ces derniers pieds
qui donnent la filasse la plus fine, et qui, d'après
les habitants des Pays-Bas, couvrent toutes les dépenses de main-d'œuvre. D'un autre côté, si l'on
se presse trop d'enlever le chanvre par prédilection
pour les pieds mâles, les pieds femelles n'ont pas
encore atteint toute leur perfection, et les graines
n'ont aucune valeur.

En résumé, le chanvre femelle dont on a enlevé

les pieds mâles, et qui a atteint ensuite toute sa perfection, devient d'autant plus fort et plus propre
à faire des câbles pour la marine, qu'il a eu plus
d'air, plus d'espace et plus de lumière. Ce n'était
donc pas sans raison que la marine française tirait
son chanvre du Nord et du Brisgaw ; elle l'obtenaît
encore à meilleur compte que celui de l'Alsace : les
Alsaciens, eux-mêmes, faisaient venir du chanvre
grossier de la rive droite du Rhin pour fabriquer
leurs câbles destinés à la navigation du Rhin.

Dans plusieurs localités, on coupe le chanvre tout
près du sol avec la faucille ; dans d'autres, on l'arrache avec la racine. On le laisse pendant plusieurs
jours sur terre avant de le faire rouir ; il pourrait, il
est vrai, subir de suite cette opération, mais le
chanvre n'est jamais aussi bon ni aussi fort que
lorsqu'on le fait préalablement sécher : on le regarde
même comme d'autant meilleur qu'il est plus sec.

## ROUISSAGE.

Le rouissage du chanvre est une opération nécessaire pour dissoudre, au moyen de l'humidité de
l'air ou de l'eau, le gluten qui unit l'écorce aux
fibres. On en distingue deux sortes : le rouissage à
la rosée et le rouissage dans l'eau ; de là vient la
distinction qui existe entre le chanvre gris ou
chanvre de champ, et le chanvre blanc ou chanvre
d'eau. Le rouissage dans l'eau est le plus généralement usité ; il le serait également en Alsace, si l'on
avait partout de l'eau à sa disposition ; aussi n'y a-t-il

que les communes qui manquent d'une quantité d'eau suffisante et convenable, qui fassent rouir leur chanvre à la rosée. Le rouissage dans l'eau est plus prompt; six à neuf jours suffisent en suivant ce procédé, tandis qu'il faut trois ou quatre semaines par le rouissage à la rosée : je doute que ce dernier puisse produire quelque effet sur les grosses tiges de chanvre.

Le rouissage dans l'eau fournit un chanvre plus fort que le chanvre gris qu'on obtient par le rouissage à la rosée; par contre, celui-ci est plus fin, et, malgré sa couleur grise, le blanchiment le rend ensuite plus blanc que le chanvre roui dans l'eau.

Le chanvre gris n'est point propre à faire des cordages, il ne sert qu'à fabriquer des toiles fines; c'est pourquoi on expédiait autrefois le chanvre long en Suisse, d'où il revenait en partie en Alsace filé et mis en trames.

Le rouissage dans l'eau s'exécute de la manière suivante. Dès que les tiges de chanvre sont suffisamment sèches, on en forme des bottes qu'on plonge dans l'eau, en les croisant les unes sur les autres, et on les charge de planches ou de pierres. Quelques personnes négligentes, à qui les pierres ne viennent pas toutes seules dans la main, se contentent de couvrir les bottes de chanvre avec du gazon; il en résulte que les bottes supérieures sont salies et ont moins de qualité : les acheteurs se plaignent depuis longtemps de cet abus. Le rouissage est à point, lorsqu'en faisant glisser la tige entre les mains les feuilles se détachent. Plus la température atmosphérique est chaude, plus l'opération marche rapidement. Au sortir de l'eau, on place le chanvre contre une haie, contre un mur ou dans un champ, afin de le faire sécher; au bout de quelques jours on le retourne, puis on le rentre quand il est tout à fait sec. Cela fait, on met le chanvre en meule dans une grange ou sous un toit, jusqu'à ce qu'on lui fasse subir d'autres préparations. Plus l'eau dans laquelle on fait rouir le chanvre est pure, plus le chanvre acquiert de blancheur; sur les bords du Rhin et de l'Ill, on sait donner au chanvre une blancheur à laquelle les autres pays ne peuvent atteindre. Le rouissage à la rosée a lieu dans les prés, ou, plus souvent encore, en plein champ. Dès que le chanvre est coupé ou arraché, on laboure la chènevière et on étend le chanvre sur la terre ainsi labourée; moins les couches de chanvre sont épaisses, plus celui-ci devient blanc et de couleur argentine; les couches sont-elles trop épaisses, les tiges placées à la partie inférieure prennent une couleur rougeâtre et la toile qui en provient n'est jamais bien blanche. Le rouissage est terminé lorsque les fibres se détachent facilement, c'est alors qu'on rentre le chanvre.

### ENLÈVEMENT DES RACINES.

Là où l'on arrache le chanvre avec la racine, il faut que celle-ci soit enlevée avant l'opération du teillage. A cet effet, on place à une certaine hauteur quelques planches les unes près des autres. La

planche sur laquelle les racines se trouvent placées
est séparée d'une autre planche par la distance d'un
pouce. Un ouvrier étend une couche de chanvre
sur ces planches, il monte dessus et coupe les racines
tout près de son pied avec une faucille. L'espace qui
se trouve entre les deux premières planches, et qui a
environ un pouce de diamètre, laisse un libre jeu à
la faux et détermine en même temps sa direction.
La faux ne doit pas être neuve; il faut, au contraire,
qu'elle soit tout ébréchée, de manière à former
une espèce de scie; elle entre mieux ainsi dans les
tiges du chanvre. Les racines sont excellentes pour
allumer le feu.

### DESSICCATION DU CHANVRE.

Le chanvre, avant d'être soumis au teillage, doit
être parfaitement sec. Cette dessiccation s'obtient
très-aisément par un temps chaud et un beau soleil;
mais, lorsqu'il fait mauvais temps, il faut faire sécher
le chanvre dans une étuve. J'ai pris la mesure d'un
bâtiment destiné à la dessiccation du chanvre et
complétement enfoui dans la terre qui le dépassait
d'un pied. Ce bâtiment formait un carré long et
n'avait que trois murs; le quatrième, situé au côté
droit, manquait et servait ainsi d'ouverture pour
l'entrée. Il était ouvert à sa partie supérieure et
celle-ci était garnie de grosses barres de fer sur
lesquelles il s'en trouvait encore plusieurs autres
moins fortes qui se croisaient avec les premières;
il en résultait donc une espèce de grillage où l'on

plaçait le chanvre. La hauteur totale du bâtiment à l'intérieur était de 26 décimètres, sa longueur de 40, et sa largeur de 30 décimètres. Les murs étaient fort rapprochés vers le bas, de sorte que la partie inférieure du bâtiment, qui servait de foyer, n'avait, à l'entrée, que 9 décimètres ; le côté opposé pouvait avoir environ 15 décimètres ; les deux côtés les plus longs mesuraient un espace de 30 décimètres. Un escalier escarpé, creusé dans la terre, conduisait à l'entrée de l'étuve.

Le chanvre, placé dans l'étuve, était entassé de manière que l'extrémité la plus forte débordait à l'extérieur ; j'en ai compté jusqu'à sept couches posées les unes sur les autres ; toutes se croisaient ; leur ensemble s'élevait à la hauteur de 7 décimètres. Enfin la masse entière était couverte d'une toile grossière ou d'un mauvais drap. On entretenait un feu modéré dans le foyer, et l'on se servait, à cet effet, des débris que laisse le chanvre dans l'opération du teillage. Un homme, et la plupart du temps le propriétaire lui-même, assis sur l'escalier, entretient le feu en y jetant de temps à autre quelques débris de chanvre ; cette opération exige beaucoup de pré-cautions, car, si ces débris venaient à s'enflammer, la flamme gagnerait le chanvre placé au-dessus de l'étuve ; aussi le gardien, chaque fois qu'il renouvelle les tas de chanvre, place-t-il une petite échelle près du foyer et monte-t-il dans le haut de l'étuve pour enlever les brins ou les fils de chanvre qui dépas-sent les bords et par lesquels le feu pourrait se communiquer au reste du chanvre. Il faut une petite heure pour que le chanvre soit suffisamment sec ; lorsqu'il est arrivé au point désiré, on le retire de l'étuve, on le remplace par de nouveaux tas, et on le teille de suite en plein air, ou bien on le rentre à la maison. Les étuves à chanvre sont situées en dehors du village, de peur d'incendie.

### TEILLAGE.

Le chanvre, au sortir de l'étuve, est soumis aussitôt à l'opération du teillage. Les tiges sont d'abord écrasées avec un couteau sur l'instrument à teiller ; de cette manière, on ne brise que le ligneux et on débarrasse les fibres des parties les plus grossières. Ces fibres passent ensuite sous l'instrument à teiller, auquel deux couteaux sont adaptés ; elles achèvent de s'y dépouiller entièrement des parties inutiles. Ces opérations s'exécutent par des ouvriers venus de pays où l'on ne cultive pas de chanvre, et qui, par conséquent, n'ont pas d'occupations pressées chez eux. La journée d'un homme coûte 20 sous, celle d'une femme 16 sous, y compris la nourriture et trois chopines de vin. Les instruments à teiller sont fournis par le propriétaire, ils coûtent 5 fr. pièce. Il faut sept ouvriers pour récolter, dans une journée, un arpent de chanvre de 20 ares.

Dans quelques cantons, on vend le chanvre à des cordiers dès qu'il a été teillé ; mais, la plupart du temps, les paysans achèvent de le préparer eux-mêmes et ne le livrent dans le commerce qu'après l'avoir sérancé. Le chanvre brut, c'est-à-dire qui n'a subi que l'opération du teillage, a de 20 à 23 décimètres de longueur.

### FROTTER.

Le chanvre passe quelquefois par le moulin à frotter; là, pressé entre deux pierres, il acquiert de la douceur au toucher. Cette opération doit durer trois heures; plus on la fait durer longtemps et plus on y met de soin, plus le chanvre devient soyeux et prend une teinte argentine; il faut, indépendamment de l'homme placé à la tête du moulin à frotter, quatre femmes pour frotter la récolte d'un arpent de 20 ares; la journée de l'homme revient à 3 fr. 12 s. Le frottement terminé, on secoue le chanvre, puis on le vanne, ce qui exige encore quatre journées de femmes par arpent de 20 ares : c'est seulement alors que le chanvre est en état d'être sérancé.

### SÉRANCER.

On met d'abord le chanvre dans un séran grossier, dont les dents sont écartées de 2 centimètres les unes des autres; on le fait passer ensuite dans un autre plus fin, dont les dents ne sont écartées que d'un centimètre. Le chanvre sérancé se divise en trois classes, savoir : le chanvre long, le *baertel* (le chanvre court) et l'étoupe. Ce qui reste entre les mains de l'ouvrier, après que le chanvre a subi un double sérancement, est le chanvre long, ce qui reste entre les dents de l'instrument est le baertel, ce qui tombe par terre constitue l'étoupe : celle-ci ne sert que pour les draps tout à fait grossiers ; le baertel est employé pour la toile ordinaire et pour fabriquer des cordages; le chanvre long est le plus estimé. Lorsqu'on veut que ce dernier soit très-beau et très-fin, on le fait passer encore une fois au moulin à frotter et on le soumet ensuite à un nouveau sérancement. Ce serait vouloir tromper l'acheteur que de lier ensemble le chanvre long et le chanvre court, parce que ce dernier a un tiers de valeur de moins que l'autre. On expédiait autrefois le chanvre long et gris en Suisse, le chanvre court entrait en Allemagne et dans le Nord, en passant par Francfort. Deux hommes, avec un séran grossier et un autre plus fin, peuvent sérancer, dans une journée, un quintal à un quintal et demi de chanvre : il en coûte 4 francs par jour pour lui faire subir cette préparation.

### FENDRE EN LONG.

Dans plusieurs endroits de l'Alsace, comme à Markolsheim, et dans le département du Haut-Rhin, on fend le chanvre en long et on le dépouille, à la main, de ses fibres, au lieu de le teiller. Sans doute ce travail est plus fastidieux que le teillage, mais il conserve plus de force aux fibres : les femmes se livrent à cette occupation dans leurs moments de loisir. J'ai eu le plaisir de voir, à Colmar, des personnes assises à la porte de leurs maisons, s'occupant à ce travail; c'était, en effet, un plaisir pour moi, car cela me rappelait le bon temps des patriarches, où l'on s'occupait, dans les villes, plutôt de travaux utiles que d'affaires de mode. Les personnes pauvres, qui n'ont point de chanvre, se chargent des travaux des autres; elles prennent deux sous pour fendre une forte botte de chanvre : les débris ligneux leur restent comme profit.

Il ne s'agit point ici, comme on pourrait le croire, du véritable chanvre écorcé, fendu, ou chanvre de cordier, dont on a enlevé les pieds mâles et dont les pieds femelles ont atteint une grosseur telle qu'ils ne peuvent plus être teillés. Ce chanvre n'est point cultivé en Alsace, du moins que je sache; on le trouve dans les Pays-Bas et dans le grand-duché de Bade (1), où la marine hollandaise ainsi que les États du nord viennent s'en approvisionner. C'est le seul qui soit propre à la fabrication des gros câbles pour les vaisseaux.

### RENDEMENT.

On évalue, en Alsace, à 300 liv. la récolte d'un arpent de 20 ares de chanvre blanc sérancé. Le chanvre gris rend un peu moins ; dans cette quantité, il se trouve 160 liv. de chanvre long et 140 liv. de chanvre court; on a, en outre, un quintal environ d'étoupe.

Le prix moyen du quintal de chanvre, dans le commerce, est établi ainsi qu'il suit :

(1) Le chanvre, dans ce pays, atteint 10 à 15 pieds de hauteur.
(*Note de l'auteur.* )

Chanvre blanc, long, sérancé et redressé aux deux
bouts . . . .   60 à 64 f.

—      —    sérancé court .   42 à 46

—      —    gris . . . . . .   66 à 73

—      court . . . . . . . .   »   48

Le chanvre de la rive droite est un peu plus cher :
Chanvre sérancé, blanc, long, redressé aux deux

—      bouts . . . . . . . . . .   68 à 70 f.

—      sérancé, court . . . . . . .   46 à 48

—      blanc, non sérancé, teillé . .   »   36

—      —    fendu . . . . . . . .   »   45

En mettant le prix du chanvre long à 60 francs
pour le cultivateur, celui du chanvre court à 40 fr.,
celui de l'étoupe à 15 fr., nous trouverons que chaque arpent de 20 ares rapporte 167 fr. ; par contre,
cet arpent exige huit charges de fumier (1) dont moitié seulement doit être mise à la charge du chanvre,
le reste profitant aux récoltes subséquentes ; il reçoit, en outre, quatre labours ; viennent ensuite le
loyer et les contributions, puis l'arrachage de la récolte, le rouissage, la dessiccation, le teillage, le frottement, le vannage et le sérancement, toutes opérations qui ne peuvent être exécutées que par des adultes et non par des enfants. Si l'on tenait un compte
exact de tous ces frais, on verrait que la culture du
chanvre ne donne que peu de bénéfice, ou même ne
rapporte absolument rien, et que, partant, elle ne

_______________

(1) Par charge de fumier, il faut entendre une voiture à quatre chevaux, dont le prix, tant pour l'achat que pour les frais de transport et
d'épandement, s'élève au moins à 20 fr.     ( *Note de l'auteur.* )

peut se maintenir qu'à des prix élevés, ce qui ne peut avoir lieu qu'autant que la marchandise trouve un écoulement rapide et que son commerce n'éprouve point d'entraves. Aussi trouve-t-on que, depuis qu'il a été défendu d'exporter le chanvre, cette branche est devenue une mauvaise spéculation, et plus d'un cultivateur cherche-t-il à rattraper par la fraude ce qu'il perd sur la valeur réelle de sa marchandise; on ne doit donc pas s'étonner si, dans un tel état de choses, le chanvre court est mêlé frauduleusement au chanvre long, et si le chanvre n'est pas aussi pur qu'il devrait l'être après le sérancement.

### TABAC.

Cette plante, qui, dans ces derniers temps, était la plus importante de toutes les plantes commerciales de l'Alsace, y a été introduite, en 1620, par un négociant de Strasbourg nommé Kônigsmann. Il rapporta la graine d'Angleterre et l'essaya d'abord dans une propriété qu'il possédait aux environs de Strasbourg. Dès la fin du xviiᵉ siècle, le tabac fabriqué en Alsace montait à 50,000 quintaux; en 1748, il s'élevait à 80,000 quintaux. La ville de Strasbourg comptait à elle seule soixante-douze fabriques qui occupaient près de huit mille personnes : les feuilles qu'on y employa ne coûtèrent pas moins d'un million, qui passa tout entier dans la poche des cultivateurs.

Plus tard, cette branche de commerce baissa un peu; avant la révolution, il n'y avait plus que six mille personnes occupées à la fabrication du tabac ; elle s'est relevée depuis, et le tabac fabriqué pouvait être évalué alors à 120,000 quintaux : enfin, lorsque le gouvernement supprima toutes les fabriques particulières pour se réserver le monopole de la fabrication, la culture du tabac diminua par la force même des choses, et, par suite, la misère et la mendicité s'accrurent en Alsace.

En 1812, la ferme au tabac paraissait vouloir retirer complétement au Bas-Rhin la culture du tabac, comme cela avait eu lieu déjà dans le département du Haut-Rhin ; mais, grâce aux efforts du préfet, M. Lezay-Marnesia, qui a tant fait pour l'agriculture, on ne donna pas suite à cette mesure désastreuse, qui eût entraîné la ruine d'une foule de personnes. L'Alsace est tellement peuplée, et la propriété s'y trouve si morcelée, que les habitants ne peuvent plus vivre avec la culture seule des grains : la culture ordinaire, qui s'exécute avec des attelages et exige peu de bras, ne saurait convenir à une population aussi forte ; si donc elle ne peut l'occuper suffisamment, elle ne peut non plus la nourrir, car, rien de plus juste que celui qui ne travaille pas n'ait point à manger. Le chanvre, il est vrai, vient un peu au secours de l'Alsace, mais il ne suffit pas tout seul, puisqu'il ne procure de l'ouvrage qu'à des personnes adultes, et seulement encore après l'été. Il en est autrement du tabac ; pendant six mois de l'année, sa culture occupe les personnes faites comme les jeunes gens : il est vraiment fâcheux que le gouvernement en ait ordonné la suppression; c'est là, je ne crains pas de le dire, le plus grand tort qu'on ait pu faire à l'Alsace, de même que lorsqu'on lui a défendu l'exportation du chanvre.

Pour justifier cette mesure déplorable, on a prétendu que le tabac d'Alsace était d'une qualité inférieure; mais il est avéré que ce même tabac était très-recherché, avant la révolution, par les étrangers, parce qu'il n'a point de saveur désagréable et qu'il prend toutes celles qu'on veut lui donner. On sait que c'est à l'aide de certaines préparations et de quelques mélanges, que les fabricants font subir au tabac, qu'ils parviennent à lui donner telle ou telle saveur, et qu'ils peuvent ainsi satisfaire le goût des consommateurs.

Le tabac qu'on cultive en Alsace a tous les caractères du grand tabac de Virginie; mais, bien qu'il ait conservé l'ampleur et la forme des feuilles de cette espèce, il a perdu néanmoins beaucoup de ses qualités, et il partage en cela le sort d'un grand nombre de plantes exotiques, qui ont été transportées dans un autre pays que le leur.

La théorie indique le changement répété de semence comme le seul moyen de rapprocher les plantes de leur état normal; dans la pratique, cependant, quelques végétaux font exception à cette règle. L'ancien préfet Lezay-Marnesia fit venir, dans ce but, plus de trente espèces de graines de l'Amérique et de diverses contrées de l'Europe, et entreprit, à ce sujet, de nombreuses expériences; malheureusement celles-ci ne donnèrent pas les résultats auxquels on s'attendait : partout les feuilles furent tellement attaquées de la rouille, qu'à peine obtint-on une demi-récolte. L'année 1813 ne fut pas plus heureuse pour le tabac; c'en fut assez pour empêcher les cultivateurs de tenter de nouveaux essais. Il est difficile de déterminer la cause de cette maladie : ces deux années, il est vrai, ne furent pas favorables au tabac; toutefois, l'un des plus riches planteurs du département obtint une assez bonne récolte de tabac étranger. Je ne puis expliquer ce cas exceptionnel que par le labour très-profond que reçut la terre, ainsi que par les fumiers de deux ans qu'on lui appliqua et qui contenaient de la chaux et des décombres.

SEMER LA GRAINE; SEMAILLES SUR COUCHES.

On commence à faire tremper les graines vers le 12 ou le 18 mars; à cet effet, on les plonge dans un verre d'eau tiède, et, vingt-quatre heures après, on les met dans un petit sac que l'on suspend auprès d'un poêle, en ayant soin de le tenir humide : les jardiniers qui ont des couches chaudes y enterrent leur sac de graines, ce qui le maintient à un degré de chaleur et d'humidité convenable. Trois ou quatre jours après cette opération, on mélange la graine avec du terreau pris dans le tronc des vieux saules et passé au tamis; on met le tout dans une terrine, en ayant soin de le tenir humide dans un endroit chaud. Le moment le plus favorable pour semer est celui où le germe commence à poindre ; on mêle alors un peu de sable aux graines et au terreau, et l'on procède ensuite aux semailles. La méthode est la même pour toutes les graines qu'on fait tremper ; elle est avantageuse toutes les fois qu'il se rencontre un temps favorable, car alors les plantes lèvent de suite, ce qui fait gagner du temps ; mais, par un temps contraire, il vaut mieux ne pas pousser trop fortement la végétation : les graines, en effet, lèvent très-bien sans être trempées et sans tous ces apprêts. On enterre superficiellement la graine à l'aide d'un râteau, ou bien on la recouvre d'une légère couche de terreau.

On sème sur des couches préparées tout exprès ; on met un lit de menue paille de chanvre au-dessous de la couche, afin d'empêcher les taupes d'y arriver ; au-dessus de ce lit de chanvre, on place une couche de fumier de cheval de 2 pouces d'épaisseur, et l'on recouvre celle-ci d'une couche de terre ordinaire, mais qu'on a déjà préparée pour cela l'année précédente, en l'amendant avec une voiture de fumier de cheval et avec du sable : on n'établit la couche de fumier qu'au moment même où l'on va semer, et de manière qu'elle se trouve abritée contre les grands vents ; on choisit, pour cela, un endroit spécial dans la cour, dans le jardin, ou quelquefois le long de la route.

Il est bon, après avoir semé, de répandre sur la couche de fumier une légère couche de paille, celle-ci conserve mieux l'humidité et la chaleur, et la graine germée se trouve ainsi protégée contre le froid et le grand air. Tant que la graine n'est point levée, le froid le plus vif ne lui fait aucun tort; si les plantes déjà levées sont couvertes d'une gelée blanche, il faut les arroser avec de l'eau froide et les mettre à l'abri du soleil. Il est préférable de couvrir les couches de fumier avec des branches de sapin plutôt qu'avec de la paille.

Il est difficile d'indiquer au juste la quantité de semence qu'on doit employer; en général, on sème assez épais; si les plantes paraissent trop serrées, on y passe le râteau, on les éclaircit, puis on les arrose; elles ne tardent pas à reprendre. Il est essentiel de ne point les laisser manquer d'eau. J'ai trouvé que les plantes qu'on maintient toujours humides émettent un plus grand nombre de racines latérales que les plantes qu'on n'arrose pas aussi souvent; l'on conçoit, en effet, que dans le dernier cas, lorsqu'elles ne trouvent pas assez d'humidité à la surface du sol, leur racine s'enfonce plus avant pour chercher l'humidité dont elle a besoin : c'est par cette raison que les plantes à racines latérales poussent moins vite que les autres, bien qu'elles reprennent aisément à l'époque du repiquage.

### PLACE DANS LA ROTATION.

Il y a des endroits de l'Alsace où le tabac revient tous les deux ans, d'autres où il reparaît tous les trois ans , et d'autres enfin où il ne revient que tous les 6 ou 9 ans. Dans les deux premiers cas, on n'obtient ce retour si prompt qu'à force d'engrais ; je tiens de plusieurs cultivateurs que nulle part le tabac ne réussit mieux que là où il n'y en a jamais eu ; il semble donc plus avantageux de ne le faire revenir qu'à des intervalles éloignés : qui sait même si l'extrême fumure qu'on lui applique pour le faire revenir plus souvent ne nuit pas à sa qualité ? c'est du moins ce que l'expérience nous porte à conclure à l'égard d'une foule de plantes qu'on force au moyen du fumier. Il y a tout lieu de croire que cette ex-trême fumure ne contribue pas peu à donner à ce tabac la saveur âcre et l'odeur forte qui le caracté-risent. Quelques personnes vont même jusqu'à at-tribuer à la grande quantité de fumier de vache qu'on emploie, ainsi qu'au retour trop fréquent du tabac sur le même champ, les taches de rouille ainsi que la maladie que lui occasionne la fleur du chanvre (*orobanche ramosa*). « Le meilleur tabac, » dit Thaër, « est celui qui est venu sur jachère, surtout « si le sol a été écobué ou si l'on a brûlé sur place « les chaumes de la récolte précédente. La supé-« riorité du tabac d'Amérique tient sans doute plus « à cette cause qu'au climat ; il est rare qu'on fume « pour cette plante, la plupart du temps on la fait « revenir dix à douze fois de suite sans fumure dans « un sol riche, défriché et écobué. Nos fabricants « eux-mêmes n'ignorent pas que les feuilles pro-« venant d'un semblable terrain ont une grande su-

« périorité, pour la douceur et le parfum, sur celles
« qu'on obtient sur fumier frais; mais, dans le com-
« merce, ils ne veulent pas convenir de cette diffé-
« rence, afin de n'avoir point à payer le tabac plus
« cher, ce à quoi ils seront néanmoins forcés, dès
« que les avantages de ce tabac seront généralement
« reconnus. »

On distingue parfaitement le tabac qui a été semé
sur un pré ou sur un trèfle nouvellement défriché,
bien que ceux-ci n'aient pas été soumis à l'écobuage.
J'ai été témoin de cette différence à Zellwiller, où le
tabac était venu sur une luzerne de quatre ans; celui
qu'on m'a montré à Niedergheim était encore plus
beau, mais il était venu sur une jachère : cette dernière pièce servait encore de pâturage au mois de
mai. Le gazon fut retourné à la houe, et la terre reçut
ensuite un labour. La saison avancée ne permit pas
de donner d'autres façons; néanmoins les feuilles de
tabac avaient deux pieds de longueur. Cette observation n'est pas sans importance ; elle prouve qu'on
ne saurait profiter mieux et en moins de temps du
défrichement d'un pré qu'en y cultivant du tabac,
quand bien même la terre n'aurait reçu que peu de
façons avant le repiquage. J'ai appris, dans un autre
endroit, que, lorsqu'on plante du tabac la seconde
année seulement après que le pré a été retourné,
(c'est-à-dire lorsque le sol a déjà donné, la première
année, de l'avoine ou toute autre récolte), ce tabac
ne vient pas aussi bien que celui qui a été semé immédiatement sur le défrichement.

Dans le système triennal de l'Alsace, c'est toujours dans les chaumes d'orge qu'on place le tabac.

Nous avons dit déjà, dans un autre endroit, que le tabac était la meilleure plante préparatoire pour le blé.

### PRÉPARATION DU SOL, FUMURE.

Les uns retournent les chaumes d'orge avant l'hiver, les autres ajournent cette opération au printemps. On laboure pour le tabac un peu plus profondément que pour le blé et l'orge, mais cela est bien peu efficace.

On fume soit à l'automne, soit au printemps, suivant qu'on a du fumier à sa disposition. Dans la culture du tabac, le fumier ne s'emploie pas tel qu'on le retire de la fosse à fumier; on le met d'abord en tas qu'on arrose, on le retourne ensuite au bout de quelque temps, et on le remet de nouveau en tas. Si l'on n'a que du fumier frais, il est indispensable de le laisser étendu pendant quelque temps sur le sol avant de l'enfouir. La quantité de fumier à employer se règle d'après la nature du sol et aussi d'après la qualité du fumier. On met, par arpent de 20 ares, tantôt 4, tantôt 6, tantôt 8 charges à 4 chevaux; lorsqu'on emploie le fumier des animaux sans mélange de litière, la moitié suffit; dans ce dernier cas, le tabac vient plus beau, mais à la troisième année la récolte d'orge est moins bonne que si l'on avait employé du fumier ordinaire.

## REPIQUAGE.

Le temps qui s'écoule entre le 27 mai et le 18 juin est regardé comme l'époque la plus favorable pour le repiquage du tabac. Lorsque la terre se trouve dans un état de fraîcheur convenable, deux personnes expédient un arpent de vingt ares dans l'espace de cinq heures; il en faut six si l'on est obligé d'arroser : dans ce dernier cas, on commence par verser l'eau dans le trou, puis on plante. Toutes les fois qu'on le peut, il est utile d'employer, au lieu de l'eau, du jus de fumier (purin) étendu d'eau. On calcule qu'il faut 5 à 6,000 plants par arpent de 20,000 pieds de Paris; c'est donc 4 pieds carrés par chaque pied, ou, en d'autres termes, chaque plant se trouve séparé des plants voisins par une distance de deux pieds en tous sens : souvent cependant on plante plus épais. Ce mode de plantation à distances égales est loin d'être le meilleur. Dans ce pays, les feuilles devenant extrêmement grandes et couvrant complétement le sol, il est difficile d'en approcher, condition essentielle cependant dans une culture où l'effeuillage revient si souvent. Il vaudrait mieux, sans nul doute, rapprocher un peu deux lignes l'une de l'autre, ce qui laisserait plus d'espace dans l'intervalle et rendrait les visites moins nuisibles, sans qu'on fût obligé, pour cela, de renoncer à un seul pied de tabac. Ce serait une faute grave, dans ce pays, que de laisser moins de 4 pieds carrés pour chaque plant de tabac.

Le tabac se plante ici au cordeau. Dans ce but, on se sert de cordes de diverses couleurs et on établit les lignes dans le sens de la longueur des pièces; toutefois l'usage adopté, dans quelques endroits, de planter dans le sens de la largeur des pièces est préférable, parce qu'alors les sarclages postérieurs s'exécutent dans le sens même dans lequel les pieds ont été plantés ; de plus, en suivant cette méthode, le travail de la houe se croise avec celui de la charrue, et la terre se trouve ainsi mieux ameublie. Le repiquage terminé, il reste encore à visiter plusieurs fois la pièce, afin de remplacer les pieds qui ont manqué. Les vers blancs causent souvent de grands dégâts dans les champs de tabac repiqué; aussi met-on de loin en loin quelques plantes de plus pour remplacer celles qui viendraient à périr.

SARCLAGE ET EFFEUILLAGE.

On sarcle le tabac et on le butte au moins une fois. Pour le premier sarclage, on n'attend pas que les plantes aient déjà une certaine force ; mais on s'y met dès qu'elles ont repris et que le temps le permet. Une chaleur humide ainsi qu'une terre bien meuble favorisent particulièrement la reprise du jeune plant. L'ameublissement du sol doit être exécuté d'autant plus tôt qu'on a foulé davantage le terrain pendant le repiquage. On regarde en Alsace le buttage comme une condition nécessaire pour cette culture ; les uns buttent séparément chaque pied de tabac, les autres buttent en même temps tous les pieds d'une même ligne. Il faut 3 personnes pour sarcler en un jour 1 arpent de 20 ares, il en faut 5 ou 6 pour butter.

On ne laisse que sept à huit feuilles au tabac, en y comprenant les feuilles radicales ; tout le reste est enlevé. La production des feuilles étant le seul but du cultivateur, on tâche de les avoir aussi développées que possible ; voilà pourquoi on retranche, à 4 ou 5 reprises différentes, les sommités de la tige ainsi que les branches latérales chaque fois que celles-ci repoussent : cette opération est absolument indispensable.

VISITE.

Sans parler de l'influence de la température, à laquelle le tabac n'est pas moins sensible que la vigne, il compte encore une foule d'ennemis dangereux, tels que la grêle, le froid, le vent, les sauterelles, la rouille et la fleur de chanvre (*orobanche ramosa*), fléaux contre lesquels, à l'exception du dernier, il n'y a pas de remède.

La fleur de chanvre (*orobanche ramosa*) est une plante parasite qui croît sur la racine du tabac et lui enlève une partie de sa séve. Le tabac qui en est attaqué perd ses feuilles ; celles-ci tombent comme si une grande sécheresse les avait brûlées : la récolte est alors perdue. Les dégâts sont moins considérables lorsque la fleur de chanvre ne se montre qu'au moment de la récolte. Cette plante cause souvent de grands ravages dans les champs de tabac, mais c'est là la conséquence inévitable d'un mauvais système ;

l'homme se trouve ainsi puni de son imprévoyance. La mauvaise préparation du sol, le retour trop fréquent du tabac et surtout un assolement vicieux, telles sont les sources du mal. On peut donc le prévenir facilement ; qu'on place, en effet, du blé après le tabac, et qu'on fasse succéder à cette céréale deux récoltes successives qui soient binées, telles que le maïs, les pommes de terre, et bientôt la fleur de chanvre disparaîtra du champ.

Les froids de l'automne, qui ne se font sentir que trop souvent en Alsace vers la mi-septembre, nuisent beaucoup au tabac, ils le détruisent même complétement lorsque les côtes des feuilles en sont atteintes. Les fonds placés sur les hauteurs sont moins exposés à souffrir de ce mal que ceux situés dans les bas-fonds ; toutefois la couleur brune que prennent alors les feuilles indique clairement qu'il est grand temps de les récolter.

## RÉCOLTE.

Aux approches de leur maturité, les feuilles de tabac se couvrent de taches jaunes, qui les font paraître comme trouées, et elles se racornissent ; toute la surface du champ semble jaune, c'est le moment de récolter. Il est fâcheux, seulement, qu'on soit quelquefois obligé de hâter ce moment, afin de donner plus tôt à la terre les façons nécessaires pour recevoir une autre récolte, ou bien dans la crainte du froid. Le tabac perd nécessairement de sa qualité et de son poids lorsqu'on suit un semblable procédé.

On a cherché à introduire ici l'usage d'enlever successivement les feuilles, mais cette pratique souffre beaucoup de difficultés; elle ne peut, d'ailleurs, s'effectuer sans qu'on nuise aux feuilles restées sur la tige et sans que les frais de main-d'œuvre se trouvent augmentés. C'est une erreur de croire que les feuilles supérieures, par cela même qu'elles sont venues plus tard, mûrissent aussi plus tard que les feuilles inférieures; l'avantage qu'ont ces dernières, sous le rapport de l'ancienneté, se trouve compensé, chez les premières, par une position plus élevée et par l'action de l'air et de la lumière, de sorte que l'époque de la maturité arrive en même temps pour toutes les feuilles.

S'il régnait jadis un grand désordre en Alsace dans le mode de récolter le tabac, on peut dire que, dans ces derniers temps, l'ordonnance du roi a bien changé les choses : la classification des feuilles d'après leurs différentes grandeurs, l'enlèvement des feuilles radicales, l'effeuillage, l'enlèvement des côtes, et, en un mot, toutes les préparations qu'exige le tabac se font aujourd'hui avec le plus grand ordre. L'administration donne un prix plus élevé du tabac que celui-ci ne valait autrefois; mais aussi la marchandise est bien meilleure.

Les feuilles de tabac séparées de la tige sont réunies en paquets avec des liens de paille et peuvent rester sur le sol pendant deux, trois et même quatrc jours, selon que le temps est plus ou moins frais : on doit arracher de suite les tiges, afin qu'elles n'épuisent pas la terre inutilement. Nous avons déjà parlé, à l'occasion de la culture du blé, de l'emploi qu'on en faisait; lorsqu'on les répand sur un pré ou sur un trèfle, et qu'on les y laisse tout l'hiver, elles produisent des effets merveilleux; on les recueille au printemps et l'on s'en sert comme moyen de chauffage : leurs cendres l'emportent sur celles de toute espèce de bois. La botte de tiges se vend 3 sous, de même que celles des féveroles.

### TRAITEMENT A LA MAISON.

Il ne suffit pas que le cultivateur amène sa récolte au plus haut degré de perfection, il doit encore lui donner les préparations convenables lorsqu'elle est rentrée à la ferme, de peur de la voir se détériorer, ce qui arrive plus fréquemment pour le tabac que pour toute autre récolte. A l'aide d'une longue aiguille et d'une ficelle, on lie les deux extrémités des feuilles et on les suspend à un clou. Au bout de quelques jours, on retourne ces sortes de chapelets assez lâches, et l'on place au-dessus ce qui se trouvait au-dessous, et quelques jours encore après cette opération on ôte les chapelets pour les placer dans un lieu sec. Si on ne met pas de suite la récolte en place, en Alsace, c'est qu'on préfère, par suite du développement des feuilles, laisser celles-ci se flétrir dans les ficelles, de peur de les briser en les tendant : on a bien soin de laisser un peu de jour dans les chapelets, de manière qu'il y ait la largeur d'un doigt entre chaque feuille; elles sèchent plus vite par ce moyen, et elles ne se moisissent pas mutuellement.

Bien qu'on trouve aujourd'hui en Alsace des bâtiments construits exprès pour servir de séchoirs (*haenken*), la plupart des feuilles, néanmoins, sèchent très-bien lorsqu'on les suspend au-dessus des écuries, ainsi que partout où il y a un toit. Le plus grand nombre des locaux destinés à servir de séchoirs m'ont paru très-vicieux; c'est même quelquefois dans l'emplacement le moins convenable qu'on suspend le tabac : on dirait plutôt une ruche qu'une étuve pour le tabac. Comme ils sont ouverts par devant, et qu'ils n'ont que 8 à 10 pieds de profondeur, les feuilles sont exposées au soleil et à l'air libre. Il se peut que cela rende la dessiccation plus prompte, mais, certainement, la dessiccation du tabac en souffre; le principe aromatique et narcotique s'évapore avec l'humidité : toutes les fois qu'il ne se forme ni points blancs, ni sels, ni cristaux sur les feuilles, on peut être certain que la récolte a été mal séchée.

Le tabac (je parle ici de celui qui est traité convenablement) est enlevé après avoir été exposé au froid dans l'endroit même où on l'avait fait sécher; on en fait alors un ou plusieurs petits paquets. Dès que la chaleur se manifeste dans les paquets, ce qui a lieu ordinairement dans les trois premières semaines, on retourne le tabac et l'on répète cette opération jusqu'à ce que les feuilles soient complétement racornies; ce point obtenu, on remet toute la récolte en forts paquets. Si l'on suivait partout cette méthode, le tabac alsacien serait bien meilleur, et il aurait plus de poids (1).

### RENDEMENT ET DÉPENSES.

La moyenne de la récolte d'un hectare de tabac ne peut être évaluée en Alsace, même par une bonne culture, à plus de 30 quintaux de feuilles sèches. Le prix établi par l'administration était, en 1842, de 67 fr. le quintal métrique pour le tabac de première classe, de 56 fr. pour le tabac de deuxième classe et de 45 fr. pour le tabac de troisième classe. Rien de plus juste que de régler la différence de prix d'après la différence de qualité, si l'on avait estimé cette qualité d'une manière convenable, et si l'on en avait fait une classe à part; mais, au lieu de cela, on supposait que les deux dixièmes de la récolte entraient dans la première classe, les trois dixièmes dans la seconde, et les quatre dixièmes dans la troisième et que le reste devait être mis au rebut : de cette manière, ce qui ne devait être qu'un calcul approximatif devenait une règle fixe, et, qui pis est, une règle générale. Le cultivateur, donc, qui a tenu son champ de tabac de la manière la plus parfaite, et dont la récolte

---

(1) Je m'abstiens d'entrer dans plus de détails sur la manipulation du tabac, de peur de fatiguer le lecteur.　　*( Note de l'auteur.)*

aurait mérité d'entrer pour moitié dans la première classe, se trouve rangé, quant au prix, dans la même catégorie que celle du cultivateur négligent dont la récolte pouvait contenir aisément un cinquième de bonnes feuilles. La différence de prix, établie dans le but spécial d'exciter l'émulation parmi les cultivateurs de tabac, ne servait précisément qu'à étouffer toute espèce de zèle pour l'amélioration de cette culture, le cultivateur soigneux étant traité de même que le cultivateur négligent.

Mais laissons de côté ces considérations, et arrêtons-nous à la quotité du rendement d'après la proportion indiquée. En supposant que la récolte de 1812 fût une récolte médiocre et qu'elle ne rendît pas plus de 25 quintaux (12 quintaux et demi métriques), on aurait :

| | | | | |
|---|---|---|---|---|
| 1<sup>re</sup> classe. | 300 kilogr. à 67 f. | . . . | 204 f. |
| 2<sup>e</sup> — | 450 — | 56 | . . . . | 252 |
| 3<sup>e</sup> — | 600 — | 45 | . . . . | 270 |
| Rebuts. | 150 — | » | . . . . | 30 |

Le prix de la récolte brute d'un hectare est donc de . . . . . . . . . . . . . . 753

Voyons maintenant quel est le montant des frais ; ce chiffre n'a point été établi au hasard, il repose sur les recherches les plus consciencieuses et les plus sévères, ainsi que sur la taxation établie par des connaisseurs. Comme tout doit être évalué en argent, nous supposerons que le cultivateur ne possède en propriété ni terrain, ni fumier, ni domestiques, ni attelages, et qu'il est obligé de payer tout argent comptant :

Loyer d'un arpent de 20 ares d'après le prix établi aux environs d'Erstein . . . . . . .  100 f.

Contributions . . . . . . . . . . . . . . .  30

Trente charges de fumier à quatre chevaux,

720 fr. dont il faut retrancher la moitié
comme profitant aux récoltes suivantes  360

Transport du fumier amené de 2 lieues
de distance, prix de la moitié des trente
charges . . . . . . . . . . . . . . . . . .  120

Cinq labours à 20 f., y compris le hersage  100

Prix de 27,500 pieds de tabac élevés en
pépinière (ils coûteraient plus cher si
on les achetait) . . . . . . . . . . . . .  60

Repiquage. . . . . . . . . . . . . . . . . .  15

Premier sarclage. . . . . . . . . . . . . .  15

Second sarclage et buttage . . . . . . . .  30

Suppression des têtes et effeuillage répété
quatre fois. . . . . . . . . . . . . . . .  40

Cueillette des feuilles et mise en chapelets  120

Frais de main-d'œuvre dans l'étuve. . .  60

Mise en paquets . . . . . . . . . . . . . .  60

Loyer du séchoir. . . . . . . . . . . . . .  30

Transport des feuilles vertes à la ferme
et dessiccation en magasin. . . . . . .  50

Total des frais. . . . . . . . .1,190

En comparant la recette à la dépense, on voit

qu'il y a un déficit de 428 fr. ; ce déficit devient encore plus considérable, si l'on tient compte des mauvaises années ; on sait, en effet, que la récolte de tabac manque une fois tous les huit ans, il serait donc juste de répartir la perte résultant de cette mauvaise année sur les sept autres. Je dois faire observer ici que j'ai pris le rendement le plus favorable au cultivateur et que j'ai supposé que le tabac était estimé à sa juste valeur, et, par suite, rangé dans la classe à laquelle il a droit d'après sa qualité. En outre, j'ai basé mes calculs sur les prix qu'on obtient du tabac dans le meilleur arrondissement de l'Alsace; dans le second arrondissement, le tabac de première classe ne se paye que 60 fr., celui de deuxième 49 fr. et celui de troisième classe 39 fr. ; un hectare de tabac ne rapporterait alors que 645 fr., ce qui rend le déficit encore plus considérable, puisque les frais restent à peu près les mêmes.

D'après ce qui précède, il semble incroyable ou même impossible qu'on continue encore la culture du tabac. Mais il faut considérer que le petit cultivateur exécute tout par lui-même ainsi que par sa femme, ses enfants et ses domestiques, qu'il consacre à ces travaux tous ses instants de loisir, et que, partant, il ne tient aucun compte des frais de main-d'œuvre. Il en est de même pour la plupart des autres dépenses, telles que labours, fumures, etc.; tout sort de la ferme, le loyer de la terre ne figure pas même au nombre des dépenses, car le tabac remplace l'année de jachère. Mais c'est là, je ne crains pas de le dire, une culture misérable ; aussi ne doit-on pas s'étonner si tant de cultivateurs de tabac font de mauvaises affaires et si le nombre des pauvres s'accroît avec la population. Les recettes de l'octroi prouvent, du reste, suffisamment ce que j'avance ; on n'a qu'à comparer, sous ce rapport, l'arrondissement de Wissembourg, où l'on ne cultive pas de tabac, avec celui de Schelestadt, et l'on ne tardera pas à reconnaître la vérité du vieux proverbe : Tout ce qui reluit n'est pas or.

## PLANTES OLÉAGINEUSES.

### 1. COLZA.

Ce n'est que dans un petit nombre d'endroits, vers la Queich, qu'on repique le colza en Alsace ; aussi ne ferai-je point mention de cette méthode que j'ai décrite ailleurs avec beaucoup de détails, comptant y revenir dans mon traité sur l'agriculture du Palatinat. Du reste, je doute que le colza puisse succéder immédiatement à une autre récolte, même là où le sol et le climat lui conviennent, à moins que ce ne soit après une jachère pure (1) ; dans le cas

(1) Rien n'empêche qu'on ne sème le colza après une récolte de vesces ou de pois. Dans ce cas, il faut, aussitôt la récolte enlevée, déchaumer à l'extirpateur et semer de suite le colza sur une partie du champ. Au mois de septembre, le plant sera assez fort pour pouvoir être transplanté, surtout si l'on a eu soin de fumer pour les pois et les vesces, comme il est toujours préférable de le faire. On donnera alors un bon labour au champ et l'on procédera immédiatement au repiquage sur ce labour frais. La partie du champ qui aura servi de pépinière devra être complétement vidée et plantée derechef, après avoir reçu une nouvelle fumure. ( *Note du traducteur.* )

contraire, le colza serait exposé à périr par les gelées, il vaudrait mieux alors le semer en place.

En Alsace, on sème le colza, tantôt après une jachère pure, tantôt après des grains d'hiver, des féveroles ou du trèfle. La jachère est toujours celle qui
offre le plus de ressources ; mais aussi, c'est le mode le
plus coûteux, parce qu'alors le colza a deux années
à supporter à sa charge. Toutefois cette méthode
présente tous les avantages attachés à une jachère
qui a reçu quatre labours, qui a été bien fumée et
qui laisse le terrain parfaitement meuble et net de
mauvaises herbes. Un autre procédé non moins bon
pour le colza est celui qui consiste à le semer dans
les chaumes de trèfle, comme cela se pratique dans
plusieurs endroits de l'arrondissement de Wissembourg ; mais, dans ce cas, on ne prend qu'une seule
coupe de trèfle, et, aussitôt la récolte enlevée, les cultivateurs portent du fumier sur le champ, laissent
pousser un peu la seconde coupe et l'enterrent en
vert : on a ainsi du très-beau colza. Pour montrer
combien le trèfle produit d'effet sur le colza, il suffit
de rappeler l'assolement de Schwindratzheim, où
cette plante, succédant au blé qui a remplacé le trèfle,
réussit mieux après une fumure de sept ans que
lorsqu'on le sème sur le blé qui a remplacé le chanvre, même après une fumure de trois ans. Dans le
Kochersberg, on ne fume pas non plus pour le colza
qui remplace le blé venu sur trèfle. Mais dans
quel assolement le trèfle bien placé n'opère-t-il pas
de merveilles ?

Lorsque le colza doit succéder à des grains d'hiver, tels que le blé ou l'épeautre, on répand du fumier sur le chaume ; on laboure ; on sème ensuite le colza sur ce labour frais, puis on le herse. Comme bien on le pense , il n'est pas question ici d'un terrain motteux; celui-ci devrait être préparé d'avance par des hersages répétés. En général, si le sol présente de grosses mottes, il faut donner plusieurs labours, ou plutôt il est impossible de semer le colza après le blé. On trouve aussi quelques endroits de l'Alsace , comme Brumath, où les chaumes de blé ne reçoivent pas de fumier pour le colza.

On sème le colza dans la première quinzaine d'août. Le sarclage ne contribue pas moins sans doute que le sol à assurer la réussite du colza semé sur place ; on le bine une première fois avant l'hiver et une seconde fois au printemps. On ne se dispense de sarcler le colza que lorsque les féveroles qui le précèdent immédiatement ont été sarclées deux fois.

La récolte de colza bien réussi peut être évaluée à 20 ou 25 hectolitres par hectare.

A Schleithal , on trouve que l'épeautre réussit mieux après le colza qu'après la jachère pure. En général, on remarque que l'épeautre vient mal lorsqu'il succède immédiatement au chanvre, tandis qu'il réussit très-bien lorsqu'on intercale entre les deux récoltes du colza repiqué, encore qu'on n'ait pas fumé pour ce dernier, ce qui prouve que le colza n'est guère épuisant.

## 2. OEILLETTE.

On consomme dans le département une grande quantité d'huile d'œillette pour les besoins de la table, c'est aussi pour cette raison qu'on s'occupe beaucoup de la culture de cette plante; néanmoins l'huile qu'on en retire est loin d'être suffisante, et l'on en fait venir, chaque année, du département du Nord.

Le pavot qu'on cultive ici est le pavot gris à têtes allongées et à opercules fermés; on le sème après des grains ou mieux encore après le chanvre ou les pommes de terre, ainsi que cela se pratique dans l'assolement biennal. Comme on fume fortement pour le chanvre, il n'est pas nécessaire de fumer de nouveau pour l'œillette. Nulle plante ne convient mieux que les pommes de terre comme récolte préparatoire pour l'œillette; mais, dans ce cas, si les pommes de terre n'ont pas été fumées, ou si elles n'ont reçu qu'une légère fumure, il convient de fumer fortement pour l'œillette : cette plante supporte autant de fumier que le chanvre; placée après les pommes de terre, elle donne le produit le plus élevé qu'il soit possible d'obtenir et rend un tiers de plus que lorsqu'elle succède à des récoltes de grains; on a alors l'assolement suivant :

1. Blé,                                3. Œillette.
2. Pommes de terre,

C'est le moyen le plus efficace qu'on puisse employer pour nettoyer un champ infesté de mauvaises herbes par la culture triennale (1). Là où l'on fait succéder l'œillette aux récoltes de grains, il faut 5 à 6 charges de fumier par arpent de 20 ares (25 à 30 charges à 4 chevaux par hectare); bien entendu, on ne fume pas pour le blé qui suit. On n'est pas encore d'accord sur les propriétés épuisantes de l'œillette; les uns croient qu'elle épuise fortement le sol, les autres pensent qu'elle ne l'épuise que peu : je ne puis prononcer sur cette question.

L'œillette est toujours semée seule. On a bien vanté dans le temps la méthode qui consiste à la semer avec des carottes; mais, en définitive, ce procédé offre peu d'avantages, car là où il se trouve une carotte, il n'y a pas de place pour un pied d'œillette; en outre, les carottes empêchent de sarcler et de butter la récolte, ce qui les rend, au total, plus nuisibles qu'utiles.

Dans la culture de l'œillette, on fume les chaumes de grains avant ou après l'hiver; le premier mode vaut toujours mieux. Dans tous les cas, on laboure une fois le champ avant l'hiver et une seconde fois au printemps suivant. On sème sur labour frais, on donne ensuite un hersage aussi fin que possible, puis

(1) Il va sans dire que cet assolement, qui n'a qu'une seule récolte fourragère, en supposant encore que les pommes de terre soient consommées dans la ferme, ne peut être que transitoire; il serait facile d'y substituer l'assolement fixe suivant :

| | |
|---|---|
| 1. Pommes de terre, | 4. Blé, |
| 2. OEillette fumée, | 5. Féveroles fumées, |
| 3. Trèfle, | 6. Blé. |

( *Note du traducteur.* )

l'on roule. L'œillette ne saurait être semée trop tôt ; on la sème quelquefois dès le mois de février.

Dès que les plantes sont levées, on leur donne un binage avec la houe ordinaire. Les Alsaciens excellent dans cette opération. Le second binage a lieu lorsque l'œillette a atteint 3 à 4 pouces de hauteur ; on éclaircit alors les plantes, de manière qu'elles se trouvent à un bon pied les unes des autres, et, en même temps qu'on exécute cette dernière opération, on amasse la terre au pied de chaque plante, afin d'étouffer les mauvaises herbes ; enfin, lorsque l'œillette a atteint un pied de hauteur, on la sarcle pour la troisième fois, et on la butte pour la protéger contre le vent. Cette méthode est certainement très-bonne, mais on pourrait diminuer de beaucoup les frais de main-d'œuvre en semant l'œillette en lignes et sur des ados formés par la charrue, ainsi que je l'ai essayé moi-même.

L'œillette, de même que toutes les autres plantes, est sujette à manquer ; son plus grand ennemi est la nielle, et aussi, dans les années humides, la coulure ; les souris sont très-avides des têtes d'œillette avant qu'elles ne soient arrivées à maturité.

On arrache l'œillette avec la racine et on la met en tas sur le sol même afin de la faire sécher, on la rentre ensuite et l'on ouvre les têtes sans perdre de temps. On ôte les graines à la main et on les recueille dans une grande caisse ou dans un panier garni d'une toile. On ne bat pas l'œillette, parce qu'il est fort difficile de séparer ainsi les parties terreuses et la poussière qui se trouvent mêlées à la graine. Lorsque toutes les graines sont extraites, on les met sur le champ dans des sacs où elles se conservent aussi longtemps qu'on le désire.

On ne compte guère que sur 20 hectolitres de graine d'œillette par hectare quand la récolte est bonne, et sur 25 quand la récolte est excellente. On retire d'un hectolitre de graine 14 mesures (56 livres d'huile, et 18 tourteaux, qui valent 4 sous pièce). La graine d'œillette ne rend donc pas autant d'huile que celle de colza ; elle est à cette dernière comme 14 est à 17. Par contre, lorsqu'on vend la mesure d'huile de colza 40 sous, on paye l'huile d'œillette 50 sous. Un arpent d'œillette rendrait donc 35 mesures d'huile à 50 sous, soit 87 fr. 50 c.; un arpent de colza donnerait 68 mesures d'huile à 40 sous, soit 136 fr. Les tourteaux d'œillette sont meilleurs que ceux de colza, l'œillette en fournit aussi davantage. Les premiers conviennent surtout aux cochons, les seconds sont préférables pour les bêtes à cornes. Les tiges d'œillette ne laissent pas non plus que d'avoir une certaine valeur dans les pays où l'on manque de bois. Un arpent rapporte jusqu'à 150 bottes de tiges d'œillette; il suffit de 10 à 12 bottes pour échauffer une chambre de grandeur ordinaire ; il en faut 12 à 16 pour échauffer une grande pièce. Les cendres d'œillette sont préférables à toute autre espèce de cendres; le sac vaut de 8 à 9 fr.

### 3. MOUTARDE.

On cultive dans les environs de Strasbourg la moutarde noire et la moutarde blanche; cette dernière fait souvent verser les grains, inconvénient qui n'arrive jamais avec la moutarde noire. On fume pour la moutarde, et on lui fait succéder du blé, qui vient mieux à cette place qu'après du chanvre. La moutarde noire donne, en moyenne, 2 hectolitres à 2 hectolitres et demi de grain par arpent de 20 ares; la moutarde blanche rend 5 hectolitres : l'hectolitre de moutarde noire vaut un quart de plus que celui de moutarde blanche.

On cultive encore près de Strasbourg le fenugrec, plante médicinale : le champ qui est ensemencé en fenugrec ressemble à un champ de luzerne. La paille ni les feuilles de cette plante ne peuvent servir de nourriture au bétail à cause de leur odeur forte et de leur propriété purgative. Le fenugrec est une plante annuelle; lorsqu'il réussit bien, il donne de 5 à 6 hectolitres par arpent; chaque hectolitre vaut 24 fr.

### 4. GARANCE.

On connaissait déjà cette plante en Alsace dès le xvi<sup>e</sup> siècle, époque à laquelle Charles-Quint l'y introduisit; sa culture fut à peu près nulle jusque vers le milieu du xviii<sup>e</sup> siècle, mais le gouvernement français, voulant s'affranchir du monopole que la Hollande exploitait à son profit, fit entreprendre vers ce temps la culture de la garance aux environs du Rhin. Ces essais, cependant, restaient à peu près infructueux ; ce ne fut qu'aux efforts d'un simple particulier, nommé Hoffmann, des environs de Haguenau, que la garance dut réellement sa prospérité. Grâce au zèle infatigable qu'il ne cessa de déployer pendant vingt-sept ans (de 1733 à 1760), ainsi qu'aux récompenses qui lui furent accordées et aux avances d'argent qu'on lui fit, il parvint enfin à imposer la culture de la garance à ses concitoyens. A la vérité, cette branche d'industrie n'était pas encore très-florissante en 1766 et en 1769, puisque toute la récolte en racines ne dépassait pas 5,000 quintaux, ce qui était trop minime pour pouvoir lutter avec la garance de Hollande ; mais le fils Hoffmann poursuivit avec tant de courage et de zèle l'œuvre commencée par son père et par son aïeul, qu'en 1778 la récolte de racines s'élevait à 50,000 quintaux.

Malheureusement ce fut là le plus haut point de prospérité que la culture de la garance atteignit jamais en Alsace. En 1779, la récolte ne s'élevait plus qu'à 37,000 quintaux, et l'année suivante, jusqu'en 1792, elle descendit à 34,000 quintaux. La révolution, qui fut fatale à tant d'industries, n'épargna pas non plus la garance. En 1794, ces 50,000 quintaux de racines se trouvaient réduits à 8,000 quintaux, et, bien que cette branche se soit considérablement relevée dans ces derniers temps, elle n'a pu cependant atteindre encore son premier chiffre de prospérité : on ne peut compter aujourd'hui sur plus de 30,000 quintaux, tandis que les Pays-Bas récoltent, chaque année, plus de 150,000 quintaux ; aussi fixent-ils le prix de la garance dans le commerce.

Au temps où le système triennal dominait presque exclusivement en France, on a agité plusieurs fois la question de savoir si la culture de la garance ne nuirait pas à celle des grains, attendu qu'elle occupe le sol pendant deux années de suite, ce qui est presque un crime dans ce système; cette question, aujourd'hui, n'a plus besoin de réponse, là surtout où le sol est tellement ingrat que la récolte de grains n'indemnise pas des frais qu'on est forcé de faire pour sa culture : ce dernier cas est celui de pays entiers du côté de Haguenau et de Bischweiler. Plus de mille hectares de leur sol détestable se trouvent aujourd'hui livrés à la culture et préparés pour recevoir des grains; mais il fallait nécessairement pour cela une plante qui fût assez riche pour indemniser de toutes les dépenses qu'on aurait faites dans le but de mettre promptement le sol en état de rapporter; cette plante, c'est la garance. Cette culture, il est vrai, par suite de la décadence qu'elle a éprouvée de nos jours, n'offre plus le moyen de fertiliser des déserts; mais c'est déjà beaucoup si elle suffit à maintenir l'édifice qu'on a élevé. Si le gouvernement voulait régénérer la culture de la garance en Alsace, il n'aurait qu'à placer un ou deux régiments de cavalerie à Haguenau et dans les environs : les cultivateurs auraient ainsi le moyen de se procurer le fumier nécessaire pour la culture de la garance.

Voyons maintenant comment on cultive cette plante en Alsace.

Le terrain le plus ordinairement consacré à cette culture est un sol sablonneux; une terre argileuse convient encore mieux à la garance (1), mais l'arrachage y est plus dispendieux, et, comme on peut, en Alsace, tirer plus de parti de ce dernier terrain en y cultivant d'autres produits, il est rare qu'on mette de la garance dans une terre où le blé peut venir.

A Bischweiler, où le sol est mêlé de graviers blancs, on défonce la terre à deux fers de bêche, de manière que la partie inférieure soit ramenée à la surface; on répand une partie du fumier avant l'hiver et on l'enfouit aussitôt; le reste est enfoui à la bêche au printemps. Trois à quatre semaines avant de planter la garance, on laboure le champ à la bêche : on compte de quatorze à vingt charges de fumier à quatre chevaux par arpent de 20 à 24 ares.

Au lieu de planter ici, comme dans les Pays-Bas, la garance sur des billons étroits, qui ne contiennent que quatre à six plantes dans leur largeur, on

______

(1) D'après M. de Gasparin, la meilleure terre à garance est un sol d'alluvion riche et qui contient de 90 à 93 pour 100 de carbonate de chaux; il est bon de remarquer ici qu'il s'agit du bassin de Vaucluse et du climat venteux de la Provence.　　　　(*Note du traducteur.*)

la place en lignes qui occupent toute la largeur de la pièce et sans laisser aucun intervalle, et l'on creuse avec la houe un sillon de 4 pouces de profondeur (1). Les racines, après avoir été trempées dans l'eau et recouvertes de terre fine, sont placées à l'un des angles du sillon, et on les recouvre avec la terre du sillon suivant. Dès qu'une partie des plantes est ainsi placée, on foule la terre avec les pieds, de manière qu'elle soit bien tassée. Les lignes sont placées à 1 pied de distance les unes des autres ; les plantes sont séparées entre elles par un espace d'environ 6 pouces. L'opération irait, je crois, plus vite si l'on plantait dans le sillon même ouvert par la charrue, au lieu de creuser un trou avec la houe pour chaque racine. Quatre piocheurs et quatre planteurs expédient un demi-arpent dans l'espace d'un jour : il leur faut le même temps pour l'arrachage d'une même étendue de terrain.

Quinze jours après la plantation, on sarcle légèrement ; trois semaines après cette opération, on couche les rejetons qui ont poussé. La plantation doit s'effectuer avec soin : on ouvre aussi près que possible, à gauche de la ligne des plantes, un sillon de 3 pouces de long ; on le remplit avec la terre du sillon suivant et l'on tasse un peu le sol avec les pieds : par ce moyen, le collet de la racine se trouve complétement enterré ; mais on ne sait pas

(1) Dans le comtat d'Avignon, on ne donne que 2 mètres de largeur aux billons.　　　　　　　　　　　　　( *Note du traducteur.* )

encore au juste si cette opération est réellement utile.

La seconde année, on répand de la terre sur le champ de garance; cette terre est extraite de la ligne qui reste vide, à chaque dix pas, entre les plantes. La première année, on sème des choux sur cette ligne vide, afin de ne pas perdre de terrain. Lorsque les pièces sont petites, il n'est pas nécessaire de réserver des lignes vides, la terre des bords de la pièce suffit pour cela. J'ai rencontré quelques champs de garance où la plantation avait lieu dans le sens de la longueur; le sillon vide occupait alors le milieu de la pièce.

J'ignore si le champ qui est entièrement complanté en garance rend davantage que celui qui est divisé en planches de quatre ou six raies; mais je ne crois pas trop m'avancer en disant que la récolte du premier champ ne vaudra jamais celle du second, ainsi que je l'ai déjà écrit dans mon traité sur l'agriculture belge.

Bien que la garance soit meilleure lorsqu'on la laisse plus de deux ans en terre, cependant cela n'arrive que très-rarement, et je crois qu'on a raison de ne la laisser que pendant ce laps de temps dans un climat où le froid pourrait bien détruire le fruit de deux années d'attente. Il n'est pas rare de voir le froid détruire les récoltes de garance; les gels et dégels attaquent le collet des racines et le font noircir : tout espoir de végétation ultérieure est alors perdu; j'en ai été témoin, en 1843, à Haguenau et à Brumath.

Pour l'arrachage de la garance, tel que je l'ai vu pratiquer en Alsace, je préfère de beaucoup la houe de ce pays à la bêche dont on se sert, à cet effet, dans les Pays-Bas; mais il ne faut pas croire que cette opération s'exécute aussi facilement que l'arrachage des pommes de terre. Supposons qu'on ait pratiqué une tranchée plus profonde que les racines de garance : l'ouvrier descend dans cette tranchée, il enlève la terre des côtés au-dessous des racines, et exécute ce travail en marchant à reculons. Lorsque toute la ligne des plantes est ainsi minée, il se sert d'un fer pointu pour dégager un peu la partie supérieure des racines, et il les enlève tout d'une pièce, en ayant soin de les secouer pour les débarrasser de la terre qui y est attachée.

On ne peut compter sur plus de 8 quintaux de racines sèches par arpent de 20 ares : le prix varie en moyenne entre 40 et 50 fr. Cette plante exige des frais de culture considérables, et il serait impossible de se tirer d'affaire si l'on était obligé de faire tout exécuter à prix d'argent.

Les frais de main-d'œuvre, à Bischweiler, sont évalués ainsi qu'il suit :

| | |
|---|---|
| Arrachage du plant. . . . . . . . . | 24 fr. |
| Sarclage. . . . . . . . . . . . . . | 5 |
| Mise en terre du plant. . . . . . . | 8 |
| Épandement de la terre. . . . . . . | 10 |
| Arrachage dans un sol sablonneux . | 75 |
| Dans un terrain argileux. . . . . . | 90 |

Le loyer du terrain, les contributions, la fumure,

le béchage de la terre ne sont point portés en compte ici ; la journée d'un ouvrier coûte 30 sous.

A Haguenau, on m'a dit que les frais de culture, pour un arpent de 20 ares, s'élevaient à 465 fr. ; le prix du loyer est de 25 fr., la charge de fumier (et il en faut vingt charges par arpent) ne coûte que 10 f. ; on ne doit pas le faire payer plus cher à la garance, car il agit encore sur les récoltes de grains qui suivent.

J'ai dit ailleurs qu'on trouve des terres, à Haguenau, où l'on a constamment :

1, 2. Garance,             3. Seigle.

Mais aussi, on remarque que les racines n'ont plus la grosseur qu'elles avaient il y a 20 ou 30 ans. Le seigle réussit à merveille après la garance ; et, là où le sol contient un peu d'argile, le blé vient aussi très-bien sans qu'il soit nécessaire de le fumer. On sème du trèfle dans le blé et l'on y répand du plâtre. On ne saurait mieux utiliser un champ de vigne défriché, ni mieux préparer la terre à recevoir de nouveau la vigne, qu'en y plantant de la garance : cette plante paye tous les frais de culture, et la vigne y réussit ensuite à merveille.

Écoutons maintenant ce que dit le bon Schrœder au sujet de la culture de la garance en Alsace ; c'est par les remarques de cet habile observateur que nous terminerons cet ouvrage.

« **La plantation de la garance a lieu chez nous au**

« moyen de rejetons (1) qu'on éclate au printemps,
« quand ils ont 6 à 9 pouces de long, et qu'on trans-
« plante de suite. Les plantations au moyen de semis,
« dont on a fait l'essai à Pfaffenhoffen, n'ont pas réussi
« et ont empêché de tenter de nouvelles expériences
« à ce sujet. D'après ce que j'ai éprouvé, les plantes
« provenant de semis, ne poussent tout au plus que
« 4 à 5 racines ; aussi chacun produit-il lui-même
« son plant ou bien l'achète-t-il à son voisin moyen-
« nant 8, 10, 12 sous le mille.

« On laboure pour cette culture aussi profon-
« dément que possible, bien que cela ne réussisse
« pas toujours : j'ai remarqué, en effet, que des
« champs de garance qui n'avaient reçu que des la-
« bours ordinaires rendaient bien plus que d'autres
« pièces situées tout auprès qui avaient été labourées
« à 8 ou 10 pouces de profondeur (2). Plus tôt on plante
« la garance, mieux cela vaut; celle qui est plantée
« en avril rend 4 fois autant que celle qui ne l'a
« été que dans le mois de juin. Mais cette plantation

---

(1) Dans le comtat d'Avignon, la plupart des cultivateurs ont adopté le semis ; mais M. de Gasparin regarde la plantation comme plus sûre et plus avantageuse dans le plus grand nombre des cas ; il pense que ce sont les avances considérables qu'exige cette méthode, qui lui font préférer le semis dans cette partie de la France.

( Note du traducteur. )

(2) Peut-être avait-on ramené à la surface une veine de terre nui-sible à la végétation, ou bien avait-on pris tout d'un coup trop de pro-fondeur, sans appliquer une plus forte fumure. Quoi qu'il en soit, les labours profonds, c'est-à-dire les labours de défoncement, sont regar-dés partout comme indispensables pour la culture de la garance ; dans le comtat d'Avignon, le sol est défoncé à un demi-mètre avec la bêche pour cette culture.  ( Note du traducteur. )

« précoce ne dépend pas tant de la volonté de l'hom-
« me que du plant même de garance, qui, par un
« printemps défavorable, se trouve retardé dans sa
« végétation. Dès que les rejetons ont paru, il faut,
« sans perdre de temps, procéder à la transplantation
« si la saison le permet. Quelques personnes com-
« mettent la faute d'attendre que les rejetons aient
« acquis un certain développement; mais j'ai toujours
« observé que ceux qui étaient transplantés de bonne
« heure, bien que n'ayant que 6 pouces de long,
« réussissaient mieux que ceux qui avaient 10 pouces
« et plus de longueur, et dont les racines étaient éga-
« lement plus longues.

« Le terrain où l'on veut transplanter de la garance
« ne doit être ni humide ni sec. Le terrain est-il
« humide, les plantes jaunissent, rendent moins et
« même ne viennent pas du tout; au contraire, est-il
« trop sec, plus de la moitié du plant manque, et l'ar-
« rosement, dans ce cas, ne produit aucun effet. La
« réussite des rejetons est assurée toutes les fois que
« la terre n'est pas boueuse au moment de la trans-
« plantation, et qu'après avoir placé les rejetons dans
« les sillons et les avoir recouverts d'une légère cou-
« che de terre, on serre celui-ci contre les plantes
« en appuyant avec le pied, et l'on achève de remplir
« les sillons avec de la terre.

« Dès que les rejetons ont repris, et qu'ils ont
« commencé à pousser, on doit donner un sarclage
« avec la petite houe, et, quinze jours après cette
« opération, on sarcle de nouveau, avant que les

« plantes ne se couchent ; dans le courant de l'été,
« on les sarcle encore une ou deux fois à la main.
« Quelques cultivateurs couvrent leur champ de
« garance, dans les fortes gelées, avec du fumier long,
« d'autres s'en dispensent ; je n'ai jamais vu que
« cela produisît quelque effet, c'est pourquoi je
« pense qu'on ferait mieux d'employer ce fumier à
« un autre usage.

« Au mois de mars ou d'avril de l'année suivante,
« on couvre le champ de terre, et l'on sarcle encore
« une fois dans le courant de l'été. La garance réussit
« d'autant mieux qu'on la tient plus nette de mau-
« vaises herbes ; plus l'époque de l'arrachage est
« reculée (comme, par exemple, après la Saint-
« Martin), plus la garance donne de produits, plus
« elle a de qualité, et moins elle perd en se dessé-
« chant. J'ai toujours remarqué que ceux qui l'ar-
« rachaient de bonne heure, comme, par exemple,
« dans le mois d'août, éprouvaient un déficit d'un
« tiers et plus sur leur récolte.

« La garance se cultive ici le plus souvent sur un
« sol sablonneux ou sur un terrain argilo-sablon-
« neux (1). Le terrain qu'on lui destine doit être
« préparé quelques années d'avance par des récoltes
« qui exigent beaucoup d'engrais, telles que les
« choux, le chanvre, etc. Un sol nouvellement fumé

(1) D'après M. de Gasparin, des terres sablonneuses de peu d'adhé-
rence laissent sécher et périr la garance pendant les fortes chaleurs, et
donnent un résultat bien inférieur à celui des terres compactes qui
ont de la fraîcheur : les terres sablonneuses fraîches produisent des récoltes surprenantes.                    (*Note du traducteur.*)

« ne produit jamais de belles racines, parce qu'il
« n'a pas encore eu le temps de s'imprégner comme
« il faut d'engrais, quand bien même on lui aurait
« donné tout d'un coup le double de fumure ; et
« même, malgré cette fumure de longue date, on
« fume encore avant et après l'hiver. 20 ou
« 30 charges de fumier ne sont pas de trop pour
« un arpent de 20,000 pieds carrés.

« Le calcul suivant peut servir à montrer quel
« est le bénéfice qu'on retire de la culture de la
« garance. En 1803, je plantai en garance un arpent
« qui réunissait toutes les conditions requises. Il
« reçut 24 charges de fumier ; tous les travaux fu-
« rent exécutés avec soin et en temps convenable ;
« la garance était belle, mais l'arpent ne me rendit
« pas plus de 38 quintaux de racines fraîches dont
« j'obtins 304 francs ; les dépenses furent les sui-
« vantes :

» Loyer du terrain et contributions pendant deux
« ans. . . . . . . . . . . . . 50 fr.
« 24 charges de fumier, à 6 francs. . 144
« Plantation. . . . . . . . . 24
« Binage. . . . . . . . . . 6
« Épandement de la terre. . . . . 8
« Arrachage. . . . . . . . . 60

TOTAL DES DÉPENSES. . 292

« Je retirai donc 12 francs de bénéfice ; mais que
« serait devenu ce bénéfice, si le prix de la garance,
« comme cela est déjà arrivé, était descendu à 6 fr.?
« Le cultivateur ne peut se tirer d'affaires qu'autant

« que le quintal de garance vaut 9 francs; c'est
« encore pis si la récolte vient à être détruite
« par les gels et dégels : le mal est alors à son
« comble.

« J'ai toujours observé que les cultivateurs qui
« voulaient s'enrichir par la culture de la garance,
« et qui, par suite, en plantaient deux à trois arpents
« chaque année, travaillaient à leur ruine, surtout
« lorsqu'ils étaient obligés de faire exécuter leurs
« travaux en partie par des étrangers. La garance
« demande un soin extrême; elle doit, d'ailleurs,
« être tenue avec une grande propreté, et il faut
« avoir bien soin de donner les cultures à propos,
« si l'on veut que la récolte réussisse. J'ai toujours
« remarqué que ceux qui en plantaient deux à trois
« arpents n'obtenaient pas plus de produits que
« ceux qui n'en cultivaient que la moitié et qui lui
« consacraient tout le soin possible.

« Cependant la culture de la garance a aussi son
« bon côté, et elle offre de grands avantages toutes
« les fois que le prix de la garance fraîche ne descend
« pas au-dessous de 9 francs, que sa culture est
« renfermée dans de sages limites, qu'elle se trouve
« en proportion avec la quantité de fumier dont on
« peut disposer, qu'elle n'enlève rien aux autres
« récoltes, qu'elle ne souffre pas des gels et dégels
« (le froid le plus vif, s'il est sec, ne lui fait aucun
« tort), et enfin qu'elle ne revient pas trop souvent
« sur le même champ, c'est-à-dire qu'on met au
« moins quatre ans d'intervalle entre chaque récolte :

« à ces conditions, la culture de la garance peut être
« souvent fort avantageuse.

« L'expérience suivante, que j'ai faite moi-même,
« montrera combien il est important d'éviter le
« retour trop fréquent de la garance. En 1777, je
« fis labourer une pièce de 14,000 pieds carrés.
« C'était une excellente terre qui recevait du fumier,
« chaque année, depuis un temps immémorial, qui
« portait pour la première fois de la garance et que
« je fis cultiver avec tout le soin possible; cette pièce
« me rendit 67 quintaux 3/4 de racines fraîches qui
« furent vendus 847 francs 50 centimes.

« Peu familiarisé, à cette époque, avec la culture
« de cette plante, je crus faire merveille en plantant
« de nouveau en garance cette pièce qui se trouvait
« en parfait état ; je la fis fumer très-fortement à
« l'hiver et au printemps, et elle reçut toutes les
« façons nécessaires. Mais qu'arriva-t-il ? à l'époque
« de la récolte, je n'obtins que 13 quintaux, qui
« furent vendus 130 francs. Cette pièce, depuis lors,
« resta 20 ans sans porter de garance; en 1801,
« j'en obtins de nouveau 60 quintaux de garance.

« Avant la révolution, les environs de Schil-
« lersdorf produisaient, annuellement, de 2 à
« 3,000 quintaux de garance, qui, se maintenant à
« un prix honnête, et n'ayant point à supporter des
« journées aussi chères de main-d'œuvre, amenè-
« rent des sommes considérables dans le village et
« augmentèrent sensiblement l'aisance des habi-
« tants. Le terrain acquit alors une valeur exces-

« sive. J'ai vu vendre jusqu'à 1,200 francs une
« pièce de 10,000 pieds carrés, consistant en un
« sol sablonneux, mais propre à la culture de la
« garance. Cette branche de culture présentait
« encore de beaux bénéfices peu de temps avant que
« la guerre n'eût éclaté avec l'Angleterre, alors que
« les grands fabricants anglais faisaient de fortes
« commandes de garance à la foire de Beaucaire ;
« mais, depuis, les récoltes sont devenues de plus en
« plus mauvaises, et les prix ont toujours été bais-
« sant. Les cultivateurs s'étaient dépouillés de leur
« argent pour acheter des terres à un prix élevé,
« comptant réaliser de grands bénéfices avec la
« culture de la garance, malheureusement ils furent
« trompés dans leur espoir ; la plupart sont devenus
« la proie des usuriers, qui, chaque jour, devien-
« nent plus nombreux ; l'aisance a disparu de nos
« environs, et les terres ont perdu plus du tiers de
« ce qu'elles valaient précédemment, bien que la
« population aille toujours croissant. »

FIN.

# TABLE DES MATIÈRES.

FIN DE LA TABLE.

# LIBRAIRIE DE MADAME HUZARD,

### RUE DE L'ÉPERON, n° 7 A PARIS.

## EXTRAIT DU CATALOGUE GÉNÉRAL.

*Le Catalogue général est adressé à toutes les personnes qui en font connaître le désir par lettre affranchie. Toute demande de livres, accompagnée d'une remise de fonds sur Paris, sera expédiée immédiatement après sa réception, par la voie de la poste, ou des messageries, selon son importance. Les frais d'envoi par la poste sont indiqués par le deuxième prix de chaque ouvrage.*

### 1°. *Agriculture, Économie rurale.*

**ABRÉGÉ** des Géoponiques. Paris, 1812, in-8. Prix, broché. 2 f. 50 c. et 3 f., *fr. de port.*

**ADMINISTRATION** de l'agriculture, appliquée à une exploitation, par M. *de Plancy.* 1822, 1 vol. in-fol., cart. . . . . . . . . . . . . . . . 10 f.

**AGRICULTURE** du Gâtinais, de la Sologne et du Berry, et des moyens de l'améliorer; par M. *Puvis.* 1833, in-8.. 2 f. 50 c. et 3 f.

**AGRICULTURE** pratique et raisonnée; par sir *John Sinclair;* trad. par *C.-J.-A. Mathieu de Dombasle.* 2 vol. in-8, fig. 15 f. et 19 f.

**AGRICULTURE** pratique de la Flandre; par M. *van Aëlbroeck.* 1830, *avec supplément* 1835; in-8, 16 planches... 8 f. et 9 f. 50 c.

— *Supplément.* Mémoire sur les prairies aigres. 1835, in-8. . . . . 1 f. 25 c. et 1 f. 50 c.

**AGRICULTURE** en Europe et en Amérique; par M. *Deby.* 1825, 2 vol. in-8. 10 f. et 12 f. 25 c.

**AMI** (l') des cultivateurs, ou Moyens de tirer le meilleur parti des biens de campagne; par *Poinsot.* 2 vol. in-8, fig.. 10 f. et 13 f.

**ANNALES** de l'agriculture française, contenant des observations et des mémoires sur toutes les parties de l'agriculture, rédigées par MM. *Tessier, Bosc,* et *plusieurs membres de la Société royale et centrale d'agriculture.*

— *Il paraît, chaque mois, un cahier de 4 feuilles in-8. Prix,* 15 f. *par an, franc de port, pour toute la France, et* 18 f. *pour les pays étrangers.*

— **PREMIÈRE SÉRIE,** an IV à 1817, 70 volumes in-8, fig. et tableaux. . . . . . . . . . . . . 300 f.

— **DEUXIÈME SÉRIE,** 1818 à 1828, 44 volumes in-8, fig. . . . . . . . . . . . . . . . . . . . . . 220 f.

— **TROISIÈME SÉRIE,** 1829 à 1835, 16 volumes in-8, fig. . . . . . . . . . . . . . . . . . . . 96 f.

**ANNALES** de l'institution royale agronomique de Grignon, 1828 à 1831, 5 livraisons ou vol. in-8, fig. . . . . . . 21 f. et 25 f. séparément. —1<sup>re</sup> livr., 2 f.; 2<sup>e</sup> livr., 5 f.; 3<sup>e</sup> livr., 4 f.; 4<sup>e</sup> et 5<sup>e</sup> livr. 5 f.

**CHIMIE** appliquée à l'agriculture; par *Chaptal.* 2<sup>e</sup> édit. 1829, 2 vol. in-8. . . . 13 f. et 16 f.

**CONSIDÉRATIONS** sur le morcellement de la propriété territoriale en France; par M. *de Morel Vindé.* 1826, in-8.... 75 c. et 90 c.

**COURS** complet, ou Dictionnaire universel d'agriculture pratique, d'économie rurale et domestique, et de médecine vétérinaire; par l'abbé *Rozier,* revu par MM. *Sonnini, Tollart,* etc. 7 vol. in-8, fig. . . . . . . . 35 f.

**COURS** de culture, par *A. Thoüin;* publié par *Oscar Leclerc.* Paris, 1827, 3 vol. in-8, et atlas de 65 pl., cart. . . . . . . . . . . 35 f.

**ESSAI** sur l'amélioration de l'agriculture dans les pays montueux, par M. *Costa.* Paris, 1802, in-8, fig. . . . . . . . . . . . . . 3 f. et 4 f.

**GENÊT** (du), de ses différentes espèces, de ses propriétés et de ses avantages; par *Thiébaud de Berneaud.* 1810, in-8. 1 f. 50 c. et 1 f. 80 c.

**GUIDE** des propriétaires de biens ruraux affermés, par M. *de Gasparin.* Paris, 1829, in-8. . . . . . . . . . . . . . . . . 6 f. et 7 f. 50 c.

**GUIDE** des propriétaires de biens soumis au métayage, et culture de la GARANCE, du SAFRAN et de l'OLIVIER; par M. *de Gasparin.* Paris, 1836, in-8. . . . . . . . . 6 f. et 7 f. 50 c.

**INSTRUCTION** sur le sarrasin, in-8. 25 c. et 30 c.

**INSTRUCTIONS** élémentaires d'agriculture, ou Guide des cultivateurs, par *Fabroni;* trad. par *Vallée.* 1806, in-8, fig. . . . . 4 f. et 5 f.

**JOURNAL** d'agriculture et d'économie rurale; par *Borelly.* An III, 7 vol. in-8. . . . . . . 21 f.

**MANUEL** pratique du laboureur; par *Chabouillé-Dupetitmont,* cultivateur; 2<sup>e</sup> édit. Paris, 1826, 2 vol. in-12, fig.. 8 f. et 10 f.

**MÉMOIRES** sur l'amélioration de l'agriculture par la suppression des jachères; par *Commerell.* In-8. . . . . . . . . 1 f. 25 c. et 1 f. 50 c.

**MÉMOIRE** sur les défrichemens; par *de Turbilly.* 2<sup>e</sup> édit., in-12. 1761. 3 f. et 3 f. 75 c.

**MÉMOIRE** sur les moyens de parvenir à la suppression des jachères; par *Belair.* Paris, 1793, in-8. . . . . . . . . . . . . 1 f. et 1 f. 25 c.

**MÉMOIRE** sur l'utilité d'un corps d'ingénieurs agricoles; par M. *de Morogues.* 50 et 60 c.

**MÉMOIRES** sur l'agriculture, la culture des terres, le dessèchement des étangs et des marais; par *Varennes-Fenille.* Paris, 1808, in-8. . . . . . . . . . . . . . . . . . 3 f. et 3 f. 75 c.

**MONITEUR** rural, ou Traité élémentaire de

l'agriculture en France, par *Deschartres*. 1811, in-8... 6 f. et 7 f. 75 c., *fr. de port.*

Moyens d'améliorer l'agriculture en France, particulièrement dans les provinces les moins riches; par M. *Bigot de Morogues*. Orléans, 1822, 2 vol. in-8... 12 f. et 15 f.

Notice sur les assolemens adoptés par M. *de Morel-Vindé*, à la Celle-Saint-Cloud. Paris, 1816, br. in-8, fig.. 1 f. 25 et 1 f. 50 c.

— Quelques observations. 1 f. 25 c. et 1 f. 50 c.

— Appendice.................. 30 c. et 35 c.

Observations et améliorations sur l'agriculture dans les sols sablonneux; par M. *d'Ourches*. Paris, 1818, in-8... 8 f. et 3 f. 50 c.

Pratique des défrichemens; par *de Turbilly*. 4e édit. Paris, 1811, in-8.. 2 f. 50 c. et 3 f.

Principes d'agriculture et d'économie, appliqués mois par mois dans les pays de grande culture. 1804, in-8. 3 f. 50 et 4 f. 50

Théâtre d'agriculture et mesnage des champs, d'*Olivier de Serres*, dans lequel est représenté tout ce qui est requis et nécessaire pour bien dresser, gouverner, enrichir et embellir la maison rustique; nouv. édit., publiée par la Société d'agriculture de la Seine. 1804, 2 vol. in-4, fig., br. 36 f. et 46 f.

Théorie de la population, ou Observations sur le système de M. *Malthus*; par M. *de Morel-Vindé*. 2e éd. 1829, in-8. 1 f. et 1 f. 15

Traité de la grande culture des terres; par *Isoré*. 1802, 2 vol. in-12...... 3 f. et 4 f.

Trésor (le) du cultivateur; par *Lemercier*. Paris, 1819, in-12.... 1 f. 25 c. et 1 f. 50 c.

Vocabulaire portatif d'agriculture, d'économie rurale et domestique, de médecine, de chimie, etc. 1810, in-8. 6 f. et 7 f. 50 c.

Voyage agronomique, précédé du Parfait fermier, trad. d'*Young*, par *de Fréville*. Paris, 1774, 2 vol. in-8, fig...... 7 f. et 10 f.

———

A quelle culture doit-on appliquer les fumiers? par M. *Brandicourt-Montmolin*. Paris, 1810, in-8... 1 f. 25 c. et 1 f. 50 c.

Essai sur les engrais dont on fait usage en Italie pour améliorer les terres; par *Philippe Ré*; trad. par M. *Dupont*. Paris, 1813, in-8, fig............ 3 f. 50 c. et 4 f. 25 c.

Marne (de la) et de la manière de l'employer; par M. *B****. Paris, 1788, in-12. 60 et 75 c.

Quinze ans de mes occupations agricoles, mémoires sur l'emploi du plâtre comme engrais; par M. *Dergère-de-Mondemont*. Paris, 1817, broch. in-8... 75 c. et 85 c.

Rapport sur l'emploi du plâtre en agriculture; par M. *Bosc*. in-8... 2 f. 50 c. et 3 f.

Théorie des engrais, et leurs applications spéciales dans l'agriculture; par *A. Payen*. Paris, 1835, in-8.......... 1 f. et 1 f. 15 c.

Théorie du plâtrage; par M. *Socquet*. Lyon, 1820, in-8............... 75 c. et 90 c.

———

Description des nouveaux instrumens d'agriculture les plus utiles; par *A. Thaër*; trad. par *C.-J.-A. Mathieu de Dombasle*, avec 26 planches. 1821, in-4. 13 f. 50 c. et 15 f.

Description détaillée de la charrue à un cheval (*horse-hoe*). In-12, fig.... 50 c. et 60 c.

Essai sur les constructions rurales économiques, contenant leurs plans, coupes, élévations, etc.; par M. *de Morel-Vindé*. Paris, 1824, in-fol.................... 16 f.

Instrumens aratoires inventés, perfectionnés,

par *Ch. Guillaume*. Paris, 1821, in-fol. oblong, fig. 15 f. et 16 f. 25 c., *franc de port*.

Lettres à *François de Neufchâteau*, sur la charrue. Paris, an IX, in-8, fig. 75 c. et 1 f.

Mémoire sur les gerbiers à toit mobile; par M. *de Morel-Vindé*. in-8. fig. 75 c. et 85 c.

Nouveau mode de couverture rurale dit ignifuge; par M. *Legavrian*. Paris, 1829, in-8............ 1 f. 50 c. et 1 f. 75 c.

Spirodiphre (le), ou Char à planter le blé; par *F.-Ch.-L. Sickler*. 1805, fig. 75 c. et 1 f.

———

Aux cultivateurs, ou Dialogue sur les prairies artificielles; par *B****. In-12. 60 et 75 c.

Eau (de l'), ou Traité de l'irrigation des prés; par *J. Bertrand*, in-12, fig... 1 f. 80 et 2 f.

Instruction pour conserver le foin par les meules à courant d'air.......40 c. et 45 c.

Mémoire sur l'ajonc ou genêt épineux; par *Culvel*. 2e édit., in-8, fig... 75 c. et 90 c.

Mémoire sur l'amélioration des prairies naturelles et sur leur irrigation; par *de Perthuis*. Paris, 1806, in-8, fig. 2 f. 50 c. et 3 f.

Notice sur le trèfle incarnat; par M. *Mathieu de Dombasle*. 1823, in-8.... 30 c. et 35 c.

Pratique de la culture du trèfle et du sainfoin; par *A. Bornot*. 1817, in-8. 2 f. et 2 f. 50 c.

Recueil sur la culture du sainfoin, 1806, in-12................ 1 f. 25 c. et 1 f. 50 c.

Richesse (la) des cultivateurs, ou Dialogues sur la culture du trèfle, de la luzerne et du sainfoin; 1803, in-8.... 2 f. et 2 f. 50 c.

Traité des prairies artificielles, et de l'éducation des moutons de race anglaise; par *de Mante*. 1778, in-4, fig.. 7 f. 50 c. et 9 f.

Traité des prairies artificielles, ou Recherches sur les espèces de plantes qu'on peut cultiver avec le plus d'avantage en prairies artificielles; par *Gilbert*. 6e édit., avec notes par *A. Yvart*. 1826, in-8.. 5 f. et 6 f. 50 c.

Traité général de l'irrigation, contenant diverses méthodes d'arroser les prés et jardins, par *Tatham*; trad. de l'angl. Paris, 1805, in-8, fig............... 5 f. et 6 f.

Traité général des prairies et de leur irrigation; par *Ch. d'Ourches*. 2e édit. Paris, 1806, in-8, fig...... 4 f. 50 c. et 5 f. 25 c.

Trèfle (du) et de sa culture, par M. *B****. In-12..................... 60 c. et 75 c.

Voyage en Espagne, ou Recherches sur les arrosages, sur les lois et coutumes qui les régissent, par M. *Jaubert de Passa*. Orné de 6 cartes. 1823, 2 vol. in-8.... 15 f. et 18 f.

———

Améliorations à introduire dans la fabrication du sucre de betteraves; par M. *Nosarzewski*. Paris, 1829, in-8. 1 f. 50 et 1 f. 75 c.

Culture (de la) des betteraves, rutabagas, choux et autres plantes sarclées, par *W. Cobbett*; trad. de l'angl. par *L. Valcourt*; Paris, 1835, in-8.... 2 f. 25 c. et 2 f. 60 c.

Culture des truffes, ou Manière d'obtenir, par des plants artificiels, des truffes noires ou blanches, par *Bornholz*; trad. par *O'Egger*. 1826, in-8. 1 f. 25 c. et 1 f. 50 c.

Faits et observations sur la fabrication du sucre de betteraves et la distillation des mélasses; par *Mathieu de Dombasle*. 3e éd., 1831, in-12, fig....... 3 f. 50 c. et 4 f. 25 c.

Instruction sur la culture et les avantages des plantes légumineuses, 3e édit. Paris, 1826, in-8.......... 1 f. 25 c. et 1 f. 50 c.

INSTRUCTION sur la carotte.... 25 c. et 30 c.
INSTRUCTION sur les choux ... 75 c. et 1 f.
INSTRUCTION sur les turneps. In-8. 30 et 40 c.
INSTRUCTION sur le navet. In-12. 60 c. et 65 c.
MÉMOIRE sur le chou-navet de Laponie; par *Sonnini.* In-8...... 1 f. 50 c. et 1 f. 75 c.
MÉMOIRE sur le sucre de betteraves, par *Chaptal.* 3e édit. in-8... 1 f. 50 c. et 1 f. 75 c.
MÉMOIRE sur les choux et raiforts cultivés en Europe, par M. *de Candolle.* Paris, 1822, in-8......... 1 f. 25 c. et 1 f. 50 c.
MÉMOIRE sur la culture de la racine de disette; par *Commerell.* In-8. 1 f. et 1 f. 25
NOTICE sur deux semis de graines de pommes de terre; par M. *Sageret.* In-8. 30 c. et 35 c.

AVIS aux cultivateurs sur la culture du tabac en France; par M. *Tessier.* 50 c. et 60 c.
COLLECTION de mémoires sur les oliviers. Paris, 1822, in-8....... 3 f. 50 c. et 4 f. 25 c.
ESSAI sur la culture du chanvre dans l'ouest de la France; par M. *Chasle de la Touche.* Paris, 1826, in-8.... 1 f. 50 c. et 1 f. 75 c.
INSTRUCTION sur la culture du coton en France; par M. *Tessier.* 1808, in-8.. 50 c. et 60 c.
MÉMOIRE sur la culture du lin; par M. *Marcellin Vétillart.* in-8.. 1 f. 25 c. et 1 f. 50 c.
OBSERVATIONS sur la culture du coton, par M. *de Rohr.* 1807, in-8... 3 f. et 3 f. 75 c.
TRAITÉ de l'olivier, histoire et culture de cet arbre, extraction de l'huile, etc.; par *Amoreux.* 2e édit., in-8. 5 f. 50 c. et 6 f. 75 c.
TRAITÉ du chanvre; par *Marcandier.* Paris, 1795, in-12.......... 1 f. 25 c. et 1 f. 50 c.
TRAITÉ du maïs ou blé de Turquie, son histoire, sa culture et ses emplois; par *A.-E. Duchesne.* In-8, fig.... 5 f. et 6 f. 25 c.
TRAITÉ sur la culture de la garance. Avignon, 1827, in-8........ 1 f. 50 c. et 1 f. 65 c.

AVIS aux bonnes mères, sur la méthode d'extraire la fécule et la farine de la pomme de terre, en petit et en grand; par *Mergoux.* 1817, in-8, fig... 1 f. et 1 f. 25 c.
DESCRIPTION des procédés employés par M. *Mergoux,* afin d'introduire les pommes de terre dans le pain. In-8, fig. 50 c. et 60 c.
ESSAI sur l'extraction de la farine de pomme de terre, avec la manière d'en faire du pain; par *Mergoux.* 1816, in-8. 1 f. et 1 f. 25 c.
MÉMOIRE sur les moyens de conserver la pomme de terre sous la forme de riz ou vermicelle; par *Grenet.* 1 fr. 50 c. et 1 f. 75 c.
MÉTHODE pour recueillir les grains dans les années pluvieuses; par *Ducarne-de-Blangy,* 1771, in-8, fig...... 1 f. 25 c. et 1 f. 50 c.
NOUVEAU mode de conservation des grains et des vins, par *A. Delacroix.* Paris, 1828, in-8.............. 2 f. 50 c. et 3 f.
RECUEIL sur les soupes economiques et les fourneaux à la *Rumford.* Paris, 1801, in-8, fig.............. 3 f. et 4 f.
TRAITÉ usuel du chocolat; par *Buc'hoz.* Paris, 1812, in-8..... 1 f. 80 c. et 2 f. 25 c.

2°. *Bois et Forêts, Jardinage et Histoire naturelle.*

APERÇU général des forêts; par *C. d'Ourches.* 1805, 2 vol. in-8, avec 39 pl.. 12 f. et 15 f.
FORÊTS (des) de la France; par M. *Bonard.*

In-8, et supplém. de 1827. 5 f. et 5 f. 75 c.
FORÊTS vierges de la Guyane française; par M. *Noyer.* 1827, in-8.... 2 f. 50 c. et 3 f.
GUIDE dans les forêts, ouvrage destiné à l'instruction des propriétaires de bois; par M. *Kasthofer;* trad. par *F.-L. Monney.* 1830, 2 vol. in-8, fig... 10 f. et 12 f. 50 c.
HISTORIQUE de la création d'une richesse millionnaire par la culture des pins; par *L.-G. Delamarre.* 1827, in-8, fig. col 6 f. et 7.
LETTRE sur l'encaissement du Rhône et l'exploitation de quelques espèces de bois. An IX; in-8.............. 75 c. et 85
LETTRE à M. *François de Neufchâteau,* sur le robinier; par *Médicus.* In-12. 50 c. et 60
LETTRE sur le robinier ou faux-acacia; par M. *François de Neufchâteau.* 1803, in-12, fig.............. 2 f. 50 c. et 3 f. 25 c.
MANUEL de l'élagueur, ou De la conduite des arbres forestiers; par M. *Hotton.* Paris, 1829, in-12............. 2 f. et 2 f. 50 c.
MÉMOIRE sur l'administration forestière, sur les qualités individuelles des bois indigènes; par *Varennes-Fenille;* 2e édit. Paris, 1807, 2 vol. in-8......... 6 f. et 7 f. 50 c.
MÉMOIRE sur le zelkoua, *planera crenata,* arbre forestier; par *A. Michaux.* 1831, in-8, fig.............. 1 f. 50 c. et 1 f. 75 c.
NOTICE sur un arbre à sucre; par *Armesto.* Paris, 1812, br. in-8......... 30 c. et 35 c.
OBSERVATIONS sur les semis et les plantations de quelques arbres utiles; par M. *Iyonnet.* Paris, 1815, in-8......... 1 f. et 1 f. 25 c.
PLANTATIONS (des), de leur nécessité en France; par *Datty.* 1 vol. in-8. 3 f. et 3 f. 75
TRAITÉ de la culture du chêne; par *Juge de-Saint-Martin.* 1788, in-8, fig.... 4 f. et 5 f.
TRAITÉ des arbres forestiers, ou Histoire et description des arbres dont la tige a de 30 à 120 pieds d'élévation; par M. *Jaume-Saint-Hilaire.* 1824, in-4, 90 pl. col.. 80 f.
TRAITÉ pratique de la culture des pins à grandes dimensions, des cèdres du Liban, des mélèzes et des sapins; par *L.-G. Delamarre.* 3e édit., avec des notes de MM. *Michaux* et *Vilmorin.* 1831, in-8. 6 f. et 7 f. 25
TRAITÉ sur les réformations et les aménagemens des forêts; par *Plinguet.* Orléans, 1789, in-8.............. 7 f. et 8 f. 25 c.

COURS complet sur la culture du pêcher et autres arbres à fruit; par *L. Lemoine.* Paris, 1804, in-12...... 1 f. 25 c. et 1 f. 50 c.
CULTURE de la grosse asperge, dite *de Hollande;* par *Filassier.* 1 f. 50 c. et 1 f. 80 c.
GUIDE (le) des propriétaires et des jardiniers, pour le choix et la culture des arbres; par *S. Beaunier.* 1821, in-8. 3 f. 50 c. et 4 f. 25
INSTRUCTION sommaire sur le fraisier des Alpes; par M. *de Morel-Vindé.* 30 c. et 35 c.
MELON (du) et de sa culture, par *Calvel.* 2e édition. 1809, in-8. 1 f. 25 c. et 1 f. 50 c.
MONOGRAPHIE de la rose; par *Buc'hoz.* Nouv. édit. Paris, 1808, in-8, fig.. 2 f. 50 c. et 3 f.
MONOGRAPHIE de la violette; par *Buc'hoz.* Paris, 1807, in-8..... 1 f. 25 c. et 1 f. 50 c.
NOMENCLATURE des espèces, variétés et sous-variétés du genre Rosier; par M. *de Pronville.* Paris, 1818, in-8... 2 f. 50 c. et 3 f.
PLANS raisonnés de toutes les espèces de jardins; par M. *Gabriel Thouin.* 3e édit. 1828,

in-fol. cartonné, fig., sable et eaux colo-
riés.......................... 6o f.
— Figures entièrement coloriées..... 1oo f.
POMOLOGIE physiologique, moyens d'améliorer les fruits domestiques et sauvages, de
faire naître des espèces et variétés nouvelles ; par M. *Sageret*. 183o. ( Avec Supplément, 1835. ).. 8 f. 5o c. et 1o f. 65 c.
— Le Supplément séparément. 1 f. et 1 f. 15 c
TAILLE raisonnée des arbres fruitiers, et leur
culture ; par *C. Butret*. 17ᵉ édit. 183a, in-
18, fig.                    2 f. et 2 f. 25 c.
TRAITÉ complet sur le jardin potager, convenable au midi, au centre et au nord de la
France. Paris, 18o8, in-12, fig.  3 f. et 4 f.
TRAITÉ de la culture des arbres fruitiers ;
par *W. Forsyth;* trad. par M. *Pictet-Mal-
let*. 18o5, in-8, fig........ 7 f. 5o c. et 9 f.
TRAITÉ de la culture du figuier, par M. *de la
Brousse*. 1774, in-12. 1 f. 25 c. et 1 f. 5o c.

ART de cultiver la vigne et de faire le bon vin,
malgré le climat et l'intempérie des saisons ;
par M. *Salmon*. In-12. fig. 3 f. 5o et 4 f. 25
ART de faire le vin et de distiller les eaux-de-
vie ; par *A. B****. In-8, fig. 2 f. et 2 f. 5o c.
ART de faire le vin, par *Fabroni;* trad. par
*F.-R. Baud*. 18o1, in-8....... 3 f. et 4 f.
ART du brasseur, ou méthode théorique et
pratique pour faire la bière ; par *S. Kolb*.
Paris, 1832, in-12........ 2 f. 5o c. et 3 f.
COMMERCE (le) des vins, réformé, rectifié et
épuré. In-12....... 2 f. 5o c. et 3 f. 25 c.
GUIDE indispensable pour faire l'application
de l'appareil vinificateur de Madem. *Ger-
vais;* par *C. J. Choiset*. In-8. 1 f. et 1 f. 2o
INSTRUCTION sur la fabrication des eaux de
vie de grains et de pommes de terre ; par
*M. de Dombasle*. In-8, fig. 2 f. et 2 f. 35 c.
MANUEL pour faire toutes sortes de vins; par
*Bridelle de Neuillan*. In-12.. 1 f. et 1 f. 25
MÉMOIRE sur la fermentation des vins; par
M. *Legentil*. 18o2, in-8.. 3 f. et 3 f. 75 c.
MÉMOIRE sur le cerclage des cuves à vin.
Paris, in-8.............. 6o c. et 75 c.
MÉMOIRE sur le perfectionnement de la vini-
fication; par M. *Elie Dru*. Paris, 1823,
in-8.............. 1 f. 5o c. et 1 f. 75 c.
NOTICE sur la nature et la culture du pommier, la qualité des pommes et leur vraie
combinaison pour faire un cidre délicat et
bienfaisant; par M. *Renault*. Paris, 1817,
in-8................. 2 f. et 2 f. 5o c.
NOUVELLE méthode de vinification, ou art
de faire, par un nouveau procédé, le meilleur vin possible; par *Aubergier*. Paris,
1825, in-12........ 3 f. 5o c. et 4 f. 25 c.
OENOLOGIE française, ou Statistique de tous
les vignobles et de toutes les boissons vi-
neuses et spiritueuses de la France, la culture de la vigne, etc.; par M. *Cavoleau*.
Paris, 1827, in-8........ 6 f. 5o c. et 8 f.
OPUSCULE sur la vinification et les avantages du procédé de Madem. *Elis. Gervais*.
1821, in-8 ............ 1 f. 5o c. et 2 f.
POMMIER (du), du poirier et du cormier, de
leurs fruits, de leurs cidres, de leurs eaux
de vie; par *L. Dubois*. Paris, 18o4, 2 vol.
in-12, fig........... 3 f. 5o c. et 4 f. 75 c.

CHOIX de plantes d'Europe, décrites et dessinées d'après nature, par *Drèves et Hayne*.
18o2, 5 vol. gr. in-4, fig. col....... 72 f.
DE CANDOLLE Botanicon gallicum seu synopsis
plantarum in Florâ gallicâ descriptarum ;
editio secunda, ex herbariis et schedis can-
dollianis propriisque digestum ; à *J.-E.
Duby*. 1828-3o, 2 gros vol. in-8. 27 f. et 32 f.
— Le tome 1ᵉʳ, contenant les plantes vascu-
laires ou à fleurs visibles. 12 f. et 14 f. 5o c.
— Le second, qui contient les plantes cellu-
laires ou cryptogames.. 15 f. et 17 f. 5o c.
DICTIONNAIRE des termes de botanique; par
*Mouton-Fontenille*. In-8. 5 f. et 6 f. 5o c.
FLORE française, ou Descriptions succinctes de
toutes les plantes qui croissent naturellement en France ; 3ᵉ édit., par MM. *de La-
mark et de Candolle*. 1815, 5 tomes en
6 vol. in-8, fig............. 48 f.
MONOGRAPHIE des campanulées, par M. *A. de
Candolle*. 183o, 1 vol. in-4, avec 2o pl.
gravées en taille-douce...... 25 f. et 28 f.
RECHERCHES chimiques sur la végétation, par
*de Saussure*. In-8, fig... 5 f. et 6 f. 25 c.

ENTOMOLOGIE ou Histoire naturelle des insectes coléoptères, par M. *Olivier;* ornée
de 363 planches coloriées d'après nature.
Paris, 1789, 8 vol. pet. in-fol..... 6oo f.
HISTOIRE naturelle des oiseaux de l'Amérique
septentrionale; par M. *Vieillot*. Paris, 18o7,
2 vol., grand in-fol., papier vélin, avec
132 planches imprimées en couleur. 3oo f.
— *Le même*, grand papier vélin..... 6oo f.
HISTOIRE naturelle des oiseaux dorés ou à re-
flets métalliques, les colibris, oiseaux-mou-
ches, jacamars, promérops, grimpereaux
et oiseaux de paradis; par *J.-B. Audebert*
et *L.-P. Vieillot*. Paris, 18o2, 2 vol. très
grand in-fol., figures imprimées en couleur
et retouchées au pinceau........... 5oo f.
— Le même ouvrage, *texte imprimé avec de
l'or au lieu d'encre*, tiré à très petit nombre........................ 3ooo f.
HISTOIRE naturelle des singes, des makis et
des galéopithèques; par *J.-B. Audebert*.
1 vol. grand in-fol., figures imprimées en
couleur et retouchées au pinceau.. 3oo f.
LINNÉ (Caroli A.) Systema naturæ per regna
tria naturæ, secundùm classes, ordines,
genera, species, etc.; editio decima-tertiâ,
edid. *Gmelin*. 1789, 1o vol. in-8, fig. 5o f.
PAPILLONS d'Europe, peints d'après nature,
par *Ernst*, et décrits par *Engramelle;*
361 pl. col.; 6 vol. grand in-4.... 5oo f.
RENOUVELLEMENT périodique des continens
terrestres; par *L. Bertrand*. 2ᵉ édit. Ge-
nève, 18o3, in-8......... 5 f. et 6 f. 5o c.
RÉVOLUTIONS (des) du Globe; conjecture
formée d'après les découvertes de *Lavoi-
sier*, sur la décomposition et recomposition
de l'eau; par M. *Morel de Vindé*. 3ᵉ édit.
augm. Paris, 1811, in-8.. 1 f. et 1 f. 15 c.
TABLEAUX analytiques et synoptiques des minéraux ; par *A. Drapiez*. 1 vol. in-4. 5 f.
VOYAGE de découvertes aux terres australes,
exécuté sous le commandement du capi-
taine *N. Baudin;* rédigé par MM. *Péron* et
*Freycinet*. 2 vol. in-4 de texte, et 2 atlas
petit in-fol.................. 5o f.
VOYAGES (premier et second) de *Levaillant*
dans l'intérieur de l'Afrique, par le cap de

Bonne-Espérance; nouv. édit. 5 vol. in-8, et atlas in-4, de 42 planches et cartes. 45 f.

— *Idem*, papier vélin, fig. col...... 150 f.

*3°. Art vétérinaire, Animaux de basse-cour, Vers à soie, Abeilles, Chasse, Pêche.*

APERÇU général sur la perfectibilité de la médecine vétérinaire; par *Aygalenq*. Paris, an IX, in-8...... 1 f. 80 c. et 2 f. 50 c.

BOURGELAT. Essai sur les appareils et sur les bandages propres aux quadrupèdes; 1813, in-8, fig............... 7 f. et 8 f. 25 c.

BOURGELAT. Essai théorique et pratique sur la ferrure. 1813, in-8. 3 f. 50 c. et 4 f. 25 c.

BOURGELAT. Précis anatomique du corps du cheval comparé avec celui du bœuf et du mouton. 1807, 2 vol. in-8.... 10 f. et 13 f.

BOURGELAT. Traité de la conformation extérieure du cheval, de sa beauté, de ses défauts; des soins qu'il exige, de sa multiplication; 8e édit.; par *J.-B. Huzard*. Paris, 1832, in-8, fig...... 7 f. et 9 f.

COMPTE rendu d'une expérience contre la morve et le farcin; par M. *Collaine*. Paris, 1810, in-8............. 1 f. et 1 f. 25 c.

CONSEILS aux agriculteurs qui élèvent des chevaux; par M. *Clerjon de Champagny*. Paris, 1830, in-12, fig. 3 f. 50 c. et 3 f. 80 c.

COURS d'hippiatrique; notions sur la charpente osseuse du cheval, description de ses parties extérieures, conservation de sa santé; par M. *Valois*. 2e édit. Paris, 1825, in-12............ 3 f. 50 c. et 4 f. 25 c.

COURS d'hippiatrique, ou Traité complet de la médecine des chevaux; par *Lafosse*. Paris, 1772, gr. in-fol. orné de 65 planches, fig. noires..................... 130 f.

— Le même, fig. enluminées........ 240 f.

DÉCRET. — Nouvelle organisation des Écoles vétérinaires, 1816. In-8... 50 c. et 60 c.

DICTIONNAIRE raisonné d'hippiatrique, cavalerie, manége et maréchalerie; par *Lafosse*. Paris, 1776, 4 vol. in-8..... 16 f. et 21 f.

DISPENSAIRE pharmaco-chimique, ou Élémens théoriques et pratiques de ces deux sciences; par *F.-J. Bouillon-Lagrange*. Paris, 1813, in-8, fig..... 5 f. et 6 f. 50 c.

ÉCUYER (l') des dames, contenant des principes sur l'art de monter à cheval; par *Pons d'Hostun*. 2e édit. Paris, 1817, in-8. 3 f. 50 c. et 4 f.

ESSAI sur la manière de relever les races de chevaux en France; par *V. Collot*. Paris, 1802, in-8......... 1 f. 50 c. et 1 f. 80 c.

ESQUISSE de nosographie vétérinaire (abrégé de Médecine vétérinaire); par *J.-B. Huzard* fils. Paris, 1820, in-8.... 5 f. et 6 f. 25 c.

ESSAI sur les épizooties; par M. *Guersent*. Paris, 1815, in-8......... 3 f. et 3 f. 75 c.

EXANTHÈMES (des) épizootiques, par *Chavassieu d'Audebert*. In-8.. 60 c. et 75 c.

EXTRAIT de l'abrégé de médecine vétérinaire pratique de *Volpi*; par *E. Barthélemy*. 1809, in-8...... 1 f. 50 c. et 1 f. 80 c.

GARANTIE et vices redhibitoires dans le commerce des animaux domestiques; par *J.-B. Huzard* fils. 1833, in-12. 3 f. 50 c. et 4 f. 25

GÉNÉRATION (de la); par M. *Girou de Buzareingues*. 1828, in-8. 5 f. 50 c. et 6 f. 75 c.

HARAS (des) domestiques en France; par *J.-B. Huzard* fils. 1829, in-8. 6 f. et 7 f. 50 c.

HARAS (des), dans leurs rapports avec la production des chevaux et des remontes militaires; par M. *de Puibusque*. 1 f. 75 et 2 f.

INSTRUCTIONS sur les soins à donner aux chevaux pour les conserver en santé sur les routes; par M. *Huzard*. Paris, 1817, in-8. 1 f. 50 c. et 1 f. 75 c.

INSTRUCTIONS et observations sur les maladies des animaux domestiques, avec les moyens de les guérir; par *Chabert*, *Flandrin* et *Huzard*. Paris, 6 vol. in-8, fig...... 27 f.

— *Chaque vol. séparément*. 4 f. 50 c. et 6 f.

L'ÉLEVEUR de poulains, et le parfait amateur de chevaux; par M. *de Puibusque*. Paris, 1834, in-8............ 1 f. et 1 f. 15 c.

MANUEL des propriétaires de chevaux; par *W. Riding*. 1804, in-12... 2 f. 50 c. et 3 f.

MÉMOIRE sur la pousse des chevaux; par M. *Demoussy*. 1824, in-8. 1 f. 25 et 1 f. 50

MÉMOIRE sur les courses de chevaux et de chars en France; par *Lafont-Poulotti*. Paris, 1791, in-8............. 75 c. et 1 f.

NOTICE sur les courses de chevaux en France; par M. *Huzard* fils. In-8. 1 f. 35 c. et 1 f. 50

NOTIONS élémentaires de médecine vétérinaire militaire, choix et qualités des chevaux de troupe, etc.; par *J.-B.-C. Rodet*. Paris, 1805, in-12.. 3 f. 50 c. et 4 f. 25 c.

NOTIONS fondamentales de l'art vétérinaire, par *Delabère-Blaine*. Paris, 1803, 3 vol. in-8, fig............. 18 f. et 22 f.

NOUVEAU (le) Newcastle, ou Nouveau traité de cavalerie. In-12. 1 f. 50 c. et 2 f. 25 c.

NOUVEAU régime pour les haras, ou Moyens propres à améliorer les races de chevaux; par *Lafont-Poulotti*. In-8, fig.. 5 f. et 6 f.

MÉMOIRE sur les diverses conformations des chevaux pour le service des armées; par *Noyès*. In-8........ 2 f. 50 c. et 3 f. 25 c

RECHERCHES pour servir à l'histoire de la digestion; par MM. *Leuret* et *Lassaigne*. Paris, 1825, in-8..... 4 f. 50 c. et 5 f. 25 c.

RECHERCHES sur l'époque de l'équitation et l'usage des chars équestres chez les anciens; par *Fabrici*. 2 vol. in-8. 5 f. et 6 f. 50 c.

RECUEIL d'opuscules sur les différentes parties de l'équitation; par *Levaillant-de-Saint-Denis*. 1789, in-8, fig.... 2 f. et 2 f. 50 c.

STRUCTURE du sabot du cheval, et expériences sur les effets de la ferrure; par M. *Bracy-Clarke*. 2e édit. in-8, fig. 4 f. et 4 f. 75 c.

TRAITÉ d'équitation; par *de Montfaucon de Rogles*. In-4.......... 9 f. et 10 f. 50 c.

— Nouv. édit. 1810, in-8, fig... 5 f. et 6 f.

TRAITÉ des hernies inguinales dans le cheval et autres monodactyles; par M. *Girard*. Paris, 1827, in-4..... 15 f. et 16 f.

TRAITÉ du pied considéré dans les animaux domestiques; par *J. Girard*. 2e édit. Paris, 1828, in-8, fig......... 6 f. et 7 f. 50 c.

TRAITÉ analytique de médecine légale vétérinaire; par *Rodet*. 1827, in-12. 4 f. et 5 f.

TRAITÉ d'anatomie vétérinaire; par *J. Girard*. 1830, 2 vol. in-8..... 12 f. et 16 f.

TRAITÉ de la gale et des dartres dans les animaux; par *Chabert*. 1 f. 25 c. et 1 f. 50 c.

TRAITÉ de l'éducation du cheval en Europe, etc.; par *Préseau de Dompierre*. Paris, 1788, in-8, fig. 2 f. 50 c. et 3 f. 25 c.

TRAITÉ de l'embouchure du cheval; par M. *A. de Santeuil*. In-8, fig. 2 f. 50 c. et 3 f.

ALTÉRATION du lait de vache, ou *lait bleu;* par *Chabert* et *Fromage.* In-8. 75 c. et 90 c.

ART de faire le beurre et les meilleurs fromages. 1828, in-8.. 4 f. 50 c. et 5 f. 50 c.

CONJECTURES sur l'existence de quelques animaux microscopiques; par M. *Morel de Vindé.* Paris, 1811, in-8... 30 c. et 35 c.

EXAMEN de la notice sur l'épizootie du gros bétail. 1817, in-8........ 1 f. et 1 f. 25 c.

EXAMEN des causes de la disette des bestiaux; par *Preaudeau Chemilly.* In-8. 75 c. et 1 f.

EXTRAIT de l'instruction pour les bergers et les propriétaires de troupeaux, ou Catéchisme des Bergers; par *Daubenton.* 5e édit. avec notes de *J.-B. Huzard* fils. Paris, 1822, in-12...... 1 f. 50 c. et 2 f.

FAITS et Observations sur l'exportation des mérinos hors du territoire français, par MM. *Gabion, Yvart,* etc. In-8. 3 f. et 3 f. 75.

GALE des moutons, de sa nature et de ses causes, et des moyens de la guérir; par *Walz.* 1811, in-8, fig. 1 f. 50 c. et 1 f. 75 c.

HISTOIRE de l'introduction des moutons à laine fine d'Espagne dans les divers états de l'Europe; par *C.-P. Lasteyrie.* Paris, 1802, in-8........ 4 f. 50 c. et 5 f. 75 c.

INSTRUCTION pour les bergers et pour les propriétaires de troupeaux, par *Daubenton,* avec des notes par *J.-B. Huzard.* 5e édit., 1820, in-8, 23 planches. .... 7 f. et 9 f.

INSTRUCTION sommaire sur la maladie des bêtes à laine appelée pourriture; par MM. *Huzard* et *Tessier.* In-8. 40 c. et 45 c.

INSTRUCTION sur la manière de conduire et gouverner les vaches laitières; par *Chabert* et *Huzard.* 1807, in-8. 1 f. 25 c. et 1 f. 50 c.

INSTRUCTION sur la péripneumonie; par *Chabert.* Paris, an IX, in-8..... 25 c. et 30 c.

INSTRUCTION sur le claveau des moutons; par *F.-H. Gilbert.* 1817, in-12. 75 c. et 90 c.

INSTRUCTION sur les bêtes à laine, manière de former les bons troupeaux, de les multiplier; par M. *Tessier.* Fig. 5 f. 50 et 6 f. 75

INSTRUCTION sur les maladies inflammatoires épizootiques. In-8........ 50 c. et 60 c.

INSTRUCTION sur les moyens d'assurer la propagation des bêtes à laine de race d'Espagne; par *Gilbert.* In-8. 1 f. et 1 f. 25 c.

LETTRES sur la nourriture des bestiaux à l'étable; par *Tschiffeli.* In-8. 1 f. 50 et 1 f. 75

MALADIES (des) contagieuses des bêtes à laine; par *Ad. de Gasparin.* In-8. 3 f. 50 et 4 f. 25

MANUEL de la fille de basse-cour, pour élever, nourrir, engraisser les animaux. Paris, 1830, in-18............ 1 f. 50 c. et 2 f.

MANUEL du bouvier, ou Traité de la médecine pratique des bêtes à cornes; par *Robinet,* revu par M. *Huzard* fils. Paris, 1826, 2 vol. in-12............ 6 f. et 7 f. 60 c.

MÉMOIRE et instruction sur les troupeaux de progression; par M. *Morel de Vindé.* Paris, 1808, in-8.... 2 f. 50 c. et 2 f. 80 c.

MÉMOIRE sur l'amélioration des bêtes à laine; par *G.-A. Ogier.* In-8.... 50 c. et 60 c.

MÉMOIRE sur la péripneumonie chronique ou phthisie pulmonaire des vaches laitières; par M. *Huzard.* In-8. 1 f. 50 et 1 f. 80 c.

MÉMOIRE sur le claveau; par M. *J.-J. Girard.* 1818, in-8........ 1 f. 25 c. et 1 f. 50 c.

MÉMOIRE sur l'éducation des mérinos dans les diverses situations pastorales et agricoles; par M. *de Gasparin.* In-8. 2 f. 50 c. et 3 f.

MÉMOIRE sur l'exacte parité des laines mérinos de France et d'Espagne; par M. *Morel de Vindé.* 1807, In-8.... 1 f. et 1 f. 25 c.

MÉMOIRE sur l'importation en France des chèvres cachemire; par M. *Tessier.* 1819, in-8........ 60 c. et 75 c.

MÉMOIRES sur l'éducation, les maladies, l'engrais et l'emploi du porc; par *Erick Viborg* et *Young.* 2e édit., fig... 4 f. 50 et 5 f.

NOTE sur le *Dépôt des laines;* par *C.-M.-D. V.* Paris, 1816, in-8....... 60 c. et 75 c.

NOTICE sur la guérison du chancre contagieux de la bouche des bêtes à laine; par M. *Morel de Vindé.* 1817, in-8... 30 c. et 35 c.

OBSERVATIONS sur la monte et l'agnelage; par M. *Morel de Vindé.* 1 f. 50 c. et 1 f. 80 c.

— Suite. 1814, in-8....... 1 f. et 1 f. 25 c.

— 2e et 3e suites. In-8. 1 f. 50 c. et 1 f. 85 c.

ORGANES (des) de la digestion dans les ruminans; par *Chabert.* 1 f. 25 c. et 1 f. 50 c.

ORNITHOTROPHIE artificielle, ou l'Art de faire éclore et d'élever la volaille.... 3 f. et 4 f.

SPÉCIFIQUE rapide et infaillible pour la guérison du piétain des moutons; par M. *Morel de Vindé.* In-8............ 30 c. et 35 c.

TRAITÉ de la tenue et de l'éducation des mérinos; par *Lhomme.* 3 f. 50 c. et 4 f. 50 c.

TRAITÉ des bêtes à laine d'Espagne; par *Lasteyrie.* In-8, fig............ 5 f. et 6 f.

———

ART de faire éclore et d'élever les vers à soie, dans le Levant. In-8, fig. 2 f. et 2 f. 50 c.

BONAFOUS. De l'éducation des vers à soie et de la culture du mûrier. (*Nouvelle édition sous presse.*)

GOUVERNEMENT (le) admirable, ou la République des abeilles; par *J. Simon.* 1758, in-12, fig............ 3 f. et 4 f.

INSTRUCTION sur les abeilles; par *Serain.* 1802, in-8............ 2 f. 50 c. et 3 f.

LETTRES sur l'éducation des vers à soie et la culture des mûriers blancs; par *A.-R. Angeliny.* 1806, in-12.. 2 f. et 2 f. 50 c.

MANUEL des propriétaires d'abeilles; par *Lombart.* 6e édit. In-8. 3 f. 50 c. et 4 f.

MÉMOIRE sur la difficulté de blanchir les cires de France; par M. *Lombard.* 75 c. et 1 f.

MÉMOIRE sur les vers à soie et la culture du mûrier blanc; par *Thomé.* 1767, in-12, fig. 2 f. 50 c. et 3 f. 50 c., *franc de port.*

MÉMOIRE sur l'éducation des abeilles; par madame *Barras.* In-8...... 50 c. et 60 c.

MÉTHODE avantageuse pour gouverner les abeilles; par *Dubost.* Fig. 2 f. et 2 f. 50 c.

MÛRIERS et vers à soie, leur culture et leur éducation; par M. *Loiseleur-Deslongchamps.* 1832. in-8. 1 f. 25 c. et 1 f. 50 c.

NOUVEAU manuel complet du propriétaire d'abeilles; par *Martin.* Fig. 3 f. 50 et 4 f. 25

TRAITÉ complet théorique et pratique sur les abeilles; par *Féburier.* Fig. 5 f. et 6 f. 50

TRAITÉ de l'éducation économique des abeilles; par *Ducarne-de-Blangy,* 1771, 2 vol. in-12, fig............ 3 f. et 4 f.

———

ALMANACH du chasseur, ou Calendrier perpétuel. In-12, avec musique. 2 f. et 2 f. 50 c.

AMUSEMENS des dames dans les oiseaux de volière; par *Buc'hoz.* In-12. 2 f. et 2 f. 75 c.

AMUSEMENS innocens, Traité des oiseaux de

volière. 1774, in-12......... 3 f. et 4 f.
**Art** du taupier; par *Dralet*.. 5o c. et 6o c.
**Essai** de vénerie et Traité sur les maladies des chiens et leurs remèdes, 3ᵉ édit.; par *Leconte Desgraviers*. In-8.. 6 f. et 7 f. 25 c.
**Méthodes** pour la destruction des loups; par *de Lisle*. 1768, in-12. 2 f. 5o c. et 3 f. 25 c.
**Moyen** de détruire les taupes dans les prairies et jardins, nouv. édit. (*Sous presse.*)

4°. *Arts, Médecine, Éducation, Histoire et Géographie.*

**Art** de blanchir et de nettoyer le linge; par MM. *Massonnet* et *Michel*. 2 f. et 2 f. 5o c.
**Balancier** hydraulique, avantages de cette machine; par M. *d'Artigues*. 75 c. et 85 c.
**Bonheur** (le) du peuple, almanach à l'usage de tout le monde......... 25 c. et 4o c.
**Clef** (la) de l'industrie et des sciences qui se rattachent aux arts industriels; par M. *Armonville*. 2ᵉ édit. 1835, 3 vol. in-8. 14 f. et 19 f.
**Description** de l'art du blanchiment par l'acide muriatique oxigéné; par *Berthollet*. In-8............. 1 f. 25 c. et 1 f. 5o c.
**Description** et usage du berthollimètre; par *Descroizilles*............. 6o c. et 75 c.
**Essai** sur l'art de la verrerie; par *Loysel*. In-8....................... 5 f. et 6 f.
**Four** à chaux perpétuel; par M. *d'Artigues*. 1829, in-8................ 75 c. et 85 c.
**Instruction** sur l'usage de la houille; par *Venel*. 1775, in-8, fig........... 7 f. et 9 f.
**Mémoire** sur la peinture au lait; par *Cadet-de-Vaux*. In-8............. 25 c. et 3o c.
**Nouvelle** manière de fabriquer la poudre à tirer; par M. *d'Artigues*... 3o c. et 35 c.
**Peinture** à l'huile, ou Procédés matériels employés dans ce genre de peinture, depuis *Hubert* et *Jean Van-Eyck* jusqu'à nos jours; par *J.-L.-F. Mérimée*. 183o, in-8, fig.................... 5 f. et 6 f. 25 c.
**Recueil** des Lois et Décrets sur les brevets, les ateliers et manufactures insalubres ou incommodes, 1831, in-4.... 2 f. 5o c. et 3 f.
**Richesse** (de la) commerciale; par *J.-C.-L. Simonde*. An xi, 2 vol. in-8 .. 9 f. et 12 f.
**Vaisseau** insubmersible, ou Méthode de construction navale; par *Nosarzewski*. 1831, in-8...................... 2 f. 5o c. et 3 f.
**Vues** sur le système général des opérations industrielles; par M. *Christian*. Paris, 1819, in-8..................... 3 f. et 3 f. 5o c.

**Cours** sur les généralités de la médecine pratique; par *J.-J. Leroux*. 8 vol. in-8. 48 f.
**Essai** sur la pauvreté des nations, la population, la mendicité, les hôpitaux et les enfans trouvés; par *Fodéré*. 7 f. 5o et 9 f. 5o
**Instructions** pour les personnes qui gardent les malades; par *Serain*... 1 f. 25 et 1 f. 5o
**Lettre** de M. *de Morel-Vindé* à M. *Tessier*, sur la mendicité. 1829, in-8. 25 c. et 3o c.
**Misère** (de la) des ouvriers et moyens d'y remédier; par M. *de Morogues*. 2 f. et 2 f. 5o
**Peine** de mort (de la) et du système pénal; par *J.-B. Salaville*..... 2 f. et 2 f. 5o c.
**Prisons** (des) de Philadelphie; par M. le duc *de la Rochefoucauld*. In-8. 2 f. 5o c. et 3 f.
**Pyrétologie** médicale, ou Exposé des fièvres continues; par *Petit-Radel*. 1812,

in-8.. 5 f. 5o c. et 7 f. 25 c., *fr. de port*.
— Le même, *en latin*. 3 f. 5o c. et 5 f. 25 c.
**Recherches** sur les maladies tuberculeuses; par sir *John Baron*; trad. de l'angl. par M. *V. Boivin*. Fig. col. . 7 f. 5o et 9 f. 25

**Atlas** des monumens, des arts libéraux, mécaniques et industriels de la France, depuis les Gaulois jusqu'au règne de François Iᵉʳ; par *Lenoir*. In-fol., 45 planches.... 65 f.
— *Le même*, papier vélin............ 13o f.
**Bible** de la Jeunesse, contenant l'Ancien et le Nouveau Testament; par M. *Lécuy*. 2 vol. in-8, ornés de 96 fig., et des portr. de *Moïse* et de *Jésus-Christ*. Atlas.. 24 f.
— **La Bible** sans l'Atlas, 2 vol. in-8, br. 18 f.
— L'Atlas sans la Bible, 1 vol. in-fol., br. 9 f.
— **La même Bible**, ornée de 24 fig. et d'une belle carte. 1833, in-12.. 4 f. et 5 f. 35 c.
— **La même**, sans fig. ni carte. 2 f. 5o et 3 f. 75
**Chefs-d'oeuvre** épistolaires, ou Recueil de lettres choisies. 2 vol. in-12. 5 f. 5o et 7 f.
**Dictionnaire** de géographie universelle ancienne, du moyen-âge et moderne, comparée; par *P.-C.-V. Boiste*. 1806, 2 vol. l'un in-8 et l'autre in-4, formant atlas de 51 cartes coloriées.................. 25 f.
— **Le Dictionnaire** sans atlas, in-8..... 6 f.
— L'Atlas de 51 cartes seul, in-4...... 3o f.
**Dictionnaire** de poche universel, latin-français, par M. l'abbé *Lécuy*. Oblong.. 3 f.
**Dictionnaire** portatif de la fable de *Chompré*. Nouv. édit.; par *Millin*. 1801, 2 vol. petit in-8......................... 7 f. et 1o f.
**Dictionnaire** abrégé de géographie ancienne, description des contrées, villes, fleuves, montagnes, lieux célèbres de l'antiquité; par MM. *Dufau* et *Guadet*. 2 vol. in-8 et carte de *Brué*...................... 12 f.
— *Le même*, sur papier vél. satiné, br. 24 f.
— La carte seule..................... 3 f.
**Essai** de morale, ou Fables nouvelles; par *J.-J.-F. de B***. In-18. 3 f. et 3 f. 6o c.
**Examen** critique des anciens historiens d'Alexandre; par M. *Sainte-Croix*. 3o f. et 35 f.
**Exercices** de la langue française; par M. *Lemare*. 1819. In-8............. 9 f. et 11 f.
**Géographie** universelle, ancienne et moderne des cinq parties du monde; par *Mentelle* et *Malte-Brun*. 1816, 16 vol. in-8 et atlas in-fol. de 48 cartes............... 13o f.
— Les 16 vol. in-8, sans atlas......... 1oo f.
— L'Atlas cartonné, sans la géographie. 4o f.
**Histoire** générale de France, avant et depuis l'établissement de la monarchie dans la Gaule, jusque et compris le règne de Henri IV; par MM. *Velly, Villaret, Garnier* et *Dufau*. 1819, 4o vol. in-12 ornés de 118 port. grav. au trait, br...... 1oo f.
*On vend séparément:*
— L'Histoire de la Gaule. 1 vol. in-12, et le tome 3o, 2ᵉ partie....... 7 f. et 8 f. 5o c.
— Les tables des 3o premiers volumes. 3 vol. in-12 (T. 31, 32, 33)........ 12 f. et 15 f.
— Les 92 portraits des 3o premiers vol. 15 f.
— L'Histoire du règne de Henri III; 2 vol. in-12.................... 7 f. et 9 f. 25 c.
— L'Histoire du règne de Henri IV; par M. *Dufau*. 3 vol. in-12. 1o f. 5o et 12 f. 75
**Histoire** sacrée de l'Ancien et du Nouveau Testament, représentée par figures au nom-

bre de 600 estampes, offrant les traits historiques de la Bible, dessinées d'après les plus grands maîtres; par *Voysard*; avec un texte français, par M. l'abbé *Bassinet.* 8 vol. grand in-8, 1804 ............ 120 f.
— *La même,* sur grand papier vélin superfin, fig. ........................ 150 f.
— La collection complète des figures de la Bible, séparément. 8 t. en 4 vol. in-8. 80 f.
MANIÈRE d'enseigner les humanités; par M. *de Bigault-d'Harcourt.* In-8 ... 5 f. et 6 f.
MÉTAMORPHOSES d'Ovide, traduites en vers français, par *de Saint-Ange*; nouv. édit., ornée de 140 estampes et du portrait de l'auteur. 1808, 4 vol. grand in-8 ..... 40 f.
MÉTAMORPHOSES d'Ovide, traduites en français; par l'abbé *Banier.* 1807, 2 vol. in-8, avec 140 figures ...................... 25 f.
NOUVEAU dictionnaire des beaux-arts; par *Millin.* 3 gros vol. in-8, 1806. 25 f. et 32 f.
NOUVEAU dictionnaire universel, historique, bibliographique des hommes célèbres; par *Watkins,* trad. par l'abbé *Lécuy.* 2 vol. in-8 ... ................ 10 f. et 13 f. 50 c.
NOUVEL abrégé de géographie universelle, ancienne et moderne, physique et historique; 6e édit., par *J.-B.-L. Lallemand.* 2 vol.; l'un, in-8, de 600 pages de texte, et l'autre de 51 cartes formant atlas .... 25 f.
— L'Atlas seul, 1 vol. in-8, cart. col. .. 20 f.
— LA MÊME GÉOGRAPHIE, avec 15 cart. 12 f.
— *La même,* sans carte, 1 vol. in-8 ..... 6 f.
OEUVRES d'Archimède, trad. par M. *Peyrard,* 1 vol. in-4, figures et portraits ...... 20 f.
— Les mêmes, 2 vol. in-8 ............ 10 f.
OEUVRES complètes de Florian; nouv. édit. ornée de 44 figures. 8 vol. in-8 ..... 25 f.
RÉFLEXIONS sur la poésie et la peinture; par *Dubos.* 3 vol. in-12 ................ 6 f.
STATISTIQUE de la commune de la Celle-Saint-Cloud (Seine-et-Oise); par M. *D. M. V.* 1834, in-8 ...... 1 f. et 1 f. 15 c.
SYSTÈME anglais d'instruction, par *J. Lancaster*; trad. par le duc *de la Rochefoucauld.* 1815, in-8 ........ 2 f. et 2 f. 50 c.
TRAITÉ complet d'orthographe d'usage et de prononciation; par *P.-A. Lemare.* 1815, in-12 .................. 2 f. 50 c. et 3 f.
TRAITÉ des figures de rhétorique avec des exemples tirés des plus célèbres auteurs latins et français; par M. *J. Planche.* 1820, in-12 ............ 2 f. 50 c. et 3 f. 25 c.
VOYAGE du jeune Anacharsis en Grèce; par l'abbé *Barthélemy.* 5e édit. 1817, 7 vol. in-8, atlas grand in-fol. de 41 cartes ... 55 f.
— *Le même,* 7 vol. in-8, sans atlas .... 30 f.
— L'atlas, séparément, cartonné .... 30 f.
— *Le même,* 7 vol. in-8, et atlas sur papier vélin superfin .................. 80 f.
— *Le même,* 4e édit. augmentée par M. *Barbié du Bocage.* 7 vol. in-4 et atlas, grand in-fol., papier vélin .............. 75 f.

GRAND atlas universel des cinq parties du monde, avec une mappemonde et une grande carte géographique et administrative du royaume de France, chacune sur quatre feuilles d'aigle, avec leur réduc-tion en une feuille; par *Brué.* 41 cartes en un vol. format atlantique. ...... 250 f.
ATLAS géographique, historique, politique, administratif de la France, composé de 24 cartes, avant et depuis l'établissement de la monarchie dans les Gaules jusqu'au règne de François Ier; par *Brué* et *Guadet.* Paris, 1828, grand in-fol. ........ 60 f.
— *Le même ouvrage,* gr. pap. vél. sup. 120 f.
NOUVEL atlas portatif, comprenant la Géographie universelle, ancienne et moderne, composé de 51 cartes dessinées par *Hérisson,* et *Brué*; 6e édit.; texte par *J.-B.-L. Lallemand.* 1 vol. in-4 oblong. ... 25 f.
— Les 51 cartes coloriées, sans les Élémens de géographie. 1 vol. in-4 oblong ... 20 f.
NOUVEL atlas de la jeunesse; par *Brué.* 1 vol. in-8, 15 cartes. .............. 6 f.
ATLAS de géographie universelle ancienne et moderne des cinq parties du monde; par *Mentelle* et *Malte-Brun,* composé de 48 cartes. 1 vol. grand in-fol. ...... 40 f.
MAPPEMONDE sur la projection de *Mercator*; par *Brué.* 1 feuille colombier color... 3 f.
— Sur 1 feuille d'aigle ................ 6 f.
— En 4 feuilles sur aigle ............ 24 f.
L'EUROPE, dans son état actuel; par *Brué.* 1 feuille colombier coloriée.......... 3 f.
— Sur 1 feuille d'aigle, color.......... 6 f.
— En 4 feuilles sur aigle.............. 24 f.
L'ASIE; par *Brué.* 1 feuille colomb. col. 3 f.
— Sur 1 feuille d'aigle ................ 6 f.
— En 4 feuilles sur aigle.............. 24 f.
L'AFRIQUE; par *Brué.* 1 feuille colombier coloriée .......................... 3 f.
— Sur 1 feuille d'aigle ................ 6 f.
— En 4 feuilles sur aigle ............ 24 f.
L'AMÉRIQUE septentrionale; par *Brué.* Une feuille colombier .................... 3 f.
— Sur 1 feuille d'aigle ................ 6 f.
— En 4 feuilles sur aigle.............. 24 f.
L'AMÉRIQUE méridionale; par *Brué.* 1 feuille colombier ........................ 3 f.
— Sur 1 feuille d'aigle ................ 6 f.
— En 4 feuilles sur aigle.............. 24 f.
L'OCÉANIE; par *Brué.* 1 feuille colombier coloriée............................ 3 f.
— Sur 1 feuille d'aigle ................ 6 f.
— En 4 feuilles sur aigle.............. 24 f.
MAPPEMONDE sphérique; par *Brué*; 1 feuille de Jésus, color.................... 2 f. 50 c.
— Sur colombier .................... 3 f.
— Sur aigle ........................ 6 f.
CARTE de la Grèce et de ses Colonies; par *Barbié du Bocage.* 1 feuille colombier coloriée ...................... 7 f. 50 c.
— Sur papier vélin .................. 9 f.
LA FRANCE par départemens, et l'Europe centrale; par *Brué.* 1 feuille d'aigle, lavée en plein............................ 6 f.
— *Idem,* par *Hérisson* et *Brué,* sur aigle, e 4 feuilles ........................ 20 f.
CARTE botanique de France, dressée par *Desauche fils.* 1 feuille colombier coloriée e lavée en plein.................... 5 f.
24 CARTES pour l'étude de l'histoire de France dressées par *Brué*; chaque carte, sur Jésus se vend séparément.................... 3 f.